高等职业教育
智能制造专业群
"德技并修 工学结合"
系列教材

机械设计基础

主　编　朱向楠　刘伯玉
副主编　田万英　许晓东

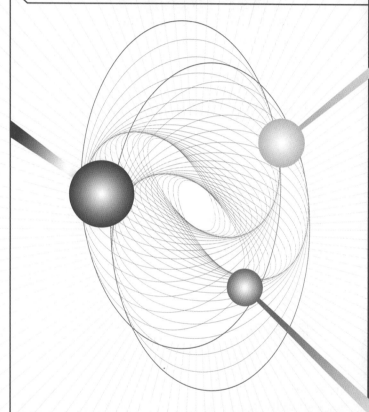

INTELLIGENT MANUFACTURING

U0272946

中国教育出版传媒集团

高等教育出版社·北京

内容简介

本书为高等职业教育智能制造专业群"德技并修 工学结合"系列教材之一。

本书按项目任务式编写。每个项目以典型的机械产品为载体,对常用的机械产品进行拆装和分析,采用先接触机械产品实体再分析机械原理后进行零件设计的教学思路。本书由浅入深、由简到繁,围绕产品的机械设计知识点进行介绍,布置任务,在完成任务的过程中重点培养学生独立思考和主动解决问题的能力以及团队合作精神。

本书分为6个项目20个任务。6个项目分别为:内燃机的典型机构分析与设计、千斤顶的拆装与分析、台式钻床的分析与带传动设计、自行车的拆装与分析、减速器的分析与设计、机械传动系统的设计。

本书可作为高等职业院校机械类或近机类各专业的相关课程教材,也可作为成人高等教育近机类专业学生及从事机械作业的技术人员等的参考用书。

授课教师如需本书配套资源,可发送邮件至邮箱 gzjx@ pub. hep. cn 获取。

图书在版编目(CIP)数据

机械设计基础 / 朱向楠,刘伯玉主编. -- 北京 : 高等教育出版社,2023.5
ISBN 978-7-04-059664-9

Ⅰ.①机… Ⅱ.①朱… ②刘… Ⅲ.①机械设计-高等职业教育-教材 Ⅳ.①TH122

中国国家版本馆 CIP 数据核字(2023)第 009323 号

机械设计基础
JIXIE SHEJI JICHU

| 策划编辑 | 张 璋 | 责任编辑 | 张 璋 | 封面设计 | 姜 磊 | 版式设计 | 童 丹 |
| 责任绘图 | 黄云燕 | 责任校对 | 刁丽丽 | 责任印制 | 赵义民 | | |

出版发行	高等教育出版社	网 址	http://www.hep.edu.cn
社 址	北京市西城区德外大街 4 号		http://www.hep.com.cn
邮政编码	100120	网上订购	http://www.hepmall.com.cn
印 刷	三河市春园印刷有限公司		http://www.hepmall.com
开 本	787 mm× 1092 mm 1/16		http://www.hepmall.cn
印 张	16.5		
字 数	390 千字	版 次	2023 年 5 月第 1 版
购书热线	010-58581118	印 次	2023 年 5 月第 1 次印刷
咨询电话	400-810-0598	定 价	44.80 元

本书如有缺页、倒页、脱页等质量问题,请到所购图书销售部门联系调换
版权所有 侵权必究
物 料 号 59664-00

前　言

　　党的二十大提出："教育、科技、人才是全面建设社会主义现代化国家的基础性、战略性支撑""统筹职业教育、高等教育、继续教育协同创新，推进职普融通、产教融合、科教融汇，优化职业教育类型定位"，本书根据机械设计与制造等机械类专业的改革与实践，按照工作过程系统化的课程理念，进行项目化设计，在突出实践性教学的同时又保证了知识体系的完整性，即保证学历教育之间的贯通，又更好地实现教育与科技创新、产业发展有机衔接。

　　本书引入能力本位教育理念，注重学生的学科知识和职业技能的培养，结合多所高等职业院校多年的教改经验编写而成。本书按照项目引领、任务驱动的方式组织内容，符合企业的生产实际。在每个项目内，先以典型的机械产品为载体，通过对典型机械产品进行拆装和分析，由浅入深地围绕载体对机械设计知识点予以阐述。本书包括 6 个项目 20 个任务，项目任务内容循序渐进，让学生在做中学、在学中做，体现了以学生为主体、以教师为主导的项目教学法。最终目标为使学生能自行完成综合产品设计项目。

　　本书具有以下特点：

　　（1）使学生在学习过程中潜移默化地进入机械专业领域，对专业产生兴趣，提高对专业的热爱。

　　（2）以身边常见的产品为载体，培养学生的学习兴趣，同时也为以后走上专业岗位打下良好的基础，与工作岗位实现无缝衔接。

　　（3）每个项目中的知识点都围绕一个产品载体，使学生在学习中能深刻感受到所学的知识可用在哪里，怎么在实践中组合应用，提高学生对整体专业知识的领悟和掌握。

　　（4）为学生后续学习机械创新设计和专业课程做好前期的准备，为学生在大学期间参加各类机械设计大赛提供设计平台。

　　本书由扬州工业职业技术学院朱向楠、刘伯玉担任主编，扬州工业职业技术学院田万英、许晓东担任副主编。参加本书编写的还有扬州工业职业技术学院的李佳佳、赵力电、帅率、夏晓光，全书由朱向楠负责统稿和定稿，由扬州工业职业技术学院柳青松教授审阅。

　　由于本课程的项目教学法尚处在探索和经验积累过程中，书中难免存在疏漏和不足，恳请同行专家和读者批评指正。

编　者

2022 年 11 月

目　录

绪　论

伴随着信息化时代的到来,科学技术的发展突飞猛进,经济全球化的步伐日益加快,尤其是计算机科学融入传统的机械学科后,机械产品设计方法产生革命性变化,更加精确、智能、高效的设计方法和手段在一定程度上已成为衡量一个国家工业发展水平的重要标志之一。

0.1　机械产品的认识

现代社会的生活节奏越来越快,人们对极其丰富的机械产品依赖度越来越高,如旅游爱好者必备的照相机、手表,出行离不开的自行车、汽车、火车、飞机等交通工具都属于机械产品范畴。机械产品种类繁多,按行业分有医疗机械、建筑机械、航空机械、农业机械等;按用途分有民用机械、工业生产机械、实验设备机械、工程机械等;尽管机械产品的结构、功能和用途各不相同,但在组成(图 0.1)、运动和功能关系上具有共同的特征。

典型机械产品组成 {

动力部分:可采用人力、畜力、风力、液力、电力、热力、磁力、压缩空气等做动力源,其中利用电力和热力的原动机(包括电动机和内燃机)使用最广。

传动部分:由各种机构组成,其功能是把原动机的运动形式、运动和动力参数转变为工作部分所需的运动形式、运动和动力参数。

控制部分:包括各种控制机构(如内燃机中的凸轮机构)、电气装置、计算机和液压系统、气压系统等。

执行部分:其功能是利用机械能去变换或传递能量、物料、信息,如发电机把机械能变换为电能,轧钢机变换物料的外形等。
}

机械、机器
认识

图 0.1　典型机械产品组成

0.1.1　机构、机器与机械

机构是用来传递运动和力的、有一个构件为机架的、用构件间能够相对运动的连接方式组成的构件系统。机构是人为制造的实物组合体,其各个部分之间具有确定的相对运动。常用的机构有连杆机构、齿轮机构、凸轮机构及各种间歇运动机构等。

机器是根据某种使用要求而设计的一种执行机械运动的装置,用来变换或传递能量、变换与传递运动和力,以及传递物料与信息。它可代替人类的劳动或减轻劳动强度,改善劳动条件,提高劳动生产率。机器的种类有很多,它们的结构、性能及用途等也各不相同。但是,总的来说,机器具有三个共同的特征:

(1)机器是由人制造的实物组合体。

(2)机器的各个部分之间具有确定的相对运动。

（3）机器在工作时能够完成有用的机械功或实现能量的转换。从机器的组成来看，机器是由各种机构组合而成的。

机械是机器和机构的总称，一般由原动机、传动机和工作机三部分组成。随着科学技术的飞速发展，如伺服驱动技术、检测传感技术、自动控制技术、信息处理技术等新技术在机械中的广泛运用，形成了一个崭新的现代制造业，使机械的结构和功能上升到一个更高水平。

0.1.2 零件、构件与部件

（1）零件：机械中不可拆的制造单元体称为零件。图 0.2 中的齿轮即为零件。

（2）构件：机构中的运动单元体称为构件。构件可以是单一零件，也可以是多个零件的组合体。图 0.2 中单一零件曲轴和由多个零件组成的连杆即为构件。

（3）部件：机械装配中的单元体称为部件。部件可以是一个零件，也可以是多个零件

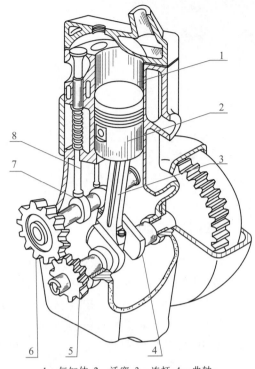

1—气缸体；2—活塞；3—连杆；4—曲轴；
5、6—齿轮；7—凸轮；8—顶杆
图 0.2 单缸内燃机

的组合体，它是机械实现某个动作或功能的零件组合。图 0.2 中的连杆和活塞即组成部件。

0.2 机械产品失效形式及设计的基本要求

0.2.1 机械产品失效形式

零件丧失工作能力或达不到设计要求性能时，称为机械零件的失效。失效并不意味着破坏，在不发生失效的条件下，零件能安全工作的限度，称为机械零件的工作能力。

常见的失效形式有：因强度不足而断裂；产生过大的弹性变形或塑性变形；摩擦表面的过度磨损、打滑或过热；连接松动；管道的泄漏；运动精度达不到要求等。

0.2.2 机械产品设计的基本要求

机械产品设计是机械工程的重要组成部分，是决定机械性能的最主要因素。机械产品设计的类型很多，但其基本要求大致相同，主要有以下几方面。

1. 预期功能要求

一般机械产品的预期功能包括：运动性能、动力性能、基本技术指标及外形结构等方面。设计机械产品的基本出发点是实现预期功能要求。为此，必须正确选择产品的工作原理、机构类型和机械传动方案。

2. 可靠性要求

可靠性是指产品在规定的条件和时间内，完成规定功能的能力。设计的机械产品必须

保证在预定的工作期限内能够可靠地工作,防止因个别零件的破坏或失效而影响正常运行。为此,应使所设计产品的零件结构合理并满足强度、刚度、耐磨性、振动稳定性及其寿命等方面的要求。

3. 经济性要求

产品设计时,应考虑在实现预期功能和保证安全可靠的前提下,尽可能做到经济合理、成本低、工作效率高且维修简便等。由于机械产品的经济性是一个综合指标,它与设计、制造和使用等各方面有关。因此,设计者需要注意在做到具有良好的工艺性、选材合理、尽可能实现三化(零件标准化、部件通用化、产品系列化)的前提下,最大限度地提高经济效益。

4. 绿色环保要求

机械产品的设计要力求做到操作方便,最大限度地减少工人操作时的体力和脑力消耗,改善操作者的工作环境,降低机器噪声,净化废气、废液及灰尘,使其对环境的污染和公害尽可能小,最大限度地减少资源和能源的消耗,提高社会效益。

5. 其他要求

设计机械零件时在满足上述要求的前提下,还需考虑诸如耐高温或低温、耐腐蚀、表面装饰和造型美观等要求。某些机器还有一些特殊要求,如需经常搬动的机器(如塔式起重机、钻探机等)要便于安装、拆卸和运输;食品、药品、纺织等机械产品应有不污染其生产产品的要求等。

0.3 机械产品设计的发展趋势及本专业相关职业岗位

随着计算机辅助设计技术的发展,人们运用有限元分析手段,辅之以程序库和数据库的应用,对传统设计方法进行优化,使传统的机械产品设计的方法、手段得到不断更新。新的时代中,传统的宏观、静态、人工的设计正在不断被新技术、新方法取代,向微观、动态和智能化发展,设计方法更加科学,手段更加完善,结果更加合理,有效使用能源和资源的绿色设计理念已根植于设计者思想之中。

机械行业与其他技术行业一样,随着计算机技术的融入,专业化程度要求越来越高,主要职业岗位变化不大,但工作内容及工作任务完成的形式发生了较大变化。主要岗位有机械加工操作、设备维修、安装调试、产品检验、生产技术和产品设计开发等岗位。作为未来行业的主力军,同学们应及早规划未来,学好机械产品设计的基础知识,为实现发展目标做好知识储备工作。

0.4 机械产品设计的一般步骤

机械产品设计步骤要依据具体情况而定,并没有固定模式,设计过程一般可归纳为如下步骤:

(1)明确产品设计任务。设计任务通常是为使产品实现某种功能而设定的,依据设计任务确定各项技术指标。

(2)产品总体方案设计。根据设计任务对同类或类似产品进行调研,确定实现预期功能的工作原理,拟订总体设计方案并经过论证后付诸实施。

(3)产品技术设计。根据总体方案,进行必要的计算,确定机构和零件的主要参数,按照规范要求,完成图纸绘制和技术文件编写。

（4）样品试制和功能测试。试制样品并进行功能测试,发现不合理的地方加以修正,直至符合预期的功能要求。

（5）提供设计方案。经测试、修正后,各项指标均达到预期目标,即可提供设计方案。

0.5 课程地位和特点

机械设计基础是机械类、机电类等专业必修的一门主干基础课程,在课程体系中起着承前启后的桥梁作用,是一门理论性、综合性和实践性都很强的设计课程,是学习后续专业课程、从事机械产品设计和解决工程实际问题的必备基础。

0.6 课程学习方法和目标

0.6.1 课程学习方法

本书通过对典型产品的拆装,使学习者对典型机构进行初步认识,了解产品内部结构并对其进行分析、研究,让学习者比较直观地感受各组成部分间的关联性,激发其探求产品工作原理的欲望,有助于较好地完成学习任务。具体学习方法如下:

（1）在拆装过程中,同学之间多讨论,有疑问勇于向教师请教,带着兴趣去学习。

（2）善于观察产品的结构,将理论和实践结合起来,有助于更好地掌握理论知识。

（3）进一步强化对 CAD、SolidWorks 等现代设计软件的应用,根据身边的事物从事简单的设计工作,并在设计中敢于加入自己的创新思想。

（4）注重培养运用所学基本理论与方法去分析和解决工程实际问题的能力,通过分析、对比、判断和决策,做到产品设计最优化。

（5）注意培养文献资料使用意识,逐步养成科学严谨、一丝不苟的工作作风。

0.6.2 课程学习目标

通过本课程的学习,要达到以下目标:

（1）熟悉常用机构及通用零件的工作原理、特点、应用、结构及设计适用标准。

（2）了解机械产品设计最新发展状况,掌握零、部件的受力分析和强度计算方法并运用现代设计方法为产品设计服务。

（3）具备正确分析、使用和维护机械的能力,初步具有设计简单机械传动装置的能力。

（4）了解机械产品产生与发展的历史进程并融入创新的理念,推动产品设计不断发展。

内燃机的典型机构分析与设计

 能力目标

1. 能够正确认识内燃机的七大系统。
2. 能够正确绘制典型机械产品运动简图。
3. 能够正确判断机构是否具有确定运动。
4. 能够根据实践需要选择合适的连杆机构解决实际问题。
5. 能够根据实践需要选择合适的凸轮机构解决实际问题。

知识目标

1. 掌握机构运动简图的绘制。
2. 掌握机构自由度的计算。
3. 掌握连杆机构的特性与设计。
4. 掌握凸轮机构的特性与设计。

内燃机的拆
装与分析

任务 **1**

内燃机的拆装与分析

任务导入

内燃机是一种动力机械,它是通过燃料在机器内部燃烧,并将其释放出的热能直接转换为动力的热力发动机。

内燃机自诞生以来,对人类社会的发展起到了极大的推动作用,毫不夸张地说,内燃机就是工业的心脏,到目前为止,内燃机仍是人类所能掌握的热效率最高的移动动力机械,它被广泛地应用于汽车、农业机械、工程机械、船舶工业、铁路装备、国防工业、航空工业等领域。如家用汽车、摩托车、拖拉机、飞机、火箭、军舰、潜水艇、坦克等。

知识储备

1.1　内燃机的组成与工作原理

广义上的内燃机不仅包括往复活塞式内燃机、旋转活塞式发动机和自由活塞式发动机，还包括旋转叶轮式燃气轮机、喷气式发动机等，但通常所说的内燃机是指往复活塞式内燃机，如图 1.1 所示。

1.1.1　内燃机的组成

内燃机的组成如图 1.1 所示。构成气缸的部分为气缸体，支承曲轴的部分称作曲轴箱，气缸体与曲轴箱的连铸体称作机体。

1.1.2　内燃机的工作原理

四冲程内燃机的工作过程共有四个行程：进气行程、压缩行程、做功行程、排气行程，四个行程内完成一个工作循环，其间曲轴旋转两周。进气行程时，进气阀开启，排气阀关闭，流过空

图 1.1　内燃机的组成

气滤清器的空气，或经化油器与汽油混合形成的可燃混合气体，经进气管道、进气阀进入气缸；压缩行程时，气缸内气体受到压缩，压力增高，温度上升；做功行程时，在压缩上止点前喷油或点火，使混合气体燃烧，产生高温、高压，推动活塞下行并做功；排气行程时，活塞推挤气缸内的废气经排气阀排出。此后再由进气行程开始，进行下一个工作循环。

四冲程内燃机的工作特点：

（1）每个工作循环曲轴旋转两周，每一行程曲轴旋转半周。

（2）四个行程中，只有做功行程做功输出能量，其他三个行程都消耗能量。

（3）起动时，需有外力推动运行；当做功行程开始后，做功输出的能量便可维持发动机继续运行。

（4）混合气体是利用电火花点燃的。

1.2　基本术语

（1）工作循环：往复活塞式内燃机的工作循环是由进气、压缩、做功和排气四个工作行程组成的封闭过程。周而复始地进行这些过程，内燃机才能持续地做功。

（2）上、下止点：活塞顶离曲轴回转中心最远处为上止点；活塞顶离曲轴回转中心最近处为下止点。在上、下止点处，活塞的运动速度为零。

（3）活塞行程：上、下止点间的距离 S 称为活塞行程。曲轴的回转半径 R 称为曲柄半径。曲轴每回转一周，活塞移动两个活塞行程。对于气缸中心线通过曲轴回转中心的内燃机，其 $S = 2R$。

（4）气缸工作容积：上、下止点间的气缸容积称为气缸工作容积。

（5）压缩比:气缸总容积与燃烧室容积之比称为压缩比 e。压缩比的大小表示活塞由下止点运动到上止点时,气缸内的气体被压缩的程度。压缩比越大,表明活塞运动时,气体被压缩得越厉害,其气体的温度和压力就越高,内燃机的效率也越高。

$$压缩比 = \frac{气缸总容积}{燃烧室容积} = \frac{燃烧室容积 + 气缸工作容积}{燃烧室容积} = 1 + \frac{气缸工作容积}{燃烧室容积}$$

（6）内燃机排量:内燃机所有气缸工作容积的总和称为内燃机排量。

1.3　内燃机的种类

（1）根据所用燃料分:汽油机、柴油机、天然气发动机、LPG 发动机、乙醇发动机等,另有双燃料发动机和灵活燃料发动机。

（2）根据缸内点火方式分:点燃式、压燃式。

（3）根据冲程数分:二冲程、四冲程。

（4）根据活塞运动方式分:往复式、旋转式。

（5）根据气缸冷却方式分:水冷式、风冷式。

（6）根据气缸数目分:单缸机、多缸机。

（7）根据内燃机转速分:低速（<300 r/min）、中速（300 ~ 1000 r/min）、高速（>1000 r/min）。

（8）根据进气冲量压力分:自然吸气式、增压式。

（9）根据气缸排列方式分:直列、斜置、对置、V 形和 W 形。

1.4　内燃机的系统机构

内燃机是一种由许多机构和系统组成的复杂机器。无论是汽油机,还是柴油机;无论是四冲程,还是二冲程;无论是单缸,还是多缸,要完成能量转换,实现工作循环,保证长时间连续正常工作,都必须具备曲柄连杆机构、配气机构、供油系统、润滑系统、冷却系统、点火系统、起动系统等。

1. 曲柄连杆机构

曲柄连杆机构是内燃机实现工作循环,完成能量转换的主要运动部件。它由机体组、活塞连杆组和曲轴飞轮组等组成。在做功行程中,活塞承受燃气压力在气缸内做直线运动,通过连杆转换成曲轴的旋转运动,并由曲轴对外输出动力。而在进气、压缩和排气行程中,飞轮释放能量又把曲轴的旋转运动转化成活塞的直线运动。

2. 配气机构

配气机构的功用是根据内燃机的工作顺序和工作过程,定时开启和关闭进气门和排气门,使可燃混合气体或空气进入气缸,并使废气从气缸内排出,实现换气过程。

3. 供油系统

供油系统的功用是根据内燃机的要求,配制出一定数量和浓度的混合气体进入气缸。

4. 润滑系统

润滑系统的功用是向有相对运动的零件表面输送定量的清洁润滑油,以实现液体摩擦,减小摩擦力,减轻机件的磨损,并对零件表面进行清洗和冷却。润滑系统通常由润滑油道、机油泵、机油滤清器和阀门等组成。

5. 冷却系统

冷却系统的功用是将受热零件吸收的部分热量及时散发出去,保证内燃机在最适宜的温度状态下工作。水冷式内燃机的冷却系统通常由冷却水套、水泵、风扇、水箱、节温器等组成。

6. 点火系统

汽油机中,气缸内的可燃混合气体是靠电火花点燃的,其气缸盖上装有火花塞,火花塞头部伸入燃烧室内,能够按时在火花塞电极间产生电火花的全部设备称为点火系统,点火系统通常由蓄电池、发电机、分电器、点火线圈和火花塞等组成。

7. 起动系统

要使内燃机由静止状态过渡到工作状态,必须先用外力转动内燃机的曲轴,使活塞做往复运动,气缸内的可燃混合气体燃烧膨胀做功,推动活塞向下运动使曲轴旋转后,内燃机才能自行运转,工作循环才能持续进行。曲轴在外力作用下开始转动到内燃机开始自动地怠速运转的全过程称为内燃机的起动。完成起动过程所需的装置称为内燃机的起动系统。

注意:汽油机由以上两大机构和五大系统组成,即由曲柄连杆机构、配气机构、供油系统、润滑系统、冷却系统、点火系统和起动系统组成;柴油机由以上两大机构和四大系统组成,即由曲柄连杆机构、配气机构、供油系统、润滑系统、冷却系统和起动系统组成,柴油机是压燃式,不需要点火系统。

任务实施

1.5　内燃机的拆装

1. 拆装内燃机的任务目的

(1)掌握往复活塞式内燃机曲柄连杆机构、配气机构、冷却系统、润滑系统的组成和结构。

(2)初步掌握内燃机的分解、装复及调整方法。

2. 内燃机的拆装

拆卸前,先认真观察内燃机的外貌,记住各附件的位置。在分解的过程中,应逐一仔细观察和分析其结构特点。仔细观察后在指导教师的指导下进行装复。

(1)使用设备及工具:往复活塞式单缸内燃机一台,拆装工具。

(2)拆装步骤:

① 清洁外部,查看附件齐全情况,并记住安装位置;

② 拆下各附件;

③ 拆下曲轴前端的起动爪、后端飞轮;

④ 拆下正时齿轮;

⑤ 拆下气缸盖及气缸垫;

⑥ 拆下配气机构各零件(拆气门时应用气门钳);

⑦ 将气缸体翻转,拆下曲轴箱(油底壳)及垫片;

⑧ 拆下润滑系统的各零、部件;

⑨ 拆下凸轮轴;

⑩ 拆下连杆大端盖及曲轴主轴承盖,再拆下曲轴;

⑪ 将气缸体侧翻,取出活塞连杆组。

仔细观察之后按反向的顺序装复,并注意调整,观察过程中应做好必要的记录。

3. 拆装注意事项

内燃机拆装的注意事项如下:

（1）重要的螺栓、螺母松开或拧紧应按一定的顺序同时进行,不能单独松或紧,装配时应按规定的扭力进行,如在拧紧气缸盖、主轴承盖、连杆大端盖等时。

（2）一些配合件在拆卸时应做记号（如已有记号的应认定）,以便按原样装复时保证原样配合;可标记为:① 连杆和连杆大端盖;② 主轴承盖;③ 气门、气门座及导管;④ 活塞、活塞环、活塞销与气缸;⑤ 曲轴主轴瓦、连杆瓦;⑥ 正时齿轮;⑦ 具有平衡要求的高速旋转体,如飞轮、曲轴、平衡重、离合器压板、离合器盖等,若相对位置装错将破坏原本的静平衡和动平衡。

（3）装活塞环时,镀铬环应为第一环;锥形环的小端向上;扭曲环的内缺口向上,外缺口向下;活塞环的开口应采用“迷宫式”布置。

（4）拆装时对零件的工作面及精密零件,切勿用铁器敲击,以防损坏。

（5）装配时应注意清洁。

（6）其他注意事项由指导教师加以指导。

任务评价

内燃机拆装任务评价表

评价内容	参与者	反馈信息
1. 工具的使用是否正确	小组成员	
2. 内燃机拆装的顺序是否正确	小组成员	
3. 对内燃机的各组成部分是否了解和认识	小组成员	
4. 对任务中遇到的问题是否积极解决	小组成员	
5. 在任务实施中是否有团队合作精神	小组成员	
6. 小组互评指出别组任务实施中的优缺点	全体成员	
7. 指导教师的总结和反馈	指导教师	

任务 2
平面机构的结构分析

任务导入

机器种类极其繁多,其结构、工作原理和用途各不相同,其组成系统和机构也各不相同。如任务1中认识的内燃机,由两大机构和五大系统组成。

在各种机械中,主动件输出的运动一般以匀速旋转和往复直线运动为主,各执行部件运动形式却是千变万化的,为此人们在生产劳动的实践中创造了很多机构,常用的机构有连杆机构、凸轮机构、齿轮机构、螺旋机构、棘轮机构、槽轮机构等,以实现各种运动的传递和变化。这些常用机构都会在后续的任务中进行分析与介绍。

知识储备

2.1 机构的组成

2.1.1 构件

任何机器都是由许多零件(制造单元体)组合而成的,如图 1.1 所示的内燃机就是由气缸、活塞、连杆、曲轴等一系列零件组成的。这些零件中,有的作为一个独立的运动单元体运动,有的则需要与其他零件刚性地连接在一起作为整体运动,如图 2.1 所示的连杆组件就是由杆身、衬套、螺栓、轴承、连杆大端盖、螺母等零件刚性地连接在一起作为一个整体而运动的。

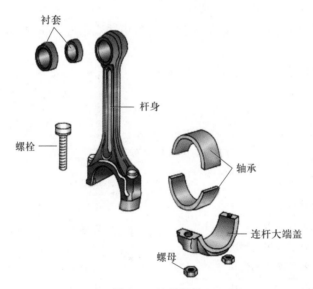

图 2.1 连杆组件

任何机构都由具有确定相对运动的构件(运动单元体)组成,以实现机构具有确定的相对运动。机构中的构件分为三类:

(1) 固定件:固定件又称为机架,是指用来支承活动构件的构件。如图 1.1 所示的气缸体就是固定件,用以支承活塞和曲轴等。在研究机构中活动构件的运动时,常以固定件作为参考系。

(2) 主动件:主动件是运动规律已知的活动构件,它的运动规律是由外界给定的。如内燃机中的活塞就是主动件。

(3) 从动件:从动件是指机构中随着主动件的运动而运动的其余活动构件。如内燃机中的连杆和曲轴都是从动件。从动件的运动规律取决于主动件的运动规律和机构的组成情况。

任何一个机构中,必有一个构件被当作固定件,即机架。如在研究内燃机的运动时,把气缸体当作固定件,在活动构件中必有一个或几个主动件,其余的是从动件。

2.1.2 运动副

一个典型的机械通常都由许多构件组合而成，这些构件彼此不是孤立的，而是通过一定的相互制约和接触构成保持确定相对运动的可动连接。这种由两个构件直接接触，并且在构件之间产生确定的相对运动的连接，称为运动副。

两构件组成的运动副，是通过点、线或面接触来实现的。按照接触方式不同，通常把运动副分为低副和高副两类。按相对运动形式不同，通常把运动副分为平面运动副和空间运动副。

（1）低副：通过面接触而构成的运动副称为低副，由于低副具有制造简便、耐磨损和承载力强等特点，在机械中应用最广。根据组成运动副的两个构件之间相对运动性质的不同，平面低副可分为转动副和移动副两类。

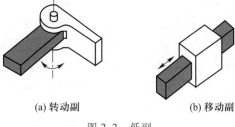

(a) 转动副 　　 (b) 移动副

图 2.2　低副

转动副的两个构件只能绕着某一轴线做相对转动，如图 2.2（a）所示；移动副的两个构件只能沿着某一轴线方向做相对移动，如图 2.2（b）所示。低副通常保留一个自由度，引入两个约束。

（2）高副：通过点或线接触而构成的运动副称为高副，常见的平面高副有凸轮副、齿轮副等，如图 2.3 所示。

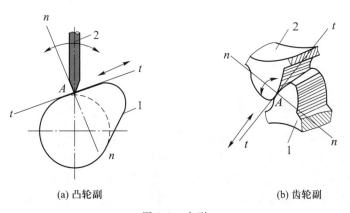

(a) 凸轮副 　　　　　　　　 (b) 齿轮副

图 2.3　高副

齿轮啮合时，两齿轮可沿接触点公切线 tt 方向做相对移动，也能在回转平面内绕轴线转动，但沿接触点法线 nn 方向的相对移动受到约束。高副通常保留两个自由度，引入一个约束。

（3）平面运动副：运动副中两构件间的相对运动是平面运动，则该运动副称为平面运动副。如转动副、移动副和平面高副等均为平面运动副。

（4）空间运动副：运动副中两构件间的相对运动是空间运动，则该运动副称为空间运动副。如球面副和螺旋副等。球面副中的构件可绕空间坐标系做空间转动，如图 2.4（a）所示；螺旋副中的两构件同时可做转动和移动的合成运动，通常称为螺旋运动，如图 2.4（b）所示。

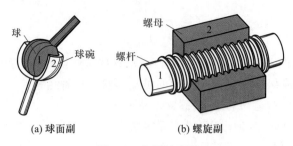

(a) 球面副　　　　　　　(b) 螺旋副

图 2.4　空间运动副

2.1.3　运动链

构件通过运动副的连接而构成的可相对运动的系统称为运动链。如果组成运动链的各构件构成了首末封闭的系统则为闭式运动链,如图 2.5(a)所示;如果组成运动链的各构件未构成首末封闭的系统则为开式运动链,如图 2.5(b)所示。闭式运动链广泛应用于各种机构中,只有少数机构采用开式运动链,如机械手、挖掘机等。

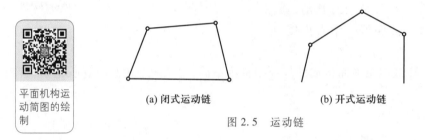

(a) 闭式运动链　　　　　　　　(b) 开式运动链

图 2.5　运动链

2.2　平面机构运动简图

2.2.1　机构运动简图的概念

实际的机器或机构比较复杂,构件的外形和构造也是各种各样。但是机构的相对运动只与运动副的数目、类型、相对位置及某些尺寸有关,而与构件的截面尺寸、组成构件的零件数目、运动副的具体结构等无关。因此在研究机器或机构运动时可以不考虑与运动无关的因素,而用线条表示结构,用简单符号表示运动副的类型,按一定比例确定运动副的相对位置及与运动相关的尺寸,这种简明表示机构各构件运动关系的图形就叫作机构运动简图。

对于只为了表示机构的结构及运动情况,而不严格按照比例绘制的简图,称为机构示意图。

在机构运动简图中,构件和运动副的表示符号见表 2.1。

2.2.2　平面机构运动简图的绘制

绘制平面机构运动简图通常可按以下步骤进行:

(1) 分析机构的结构和运动传递,找出固定件(机架)、主动件和从动件。

(2) 从主动件开始,按照传动路线仔细分析各构件间的相对运动性质和接触情况,确定构件数目和运动副的类型及数目。

表 2.1　构件和运动副的表示符号

名称		简图符号	名称		简图符号
构件	轴,杆			基本符号	
	三副元素构件	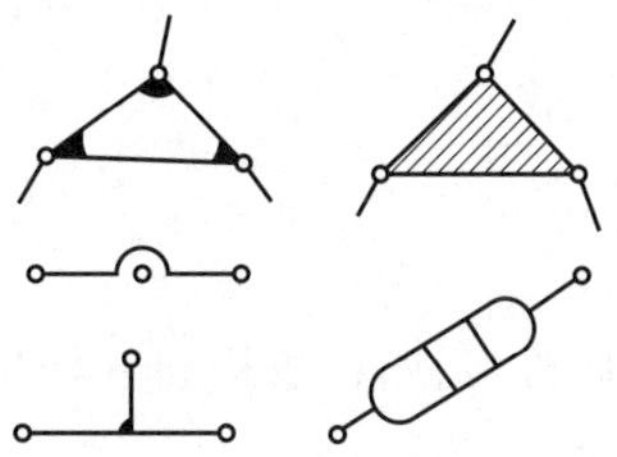	机架	机架是转动副的一部分	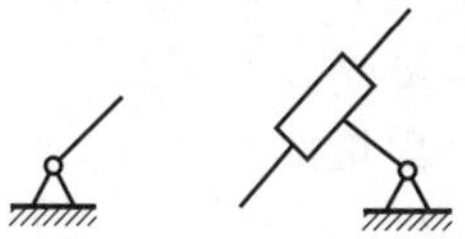
	构件的永久连接	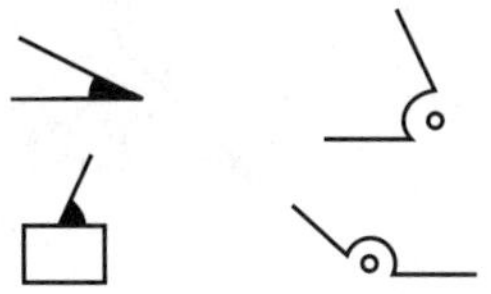		机架是移动副的一部分	
平面低副	转动副		平面高副	齿轮副外啮合	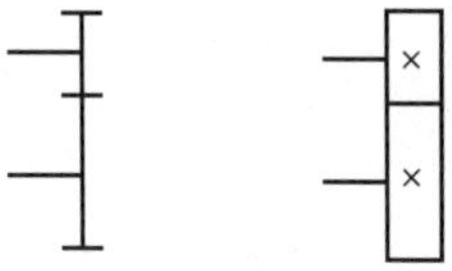
	移动副	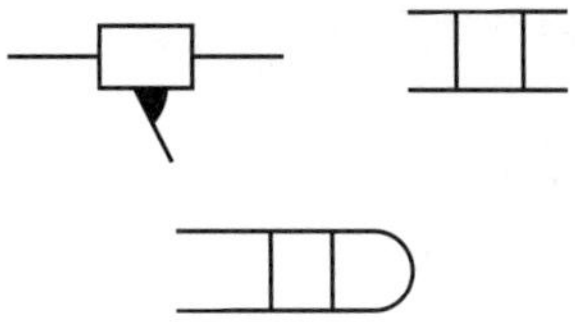		齿轮副内啮合	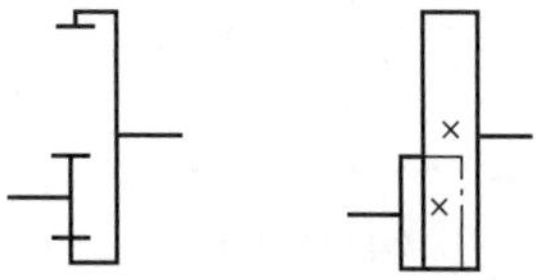
				凸轮副	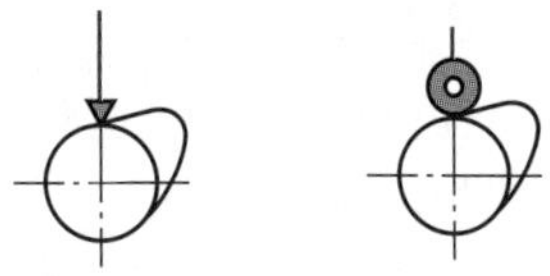

（3）选择视图平面,一般选择与构件运动平面相平行的平面作为视图平面。

（4）根据机构的实际尺寸和图纸大小确定适当的长度比例 μ_1。

$$\mu_1 = \frac{实际长度(mm)}{图示长度(mm)}$$

（5）按照长度比例,根据各运动副间的距离和相对位置,以规定的符号将各运动副表示出来。图中各运动副标以大写拉丁字母,各构件标以阿拉伯数字,并将机构的主动件用箭头标明运动方向。

（6）用直线或曲线将同一构件上的运动副连接起来,即为所要画的机构运动简图。

2.3　平面机构的自由度

一个机器要能够正常工作,组成机器的各个机构必须具有确定的运动。确定的运动是指机构首先必须具有运动,同时机构的运动形式是唯一确定的。

2.3.1　平面机构的自由度及其计算

以生活中常见事例举例,如书在桌面上可以沿着桌面的长和宽两个方向移动,同时还可以绕垂直于桌面的轴线转动。由此可以看出,一个做平面运动的自由构件通常具有 3 个独立运动。若平面机构中有 N 个构件,有且仅有一个固定件(机架),即会有 $n(=N-1)$ 个活动构件,在未用运动副连接前共有 $3n$ 个自由度。当用 P_L 个低副和 P_H 个高副连接组成机构后,每个低副引入 2 个约束,每个高副引入 1 个约束,共引入 $2P_L+P_H$ 个约束。因此,平面机构的自由度应为:全体活动构件在自由状态时自由度的总数与全部运动副所引入的约束条件总数之差。

平面机构的自由度的计算公式为:$F=3n-2P_L-P_H$

2.3.2 机构具有确定运动的条件

首先学习一组实例,如图 2.6 所示分别是三杆机构、四杆机构和五杆机构,分别计算出它们的自由度。

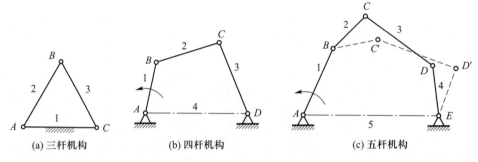

(a) 三杆机构   (b) 四杆机构   (c) 五杆机构

图 2.6 连杆构件机构

三杆机构的自由度:$F=3n-2P_L-P_H=3\times2-2\times3-0=0$

四杆机构的自由度:$F=3n-2P_L-P_H=3\times3-2\times4-0=1$

五杆机构的自由度:$F=3n-2P_L-P_H=3\times4-2\times5-0=2$

即当给定其中一杆一个运动规律时,三杆机构不能产生相对运动,四杆机构能产生确定的相对运动,五杆机构产生的相对运动不确定。

当给定两个杆件运动规律时,如图 2.7 所示。四杆机构不能产生相对运动,五杆机构的运动是确定的。

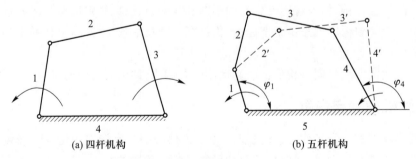

(a) 四杆机构   (b) 五杆机构

图 2.7 连杆构件机构的运动确定

综上所述:机构具有确定运动的条件是:机构自由度 $F>0$,且机构主动件数应等于机构的自由度。若主动件数<自由度 F,则机构无确定运动;若主动件数>自由度 F,则机构在最薄弱处损坏。

2.4　自由度计算的注意事项

实际工作中,机构的组成更加复杂,由于机构中常常存在一些特殊的结构形式,计算时需先进行特殊处理。

2.4.1　复合铰链

两个以上的构件同时在同一轴线上用转动副相连接时就会构成复合铰链,如图2.8所示。

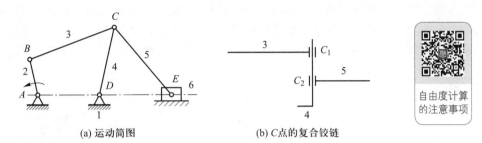

(a) 运动简图　　　　(b) C点的复合铰链

图2.8　复合铰链

如图2.8(b)所示,C点为由三个构件汇交成的复合铰链,这三个构件共组成两个转动副。以此类推,由m个构件汇交而组成的复合铰链应具有$(m-1)$个转动副。在计算机构自由度时应注意识别复合铰链,以免把转动副的个数算错。

2.4.2　局部自由度

机构中与输出构件运动无关的自由度称为局部自由度,这种自由度不影响输入和输出构件之间的运动关系,在计算时应予以去除。

如图2.9(a)所示的凸轮机构,按照$F=3n-2P_L-P_H=3\times3-2\times3-1=2$,主动件数<自由度$F$,没有确定的运动。但实际上该凸轮机构具有确定的运动,这是为什么?可以看出输出构件是竖直杆,杆端的滚子绕其中心是否转动或转动快慢都丝毫不影响输出构件(竖直杆)的运动,故滚子绕其中心的转动是一个局部自由度。在计算机构自由度时,这种构件应去除不计,如图2.9(b)所示。即凸轮机构的自由度为:$F=3n-2P_L-P_H=3\times2-2\times2-1=1$。

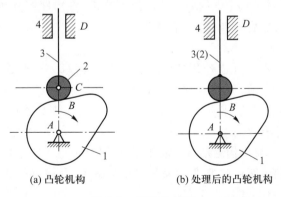

(a) 凸轮机构　　　　(b) 处理后的凸轮机构

图2.9　局部自由度

局部自由度虽然不影响整体机构的运动,但加滚子可使高副接触的滑动摩擦变成滚动摩擦,减轻构件磨损,故实际机构中常有局部自由度出现。

2.4.3　虚约束

在机构引入的约束中,有些约束对机构自由度的影响与其他约束重复,这些重复的约束称为虚约束,下面举例说明虚约束的主要形式,在计算自由度时应予以去除。

1. 重复运动副

当两个构件在多处接触并组成相同的运动副时,就会引入虚约束。如图 2.10(a)所示,安装齿轮的轴与支承轴的两个轴承之间组成了两个相同的,且其轴线重合的转动副 A 和 A'。从运动的角度来看,这两个转动副中只有一个转动副起约束作用,另一个转动副为虚约束。

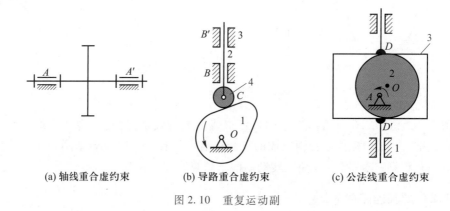

(a) 轴线重合虚约束　　　　(b) 导路重合虚约束　　　　(c) 公法线重合虚约束

图 2.10　重复运动副

如图 2.10(b)所示的凸轮机构中,从动件 2 与机架 3 之间组成了两个相同的,且导路重合的移动副 B 和 B'。此时,只有一个移动副起约束作用,另一个移动副为虚约束。如图 2.10(c)所示的机构中,构件 2 与构件 3 之间组成了两个高副 D 和 D',这两个高副接触点处的公法线重合。此时,只考虑一个高副所引入的约束,另一个高副为虚约束。

2. 重复轨迹运动副

在机构的运动过程中,如果两个构件上的两点之间的距离始终不变,则用一个构件和两个转动副将这两点连接起来,就会引入虚约束。如图 2.11(a)所示,构件 4 和转动副 E、F 引入的一个约束不起限制作用,是虚约束。为了便于分析,将构件 4 及转动副 E、F 去除,得到如图 2.11(b)所示的简化后的机构运动简图。

3. 对称机构

机构中对传递运动不起独立作用的、结构相同的对称部分,会使机构增加虚约束。如图 2.12 所示的行星轮系,为了受力均衡,采用了三个行星轮 2、$2'$、$2''$ 对称布置,它们所起的作用完全相同。从运动的角度来看,只需要一个行星轮即可满足要求,因此其中只有一个行星轮所组成的运动副为有效约束。

机构中引入虚约束,对机构运动虽不起作用,但可增加机构的刚性,使机构受力均衡,同时也提高了对制造和装配精度的要求。所以实际机械中,虚约束随处可见,如轴承、火车驱动轮等。

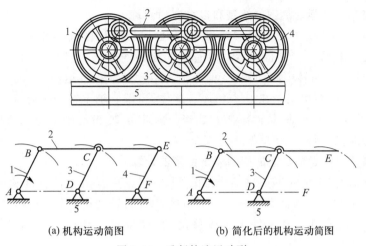

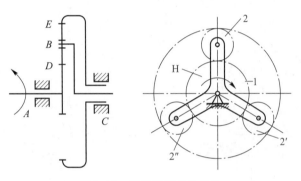

(a) 机构运动简图　　　　(b) 简化后的机构运动简图

图 2.11　重复轨迹运动副

图 2.12　行星轮系对称机构

任务下达

2.5　机构运动简图的绘制和自由度的计算

通过以上对机构运动简图和自由度计算的学习,请同学们完成以下内容。

1. 内燃机机构运动简图的绘制和自由度的计算

分析如图 2.13 所示的内燃机结构图:内燃机是由活塞 1、连杆 2、曲轴 3 与气缸体 4 组成的曲柄滑块机构;同曲轴 3 固连的齿轮 5、同凸轮轴 7 固连的齿轮 6 与气缸体 4 组成的齿轮机构;凸轮轴 7、(进气阀)顶杆 8 与气缸体 4 组成的凸轮机构(排气阀在图中未画出)共同组成的。气缸体 4 作为机架,是固定件;燃气推动下的活塞 1 是主动件;其余构件都是从动件。

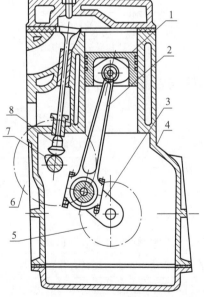

1—活塞;2—连杆;3—曲轴;4—气缸体;
5、6—齿轮;7—凸轮轴;8—顶杆

图 2.13　内燃机结构图

17

2. 颚式破碎机构运动简图的绘制和自由度的计算

分析如图 2.14 所示的颚式破碎机结构图：颚式破碎机由偏心轴 1、动颚板 2、肘板 3、机架 4、V 带轮 5 构成。电动机将运动传递给 V 带轮 5 输入，V 带轮 5 和偏心轴 1 连成一体（属同一构件），绕回转中心 A 转动；偏心轴 1 带动动颚板 2 运动；肘板 3 的一端与动颚板 2 相连接，另一端与机架 4 在 D 点相连。这样，当偏心轴 1 转动时便带动动颚板 2 做平面运动，定颚板 6 固定不动，从而将矿石轧碎。由此可知，偏心轴 1 为主动件，动颚板 2 和肘板 3 为从动件，定颚板 6 和机架 4 为固定件。

3. 牛头刨床机构运动简图的绘制和自由度的计算

分析如图 2.15 所示的牛头刨床结构图：牛头刨床主要由导杆机构和齿轮机构构成。1 为机架，2、3、4、5、6、7 为活动构件，A、C、D、E、F、G 为转动副（低副），构件 4 和构件 5 组成移动副（低副），构件 7 和构件 1 组成移动副 H（低副），构件 2 和构件 3 在 B 处组成高副。

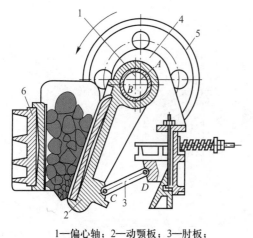

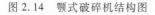

1—偏心轴；2—动颚板；3—肘板；
4—机架；5—V 带轮；6—定颚板

图 2.14　颚式破碎机结构图

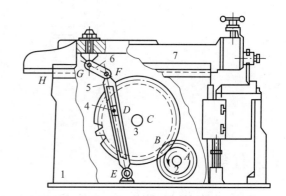

图 2.15　牛头刨床结构图

任务评价

机构运动简图的绘制和自由度计算任务评价表

评价内容	参与者	反馈信息
1. 机器中的机构分析是否正确	小组成员	
2. 机构运动简图的绘制是否正确清晰	小组成员	
3. 自由度的计算是否正确	小组成员	
4. 对任务中遇到的问题是否能积极解决	小组成员	
5. 在任务实施中是否有团队合作精神	小组成员	
6. 小组互评指出别组任务实施中的优缺点	全体成员	
7. 指导教师的总结和反馈	指导教师	

任务 3
连杆机构的分析与设计

任务导入

曲柄连杆机构是发动机实现工作循环,完成能量转换的主要运动部分。在做功行程中,燃料燃烧产生的热能使气体膨胀推动活塞下行,通过连杆带动曲轴旋转运动转变为机械能,对外输出动力;在其他冲程中,则依靠曲柄和飞轮的转动惯性,通过连杆带动活塞做往复运动,为下一次做功创造条件。

平面连杆机构由若干个刚性构件通过转动副或移动副连接而成,也称平面低副机构,组成平面连杆机构的各构件的相对运动均在同一平面或相互平行的平面内。其主要特点如下:

(1)平面连杆机构能实现多种运动形式,如转动、摆动、移动等平面运动,容易满足生产中各种动作要求。

(2)平面连杆机构的承载能力大,便于润滑,寿命长。

(3)平面连杆机构中运动副的元素形状简单,易于加工制造和保证精度。

(4)平面连杆机构只能近似实现给定的运动规律,且用于速度较低的场合。

由于平面连杆机构具有以上特点,因此广泛用于各种机器中。

知识储备

3.1 平面四杆机构的基本形式

3.1.1 平面四杆机构的类型与应用

平面连杆机构的构件形状多样,但大多数是杆状,故常把平面连杆机构中的构件称为"杆"。其中最常用的是由四个构件组成的平面连杆机构——平面四杆机构,简称"四杆机构",它不仅得到广泛的应用,还是分析多杆机构的基础。

如图 3.1 所示的平面四杆机构,它由机架、连杆、连架杆组成。若连架杆能做整周转动,则称为曲柄;若连架杆不能做整周转动,则称为摇杆。根据两连架杆中曲柄(或摇杆)的数目,平面四杆机构可分为曲柄摇杆机构、双曲柄机构和双摇杆机构。

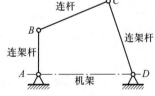

图 3.1　平面四杆机构组成

1. 曲柄摇杆机构

若平面四杆机构的两个连架杆中,一个为曲柄,另一个为摇杆,则此平面四杆机构称为曲柄摇杆机构。曲柄摇杆机构的运动特点是当曲柄为主动件做匀速转动时,摇杆为从动件做往复摆动,如图 3.2 所示。

曲柄摇杆机构的主要用途是改变构件的运动形式,可将曲柄的回转运动转变为摇杆的摆动。如图 3.2(a)所示的卫星天线调整机构,卫星天线固定在摇杆 3 上,当主动件曲柄 1 回转时,通过连杆 2 使摇杆 3(卫星天线)摆动,并要求摇杆 3 的摆动达到一定的摆角,以保证卫星天线具有指定的摆角。曲柄摇杆机构也可将摆动转变为回转运动或所需的运动轨迹,如图 3.2(b)所示的缝纫机踏板机构和图 3.2(c)所示的搅拌器搅拌机构。

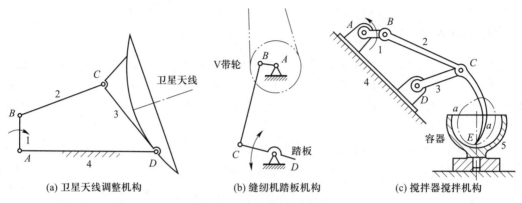

(a) 卫星天线调整机构　　　　(b) 缝纫机踏板机构　　　　(c) 搅拌器搅拌机构

图 3.2　曲柄摇杆机构的应用

2. 双曲柄机构

若平面四杆机构的两个连架杆均为曲柄,都能做整周回转,则该平面四杆机构称为双曲柄机构。双曲柄机构的运动特点是当主动曲柄做匀速转动时,从动曲柄做周期性的变速转动,以满足机器的要求。如图 3.3(a)所示的惯性筛机构就是利用双曲柄机构的例子,当主动曲柄 AB 做匀速回转时,从动曲柄 CD 做变速回转,使筛网获得加速度,利用加速度产生的惯性力使物料颗粒在筛上做往复运动,从而达到筛分材料的目的。

在双曲柄机构中,若相对的两杆长度分别相等,则称为平行双曲柄机构,或称平行四边形机构,如图 3.3(b)所示。在机构运动的过程中,当曲柄与连杆共线时,机构将会出现四个铰链中心处于同一直线上的情况,此时机构的运动不确定。为了避免平行四边形机构的这种运动不确定的情况,以保证机构具有确定的运动,在工程上可采取以下措施:利用从动件的质量或在从动件上加装飞轮以增大惯性;在机构中添加附加构件以增加虚约束。

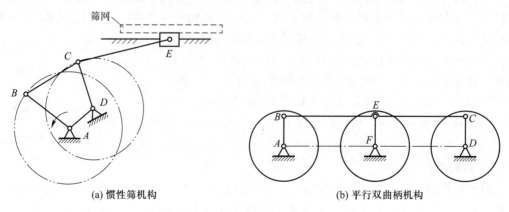

(a) 惯性筛机构　　　　　　　　　　(b) 平行双曲柄机构

图 3.3　双曲柄机构的应用

3. 双摇杆机构

若平面四杆机构的两个连架杆均为摇杆,都不能做整周回转,则该平面四杆机构称为双摇杆机构。如图 3.4(a)所示的飞机起落架收放机构即为双摇杆机构。飞机起飞后,需将轮 5 收起,飞机着陆前,要把轮 5 放下。这些动作是由主动摇杆 1 通过连杆 2 带动从动摇杆 3 来实现的(轮 5 与从动摇杆 3 连接)。

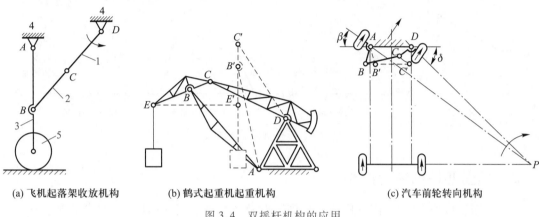

(a) 飞机起落架收放机构   (b) 鹤式起重机起重机构   (c) 汽车前轮转向机构

图 3.4   双摇杆机构的应用

如图 3.4(b)所示的鹤式起重机也是比较典型的双摇杆机构。在双摇杆机构中,如果两个摇杆的长度相等,则称为等腰梯形机构。如图 3.4(c)所示的汽车前轮转向机构就是等腰梯形机构的应用实例。

3.1.2 曲柄存在的条件

平面四杆机构首先必须满足四构件组成的封闭多边形条件:最长杆的长度小于其余三杆长度之和。而平面四杆机构中若有曲柄存在,通过理论证明(参见相关资料),如图 3.5 所示,需再满足以下两个条件:

(1)最短杆与最长杆的长度之和小于或等于其他两杆的长度之和。

(2)以最短杆或最短杆的任一邻杆为机架。

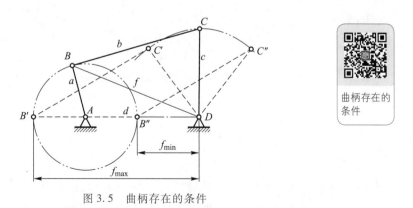

曲柄存在的条件

图 3.5   曲柄存在的条件

以上的两个条件必须同时满足,否则机构中不存在曲柄。但对平面四杆机构三种基本形式的具体判别,除了与平面四杆机构是否存在曲柄有关,还与哪个杆做机架有关,可根据以上所述综合归纳为以下两点：

（1）当最短杆与最长杆的长度之和大于其他两杆的长度之和时，只能是双摇杆机构。

（2）当最短杆与最长杆的长度之和小于或等于其他两杆的长度之和时：① 以最短杆为机架时，得到双曲柄机构［见图 3.6(a)］；② 以最短杆相邻杆为机架时，得到曲柄摇杆机构［见图 3.6(b)、(c)］；③ 以最短杆的对面杆为机架时，得到双摇杆机构［见图 3.6(d)］。

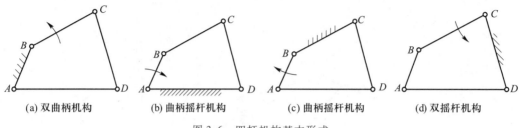

| (a) 双曲柄机构 | (b) 曲柄摇杆机构 | (c) 曲柄摇杆机构 | (d) 双摇杆机构 |

图 3.6　四杆机构基本形式

3.2　平面四杆机构的特性

平面四杆机构工作时，由于构件的长度不同及各构件的用途不同，其形式呈现多样性，同时，机构也表现出一些重要特性，掌握这些特性有利于我们更好地使用这些平面四杆机构。

3.2.1　急回特性

如图 3.7 所示的曲柄摇杆机构，主动件曲柄 AB 在以匀速 ω_1 回转一周的过程中，有两次与连杆 BC 共线，从动摇杆 CD 在左、右两个极限位置 C_2D、C_1D 之间做往复变速摆动，其摇杆摆角为 ψ。摇杆在两极限位置时，曲柄的两个对应位置所夹的锐角 θ 称为极位夹角。

急回特性

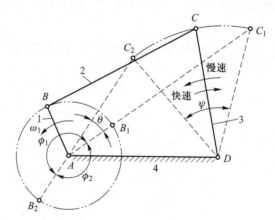

图 3.7　急回特性

曲柄逆时针从 AB_1 转到 AB_2，转过角度 $\phi_1 = 180°+\theta$，摇杆从 C_1D 转到 C_2D 所需时间为 $t_1 = \phi_1/\omega_1$，C 点的平均速度为 v_1。曲柄逆时针从 AB_2 转到 AB_1，转过角度 $\phi_2 = 180°-\theta$，摇杆从 C_2D 转到 C_1D 所需时间为 $t_2 = \phi_2/\omega_1$，C 点的平均速度为 v_2，显然：$v_1 < v_2$。

这种主动件做匀速运动，从动件空回行程平均速度大于工作行程平均速度的特性，称为四杆机构的急回特性。牛头刨床、往复式运输机等机械就是利用这种急回特性来缩短非生产时间,提高生产效率的。

为了表示从动件做往复运动时急回的程度,急回特性可用行程速比系数 K 表示,即:

$$K = \frac{v_2}{v_1} = \frac{t_1}{t_2} = \frac{180° + \theta}{180° - \theta} \qquad 或 \qquad \theta = 180° \frac{K-1}{K+1}$$

由此可见,平面四杆机构有无急回特性取决于有无极位夹角,若 $\theta = 0°$,则机构没有急回特性。机构急回运动的程度取决于极位夹角 θ 的大小,θ 越大,K 越大,机构的急回特性越显著。

3.2.2　传力特性

在工程实践中,不仅要求连杆机构能实现预期的运动规律,还应运转轻便,效率较高,应具有良好的传力特性。

1. 压力角与传动角

在如图3.8所示的曲柄摇杆机构中,若忽略各杆的质量和运动副中的摩擦,连杆 BC 是二力共线的构件,主动曲柄 AB 通过连杆 BC 作用在从动摇杆 CD 上的力 F 应沿 BC 方向。从动件所受压力 F 与受力点速度 v_c 之间所夹的锐角称为压力角 α。显然,压力角越小,机构的传力性能越好,驱动力能够更多地转化为机构直接推力。在实际应用中,为度量方便,常以压力角 α 的余角 $\gamma = 90° - \alpha$ 来判断连杆机构的传力性能。γ 称为传动角,显然,γ 越大,机构的传力性能越好。

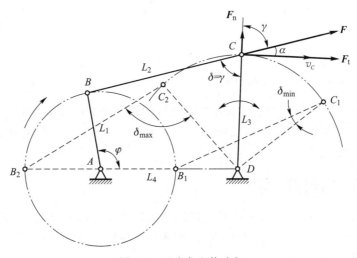

图3.8　压力角和传动角

机构在运动过程中,传动角的大小是变化的,当机构处于连杆与从动摇杆垂直状态时,即 $\gamma = 90°$ 时对传动最有利。机构出现最小传动角的位置是机构传力效果最差的位置,也是检验其传力性能的位置。如图3.8所示,传动角 γ 与连杆和摇杆的夹角是对顶角,当四杆机构中曲柄和机架共线时会出现传动角最小值,此时曲柄与机架存在正向共线或反向共线,如果 δ_{min} 和 δ_{max} 都为锐角,则 $\gamma_{min} = \delta_{min}$;如果 δ_{max} 为钝角,取 δ_{min} 和 $(180° - \delta_{max})$ 中最小者为 γ_{min}。

为了保证机构正常工作,最小传动角 γ_{min} 应大于或等于许用传动角 $[\gamma]$,$[\gamma]$ 的选取与传递功率、运转速度、制造精度和运动副中的摩擦等因素有关。对于一般传动,可取 $[\gamma] = 40°$;而高速和大功率传动时,可取 $[\gamma] = 50°$。

2. 死点性质

如图 3.9 所示的曲柄摇杆机构中,若以摇杆 CD 为主动件,则当摇杆摆到极限位置(C_1D 和 C_2D),即连杆与从动曲柄共线时,连杆作用于曲柄的力正好通过曲柄的回转中心 A,对 A 点的力矩为零,不能使曲柄转动,此时曲柄上的传动角 $\gamma = 0°$($\alpha = 90°$),机构的这种位置称为死点位置。

机构处于死点位置时,从动件会出现卡死或正反转运动不确定现象。如图 3.10 所示缝纫机踏板机构,踩动主动踏板(摇杆1),通过连杆2使从动件曲轴(曲柄3)转动,当出现踏板踩不动或倒车现象时,就是缝纫机踏板机构处于死点位置造成的。因此,应设法避免传动机构在死点位置时的停顿和运动不确定现象。若无法避免,则应采取措施使机构度过死点。如缝纫机踏板机构是采用安装大带轮(相当于飞轮)加大惯性的办法来度过死点。

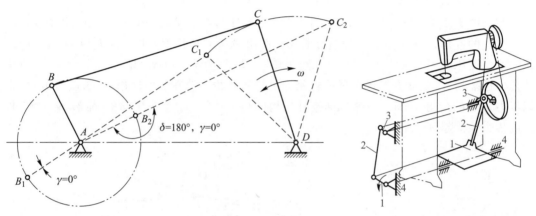

图 3.9 曲柄摇杆机构的死点位置   图 3.10 缝纫机踏板机构

在生产或日常生活中,有时也常利用死点位置的性质来实现某些要求。如图 3.4(a)所示的飞机起落架,当飞机准备着陆时,轮5被放下,此时 BC 杆与 CD 杆共线,机构处于死点位置,使飞机可靠着陆。

3.3 平面四杆机构的设计

平面四杆机构的设计主要需根据给定的运动条件选定机构的形式,确定各构件的尺寸参数。有时为了使机构设计可靠、合理,还应考虑辅助条件,即机构的几何条件和动力条件(如最小传动角的要求)。

在实际生产中,对机构的设计要求是多种多样的,给定的条件也各不相同。归纳起来,设计的类型一般可以分为以下两类。

(1) 按照给定的运动轨迹设计四杆机构,称为轨迹设计。

(2) 按照给定的运动规律(位置、速度、加速度)设计四杆机构,称为位置设计。

对于上述两类设计的设计方法有图解法、实验法和解析法三种。图解法直观,实验法简便,解析法精确。其中,图解法主要解决机构的位置设计问题,简单直观,能快速获得理想的设计方案。但由于作图过程存在一定的误差,因此精度不高。以下将重点介绍图解法。

3.3.1　按照给定的运动轨迹设计四杆机构

已知连杆机构中的连杆 BC 的长度为 L_{BC}，B 和 C 分别为连杆上的两个铰链，给定连杆的三个运动轨迹 B_1C_1、B_2C_2 和 B_3C_3，如图3.11(a)所示，试设计该四杆机构。

1. 设计分析

本设计的主要问题是确定铰链中心 A 和 D 的位置。由于四杆机构的铰链中心 B 和 C 的运动轨迹分别是以 A 和 D 为圆心的圆弧，所以由 B_1、B_2 和 B_3 可求得 A 点；由 C_1、C_2 和 C_3 可求得 D 点。

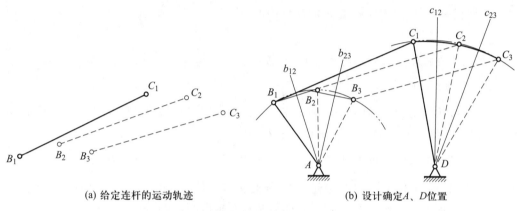

(a) 给定连杆的运动轨迹　　　　　　(b) 设计确定 A、D 位置

图3.11　按给定的运动轨迹设计四杆机构

2. 设计步骤[见图3.11(b)]

(1) 选择适当的比例 μ_1，根据已知条件作出连杆的三个位置 B_1C_1、B_2C_2 和 B_3C_3。

(2) 连接 B_1B_2 和 B_2B_3，分别作其垂直平分线 b_{12} 和 b_{23}，b_{12} 和 b_{23} 的交点即为固定铰链中心 A。

(3) 同理作 C_1C_2 和 C_2C_3 的垂直平分线，其交点即为固定铰链中心 D。

(4) 连接 AB_1 和 DC_1 即得四杆机构 AB_1C_1D，其另外三杆的长度分别为：

$$L_{AD} = \mu_1 \times \overline{AD}, \quad L_{AB} = \mu_1 \times \overline{AB_1}, \quad L_{CD} = \mu_1 \times \overline{C_1D}$$

注意：若仅给定连杆的两个运动轨迹，A、D 两点可在 b_{12} 和 c_{12} 上取任意点，会有无穷多解。这时需要其他辅助条件，如最小传动角、杆长范围或机架位置等要求，方可使 A 和 D 唯一确定。

3.3.2　按照给定的运动规律设计四杆机构

设计具有急回特性的四杆机构时，一般根据工作要求，先给定行程速比系数 K 值，然后根据机构在极限位置的几何关系结合有关的辅助条件确定机构的尺寸参数。如已知行程速比系数 K、摇杆长度 L_{CD} 及其摆角 ψ，试设计曲柄摇杆机构。

1. 设计分析

本设计的主要问题是确定固定铰链中心 A 的位置。如图3.12所示的曲柄摇杆机构中，A 点是极位夹角 θ 的顶点，若过 A、C_1 和 C_2 三点作一辅助圆，该圆 C_1、C_2 两点的优弧上任意点 P 与 C_1 和 C_2 点连线的夹角均等于极位夹角 θ，则 A 点必在该圆弧上。

2. 设计步骤

（1）由已知行程速比系数 K，可求得极位夹角 θ。

（2）任选一固定铰链中心 D 的位置，由摇杆长度 L_{CD} 和摆角 ψ，按适当的比例 μ_1，作出摇杆的两个极限位置 C_1D 和 C_2D。

（3）连接 C_1 和 C_2 点，作 $C_1M \perp C_1C_2$，作 $\angle C_1C_2N = 90° - \theta$，$C_1M$ 与 C_2N 交于 P 点。过 C_1、C_2 和 P 作辅助圆，由于同一圆弧的圆周角相等，在 $\overset{\frown}{C_1PC_2}$ 上取一点 A，作为曲柄的固定铰链中心，则有 $\angle C_1PC_2 = \angle C_1AC_2 = \theta$。

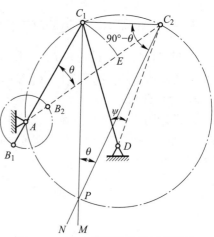

图 3.12 按 K 值设计曲柄摇杆机构

（4）由于在极限位置曲柄与连杆共线，故 $\overline{AC_1} = \overline{BC} - \overline{AB}$，$\overline{AC_2} = \overline{BC} + \overline{AB}$。

（5）以 A 为圆心、AC_1 为半径作圆弧交于 E，平分 EC_2 得曲柄长度 $\overline{AB}$，再以 A 为圆心、$\overline{AB}$ 为半径作圆，分别交 C_1A 的延长线和 C_2A 于 B_1、B_2。

（6）各杆件的实际长度可确定为：$L_{AD} = \mu_1 \times \overline{AD}$，$L_{AB} = \mu_1 \times \overline{AB}$，$L_{BC} = \mu_1 \times \overline{BC}$。

必须指出，由于 A 点为 $\overset{\frown}{C_1PC_2}$ 上任一点，因此解答不是唯一的。当给定某些辅助条件时，如给定机架长度或最小传动角 γ_{min} 等，才能使其具有确定的解。

除了前面讲述的曲柄摇杆机构、双曲柄机构和双摇杆机构外，在实际应用中还广泛地应用了其他形式的四杆机构，这些形式的四杆机构可认为是由基本形式演化而来的，如曲柄滑块机构、导杆机构、偏心轮机构、摇块机构、定块机构等。

3.4 曲柄滑块机构

曲柄滑块机构可以看成是由曲柄摇杆机构演化而来的。如图 3.13（a）所示的曲柄摇杆机构中，构件 1 为曲柄，构件 3 为摇杆。先将其曲柄摇杆机构中 D 点转动副扩大，杆 4 成一个环形槽，D 点为槽的曲率中心，而杆 3 做成一个弧形滑块，在环形槽内运动，如图 3.13（b）所示。再将环形槽半径扩大为无穷大，即 D 点为无穷远处，则环形槽变成了直槽，转动副变成了移动副，此时曲柄摇杆机构演化成曲柄滑块机构。曲柄回转中心 A 至直槽之间的垂直距离 e，称为偏距。当 $e \neq 0$ 时，这种形式的机构称为偏置曲柄滑块机构，如图 3.13（c）所示；当 $e = 0$ 时，这种形式的机构则称为对心曲柄滑块机构，如图 3.13（d）所示。

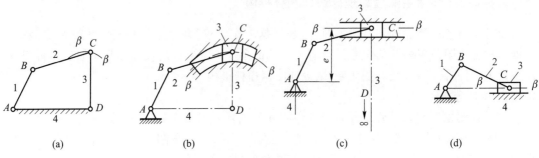

图 3.13 曲柄滑块机构

曲柄滑块机构用途很广,主要用于将回转运动转变为往复直线运动的场合。如前面拆装的内燃机的配气机构,如图 3.14(a)所示的自动送料机构、如图 3.14(b)所示的冲压机构都是曲柄滑块机构的应用实例。

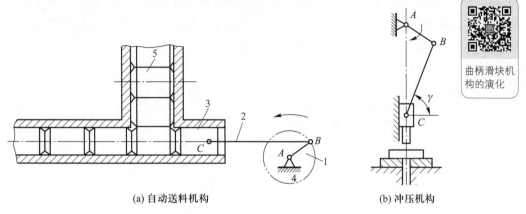

曲柄滑块机构的演化

(a) 自动送料机构　　　　　　(b) 冲压机构

图 3.14　曲柄滑块机构的应用

3.5　导杆机构

改变曲柄滑块机构中的固定构件,可得到各种形式的导杆机构。导杆为能在滑块中做相对移动的构件。如图 3.15(a)所示的曲柄滑块机构,若改杆 1 为机架,机架 4 为导杆,滑块 3 可在导杆 4 上做往复移动,这种机构称为导杆机构。当杆 1 的长度小于或等于杆 2 的长度时,杆 2 和导杆 4 均可做整周回转,这种机构称为转动导杆机构,如图 3.15(b)所示;当杆 1 的长度大于杆 2 的长度时,杆 2 可做整周回转,导杆 4 却只能做往复摆动,这种机构称为摆动导杆机构,如图3.15(c)所示。

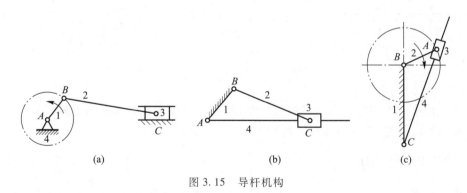

(a)　　　　　　　　　(b)　　　　　　　　　(c)

图 3.15　导杆机构

牛头刨床的主运动就是利用了摆动导杆机构,如图 3.16(a)所示。如图 3.16(b)所示为电气开关机构,其中杆 1 为机架,杆 1 的长度大于杆 2 的长度,此时,杆 2 可以做整周回转,而导杆 4 只能做一定角度的摆动,以此控制开关的闭合与开启。

3.6　偏心轮机构

在曲柄摇杆、曲柄滑块或其他带有曲柄的机构中,如果曲柄很短,在曲柄两端需安装轴承,则加工和装配工艺困难,同时还会影响构件的强度。因此,在这种情况下,往往采用如图 3.17(c)所示的偏心轮机构,其中构件 1 为圆盘,它的回转中心 A 与几何中心 B 有一偏距,其大小就是曲柄的长度 L_{AB},该圆盘称为偏心轮。显然,偏心轮机构的运动性质与原来的曲柄摇杆机构或曲柄滑块机构一样。偏心轮机构是转动副 B 的销钉半径逐渐扩大直至超过了曲柄长度 L_{AB} 演化而成的,如图 3.17 所示。偏心轮机构中偏心轮的两支承距离较小而偏心部分粗大,刚度和强度均较好,可承受较大的力和冲击载荷。

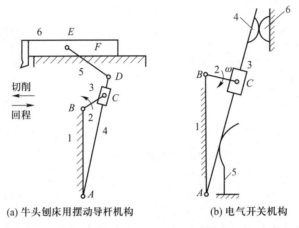

(a) 牛头刨床用摆动导杆机构　　　　(b) 电气开关机构

图 3.16　导杆机构

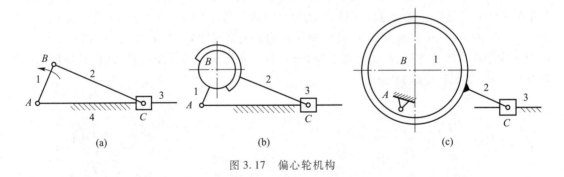

(a)　　　　　　　(b)　　　　　　　(c)

图 3.17　偏心轮机构

　　通常在曲柄长度很短和需利用偏心轮惯性时,采用偏心轮机构。偏心轮机构广泛应用于内燃机、剪床、冲床、颚式破碎机等机械中。

3.7　曲柄摇块机构

　　当取曲柄滑块机构中的连杆 2 为机架时,机构则成为曲柄摇块机构,如图 3.18(a)所示。构件 1 绕 B 点做整周回转运动,摇块 3 绕机架上 C 点做往复摆动。

　　曲柄摇块机构常应用于各种液压和气动装置。如图 3.18(b)所示的自卸卡车翻斗机构即为曲柄摇块机构的应用实例。油缸 3 能绕定轴 C 摆动,活塞杆 4 在油压的作用下推动车厢 1,使其绕 B 点转动而倾斜,从而达到自动卸料的目的。这种油缸式的曲柄摇块机构,在各种建筑机械、农业机械及许多机床中得到了广泛的应用。

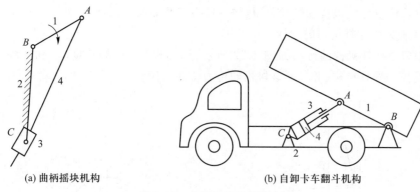

(a) 曲柄摇块机构　　　　(b) 自卸卡车翻斗机构

图 3.18　曲柄摇块机构及应用

3.8　定块机构

如果将滑块作为机架,则可得到如图 3.19(a)所示的定块机构。这种机构常用于手动抽水机和抽油泵中。如图 3.19(b)所示的抽水唧筒采用的就是这种机构。

任务下达

3.9　平面连杆机构的设计

1. 内燃机中曲柄滑块机构设计

已知内燃机的上止点和下止点,如图 3.20 所示,设计内燃机中的曲柄滑块机构,并判断该机构是否有死点位置,如果有请分析如何克服死点位置的运动不确定性。

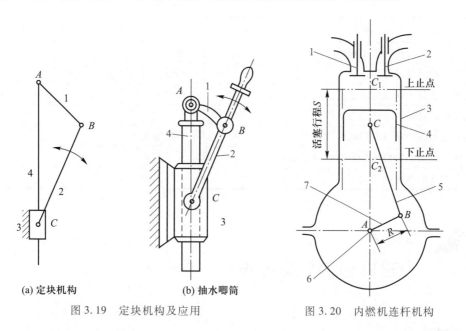

(a) 定块机构　　(b) 抽水唧筒

图 3.19　定块机构及应用　　　　　　图 3.20　内燃机连杆机构

2. 加热炉中连杆机构设计

如图 3.21 所示为加热炉启闭机构,设已知炉门即连杆 BC 长 L_{BC} 及其启闭的两个位置

B_2C_2 和 B_1C_1,请设计此机构,并判断该机构的传力特性如何。

3. 牛头刨床中导杆机构的设计

牛头刨床中导杆机构的运动如图 3.22 所示,已知机架 AC 的长度 L_{AC} 和行程速比系数 K,请设计此摆动导杆机构,并判断该机构的传力特性如何。

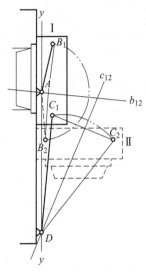 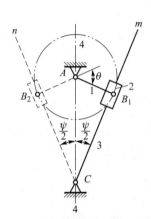

图 3.21 加热炉启闭机构 图 3.22 牛头刨床的导杆机构

任务评价

平面连杆机构设计任务评价表

评价内容	参与者	反馈信息
1. 机器机构的分析是否正确	小组成员	
2. 四杆机构的设计是否正确	小组成员	
3. 对设计任务中遇到的问题是否能积极解决	小组成员	
4. 对所设计机构的特性是否掌握	小组成员	
5. 在任务实施中是否有团队合作精神	小组成员	
6. 小组互评指出别组任务实施中的优缺点	全体成员	
7. 指导教师的总结和反馈	指导教师	

任务4

凸轮机构的分析与设计

任务导入

在任务 1 中通过拆装内燃机的配气机构,了解到配气机构是由凸轮轴和排气阀与进气阀组成的凸轮机构来实现的。凸轮机构的主要优点是只要正确地设计和制造出凸轮的轮廓曲线,就能把凸轮的回转运动准确可靠地转变为从动件所预期的运动规律复杂的运动,而且设计简单。由于凸轮机构具有多用途性和灵活性,因此广泛应用于机械、仪器、操纵控制装置和自动生产线中,是自动化生产中主要的驱动和控制机构。

如图4.1(a)所示为内燃机配气机构,凸轮1匀速转动,通过其曲线轮廓向径的变化,驱动从动件2按内燃机工作循环的要求有规律地开启和闭合。如图4.1(b)所示为自动送料机构,当圆柱形凸轮1转动时,通过凹槽中的滚子,驱使从动件2做往复移动,凸轮每转一周,从动件可从储料器中将一个坯料送到加工位置。如图4.1(c)所示为绕线机引线机构,其可使线均匀地卷绕在线轴上。

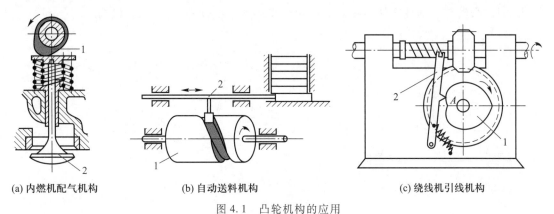

(a) 内燃机配气机构　　　　(b) 自动送料机构　　　　(c) 绕线机引线机构

图4.1　凸轮机构的应用

知识储备

4.1　凸轮机构的组成与特点

凸轮机构由凸轮1、从动件2和机架3这3个基本构件及锁合装置(如弹簧等)组成,是一种高副机构。凸轮是一个具有曲线轮廓或凹槽的构件,通常作为主动件做连续匀速转动,通过其曲线轮廓或凹槽与从动件形成高副接触,使从动件在凸轮轮廓的控制下按预定的运动规律做往复移动或摆动。

凸轮机构的优点:只要适当地设计凸轮轮廓,就可以使从动件实现预期的运动规律,结构简单、紧凑,易于设计。凸轮机构的缺点:凸轮与从动件是高副接触,易磨损,制造困难,适用于传力不大的控制机构。

4.2　凸轮机构的类型

凸轮机构的类型很多,可以按凸轮形状、从动件末端形状和锁合形式来分类。

凸轮机构的类型

4.2.1　按凸轮形状分类

1. 盘形凸轮

仅有径向廓线尺寸变化并绕其轴线旋转的凸轮称为盘形凸轮,如图4.1(a)、(c)所示的构件 1。工作时,从动件随凸轮半径的变化在垂直于凸轮轴线的平面内运动,或随凸轮做往复摆动或移动。

2. 移动凸轮

移动凸轮是由盘形凸轮演变而来的,可看作回转半径无限大的盘形凸轮,凸轮做往复移动,从而使从动件上下运动,如图 4.2 所示。

3. 圆柱凸轮

圆柱凸轮可看作移动凸轮卷成圆柱体所形成的凸轮,从动件与凸轮之间的相对运动为空间运动,如图 4.1(b)所示的自动送料机构和图 4.3 所示的缝纫机拉线机构。

盘形凸轮和移动凸轮与其从动件之间的相对运动是平面运动,所以它们属于平面凸轮机构;圆柱凸轮与从动件之间的相对运动为空间运动,故它属于空间凸轮机构。

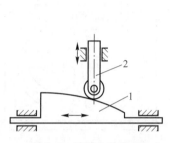

图 4.2　移动凸轮机构

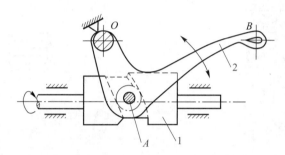

图 4.3　缝纫机拉线机构

4.2.2　按从动件末端形状分类

1. 尖顶从动件凸轮机构

如图 4.4(a)所示,尖顶从动件凸轮机构中从动件的端部呈尖点状,其特点是能与任何形状的凸轮轮廓上的各点相接触,因而理论上可实现任意预期的运动规律。尖顶从动件凸轮机构是研究其他形式从动件凸轮机构的基础。但由于从动件尖顶易磨损,故只能用于轻载低速的场合。

2. 滚子从动件凸轮机构

如图 4.4(b)所示,滚子从动件凸轮机构中从动件的端部装有滚子,由于从动件与凸轮之间可形成滚动摩擦,磨损显著减少,可承受较大载荷,应用较广。但从动件端部重量较大,又不易润滑,故仍不宜用于高速场合。

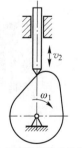 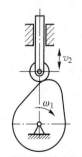 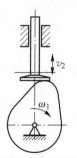 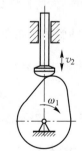

(a) 尖顶从动件凸轮机构　　(b) 滚子从动件凸轮机构　　(c) 平底从动件凸轮机构　　(d) 球面底从动件凸轮机构

图 4.4　凸轮机构按从动件末端形状分类

3. 平底从动件凸轮机构

如图4.4(c)所示,平底从动件凸轮机构中从动件端部为一平底。若不计摩擦,凸轮对从动件的作用力始终垂直于平底,传力性能良好,且凸轮与平底接触面间易形成润滑油膜,摩擦磨损小、效率高,故可用于高速场合。其缺点是不能用于凸轮轮廓有内凹的情况。

4. 球面底从动件凸轮机构

如图4.4(d)所示,球面底从动件凸轮机构中从动件的端部具有凸出的球形表面,可避免因安装位置偏斜或不对中而造成的表面应力和磨损增大的缺点,并具有尖顶与平底从动件的优点,因此这种结构形式的从动件在生产中应用也较多。

4.2.3 按锁合形式分类

1. 力锁合凸轮机构

力锁合凸轮机构是指靠重力、弹簧力或其他外力使从动件与凸轮始终保持接触的凸轮机构。如图4.1(a)、(c)所示,它们是依靠弹簧力来维持高副接触的凸轮机构。

2. 形锁合凸轮机构

形锁合凸轮机构是指利用高副元素本身的几何形状使从动件与凸轮始终保持接触的凸轮机构。

如图4.5(a)所示的沟槽凸轮机构,其利用凸轮上的凹槽和置于槽中的从动件上的滚子使凸轮与从动件保持接触。

如图4.5(b)所示的等宽凸轮机构,因与凸轮轮廓曲线相切的任意两平行线间的宽度B处处相等,且等于从动件内框上、下壁间的距离,所以凸轮和从动件可始终保持接触。

如图4.5(c)所示的等径凸轮机构,因其凸轮理论轮廓曲线在径向线上两点的距离D处处相等,故可使凸轮与从动件始终保持接触。

如图4.5(d)所示的共轭凸轮机构,用两个固结在一起的凸轮控制同一从动件,从而使凸轮与从动件始终保持接触。

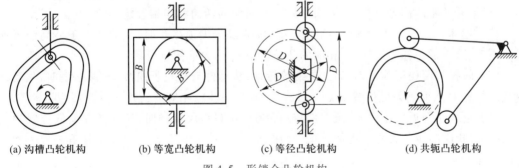

(a) 沟槽凸轮机构   (b) 等宽凸轮机构   (c) 等径凸轮机构   (d) 共轭凸轮机构

图4.5 形锁合凸轮机构

在实际机构中,从动件不仅有不同的结构形式,而且有不同的运动形式。如做往复直线运动的从动件称为直动从动件,如图4.4所示;做往复摆动的从动件称为摆动从动件,如图4.6所示。

在直动从动件盘形凸轮机构中,当从动件的中心线通过凸轮的回转中心时,称为对心直动从动件盘形凸轮机构,如图4.4所示。当从动件的中心线不通过凸轮的回转中心时,称为偏置直动从动件盘形凸轮机构,从动件的中心线偏离凸轮回转中心的距离称为偏距,用 e 表示,如图4.7所示。

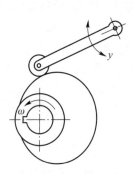 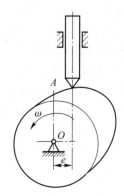

图4.6　摆动从动件凸轮机构　　　　图4.7　偏置直动从动件盘形凸轮机构

4.3　从动件的运动规律

所有的凸轮机构都是以盘形凸轮机构为基础设计的,现以盘形凸轮机构为例讲解凸轮机构运动规律和设计。

4.3.1　凸轮机构的基本术语

如图4.8(a)所示为尖顶对心直动从动件盘形凸轮机构,凸轮的轮廓由非圆曲线 BC、DE 和圆弧曲线 CD 和 EB 组成。

(1) 基圆半径 r_b:以凸轮轮廓上最小向径 r_b 为半径所画的圆称为凸轮的基圆,r_b 即为基圆半径。当从动件尖顶与凸轮轮廓曲线在 B 点接触时,从动件处于最低位置。

(2) 推程与推程运动角 δ_0:当凸轮以等角速度顺时针转动时,从动件由最低位置 B 开始首先与凸轮轮廓曲线 BC 段接触,此时从动件由 B 点被推至最高位置 C 点,这一过程称为推程,它所上升的距离称为行程,用 h 表示。凸轮对应的转角称为推程运动角,用 δ_0 表示。

(3) 远休止与远休止角 δ_s:当凸轮以 CD 圆弧段与尖顶接触时,从动件处于最高位置而静止不动,这一过程称为远休止,相应的凸轮转角 δ_s 称为远休止角。

(4) 回程与回程运动角 δ_0':当凸轮继续转动,从动件与凸轮于曲线 DE 段接触时,从动件由最高位置 D 点回到最低位置 E 点的过程称为回程,凸轮相应的转角 δ_0' 称为回程运动角。

(5) 近休止与近休止角 δ_s':从动件与凸轮在 EB 圆弧段接触时,从动件在最低位置静止不动,凸轮相应的转角 δ_s' 称为近休止角。当凸轮继续转动时,从动件重复上述升—停—回—停的循环运动。

(6) 从动件的位移曲线:从动件的位移 s、速度 v 和加速度 a 与凸轮转角 δ(或时间 t)的变化规律称为从动件的运动规律,它们的函数关系曲线:$s=s(\delta)$,$v=v(\delta)$,$a=a(\delta)$ 分别称为从动件的位移、速度和加速度曲线。如图4.8(b)所示为从动件的位移曲线图,其纵坐标代表从动件的位移 s,横坐标代表凸轮的转角 δ。凸轮轮廓曲线设计取决于从动件所需的运动规律,而从动件的运动规律又取决于工艺动作的要求。

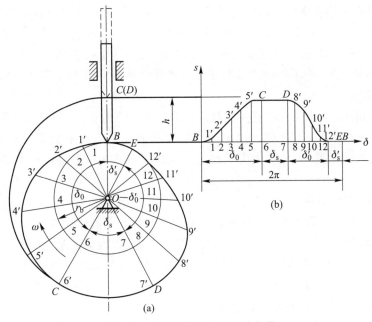

图 4.8　盘形凸轮机构的运动规律

所以,设计凸轮轮廓之前,首先要根据工艺要求确定从动件的运动规律,然后根据运动规律绘制出从动件的位移曲线图,再根据位移曲线图设计凸轮轮廓曲线。

4.3.2　从动件的常用运动规律

下面介绍三种常见的从动件的运动规律,及从动件在推程或回程时,其位移 s、速度 v 和加速度 a 随时间 t 变化的规律。

1. 等速运动规律

从动件的运动速度 v 为常数时的运动规律,称为等速运动规律,如图 4.9(b)所示。其位移线图为一斜直线又称为直线运动规律,如图 4.9(a)所示。从动件等速运动时,加速度为零。但在开始和终止运动的瞬间,速度突变,加速度趋于无穷大,如图 4.9(c)所示,理论上机构会产生无穷大的惯性力,使从动件与凸轮产生冲击(称为刚性冲击)。因此,等速运动规律只适用于低速、轻载的凸轮机构,如自动机床的进刀机构等。

2. 等加速等减速运动规律

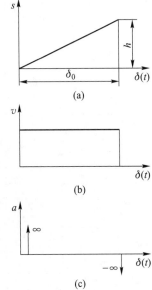

图 4.9　等速运动规律图

等加速等减速运动规律是指从动件在一个行程中,前半行程做等加速运动,后半行程做等减速运动的运动规律。其运动规律如图 4.10 所示,位移曲线为两段光滑相连、开口相反的抛物线,速度曲线为斜直线,加速度曲线为平直线。

如图 4-10(a)所示,在纵坐标轴上将行程 h 等分成两部分。在横坐标轴上,将与推程对应的凸轮转角 δ_0 也分成相等的两部分,再将每一部分分为若干等份(4 等份),得到 1、2、3、4

各点,过这些分点分别作横坐标轴的垂线,同时将纵坐标轴上各部分也分为与横坐标轴相同的等份(4 等份),得 1′、2′、3′、4′各点。连接 A 和 1′、A 和 2′、A 和 3′、A 和 4′,与相应的垂线分别交于 1″、2″、3″、4″各点,将这些交点连接成光滑曲线,即可得到推程 AB 段的等加速运动的位移曲线图(抛物线)。后半行程的等减速运动规律位移曲线图也可用同样的方法画出,只是弯曲的方向相反。

如图 4.10 所示,从动件的加速度分别在 A、B 和 C 位置有突变,但其变化为有限值,由此而产生的惯性力变化也为有限值。这种由加速度和惯性力的有限变化对机构所造成的冲击、振动和噪声较刚性冲击小,称为柔性冲击。等加速等减速运动规律也只适用于中速、轻载的场合。

3. 余弦加速度运动规律

余弦加速度运动规律是指从动件加速度按余弦规律变化的运动规律。

运动规律如图 4.11 所示,位移曲线为简谐曲线,故又称为简谐运动规律,速度曲线为正弦曲线,加速度曲线为余弦曲线。由加速度曲线图可知,这种运动规律在开始和终止两点处加速度有突变,也会产生柔性冲击,只适用于中速场合。只有当加速度曲线保持连续时(如图 4.11 中的虚线所示),才能避免柔性冲击。

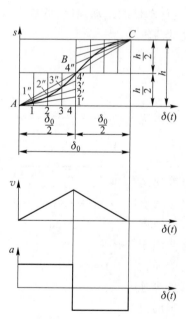

图 4.10　等加速等减速运动规律图

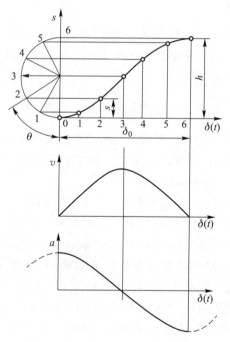

图 4.11　余弦加速运动规律图

4.4　凸轮机构的设计

4.4.1　盘形凸轮轮廓设计的基本原理

凸轮轮廓曲线的设计方法有图解法和解析法。解析法精确,图解法直观、方便。图解法设计凸轮轮廓曲线的基本原理是相对运动原理。如图 4.12 所示为尖顶对心直动从动件盘

形凸轮机构,设凸轮的轮廓曲线已按给定的
从动件运动规律设计出来。当凸轮以等角
速度绕其回转中心 O 逆时针转动时,从动件
的尖顶沿凸轮轮廓曲线相对其导路按预定
的运动规律做往复移动。可见,从动件在复
合运动中,其尖顶相对于凸轮的运动轨迹就
是凸轮轮廓曲线。

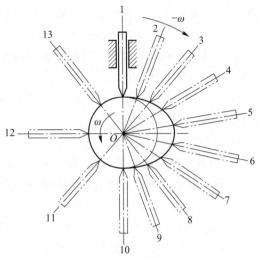

　　反转法的思路:假设给凸轮机构加一角
速度 $-\omega$(与凸轮角速度大小相等、方向相
反),此时凸轮静止不动,从动件与导路绕凸
轮以角速度 $-\omega$ 转动,同时从动件相对于导
路做往复运动,此时从动件尖顶的运动轨迹
就是凸轮轮廓曲线。这种进行凸轮设计的
方法称为反转法。

图 4.12　反转法原理

4.4.2　对心直动从动件盘形凸轮轮廓设计

1. 尖顶对心直动从动件盘形凸轮轮廓设计

凸轮机构的
反转法设计

　　如图 4.13(a)所示从动件导路中心线通过凸轮回转中心,为尖顶对心直
动从动件盘形凸轮机构。已知从动件的位移曲线图[见图4.13(b)]和凸轮的
基圆半径 r_b,凸轮以等角速度 ω 顺时针转动,其凸轮轮廓作图步骤如下:
　　(1)取适当比例,作从动件的位移曲线图。
　　(2)在位移曲线图上将推程运动角 δ_0 和回程运动角 δ_0' 分别分成若干等份(图中各为

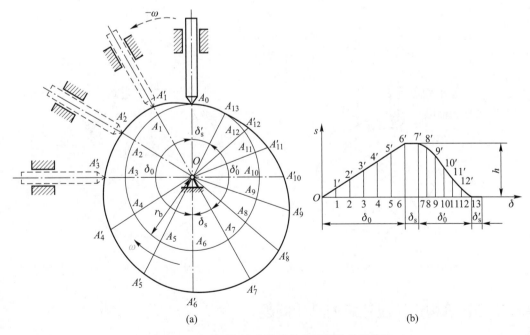

图 4.13　尖顶对心直动从动件盘形凸轮轮廓设计

6 等份），得等分点 1、2、3、⋯、n，并过各等分点作 δ 轴的垂线。

（3）以 O 为圆心，r_b 为半径，按比例 μ_s 画圆，即基圆，确定从动件初始位置 A_0。

（4）将基圆划分成与凸轮转角 δ 相同的等份，自 OA_0 开始，沿 $-\omega$ 转向，得 A_1、A_2、A_3、⋯、A_n 各点，连接 OA_1、OA_2、OA_3、⋯、OA_n。

（5）在 OA_1 线上量取 $A_1A_1' = 11'$，同理量取其余各线段，得到从动件在凸轮反转时的各相应轨迹 A_1'、A_2'、A_3'、⋯、A_n'。

（6）连接 A_0、A_1'、A_2'、⋯、A_6' 和 A_7'、A_8'、⋯、A_{12}'、A_{13} 成平滑曲线，分别连接 A_6'、A_7' 和 A_{13}、A_0 为圆弧，此曲线即为凸轮轮廓曲线，如图 4.13（a）所示。

2. 滚子对心直动从动件盘形凸轮轮廓设计

对于这种滚子类型的凸轮机构，由于凸轮转动时滚子（滚子半径）与凸轮的相切点不一定在导路中心线上，但滚子中心位置始终在该线上，从动件的运动规律与滚子中心一致，所以凸轮轮廓曲线的设计需要分以下两步进行。

（1）将滚子中心看作尖顶从动件的尖顶，按前述方法设计出轮廓曲线，这一轮廓曲线称为理论轮廓曲线。

（2）以理论轮廓曲线上的各点为圆心，以滚子半径为半径作一系列的圆，这些圆的内包络线即为所求凸轮的实际轮廓曲线，如图 4.14 所示。

3. 平底对心直动从动件盘形凸轮轮廓设计

平底对心直动从动件盘形凸轮轮廓曲线的设计方法与上述方法相似。如图 4.15 所示，将从动件导路中心线与平底的交点 B 视为尖顶，首先按照尖顶对心直动从动件盘形凸轮轮廓的设计方法求出 B_0、B_1、B_2、B_3、⋯ 各点。由于平底与导路垂直，可过 B_0、B_1、B_2、B_3、⋯ 各点作一系列表示平底位置的直线，再作此直线族的包络线即得到该凸轮的实际轮廓曲线。

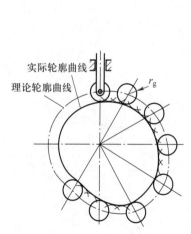
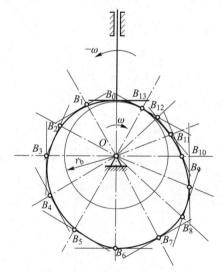

图 4.14　滚子对心直动从动件盘形凸轮轮廓　　图 4.15　平底对心直动从动件盘形凸轮轮廓

4.5　凸轮机构设计应注意的几个问题

设计凸轮机构，不仅要保证从动件能实现预定的运动规律，还必须使设计的机构传力性能良好、结构紧凑、满足强度和安装等要求。这些要求与凸轮机构的压力角、基圆半径、滚子半径等有关。

4.5.1 凸轮机构的压力角

凸轮机构的压力角是指从动件所受正压力的方向与从动件速度方向之间所夹的锐角，如图 4.16 所示，以 α 表示。压力角是影响凸轮机构受力情况的一个重要参数。

凸轮对从动件的作用力 F 可以分解成两个分力，即沿着从动件运动方向的分力 F_1 和垂直于运动方向的分力 F_2。前者是推动从动件克服载荷的有效分力，而后者将增大从动件与导路间的侧向压力，它是一种有害分力。压力角 α 越大，有害分力越大，由此而引起的摩擦力也越大；当压力角 α 增加到一定数值时，有害分力所引起的摩擦力将大于有效分力 F_1，这时无论凸轮给从动件的作用力有多大，都不能推动从动件运动，即机构发生自锁。因此，从减小推力、避免自锁，使机构具有良好的受力状况来看，压力角应越小越好。

压力角的大小反映了机构传力性能的好坏，是机构设计的重要参数。为使凸轮机构工作可靠，受力情况良好，必须对压力角加以限制。在设计凸轮机构时，应使最大压力角 α_{max} 不超过许用压力角 $[\alpha]$。根据工程实践的经验，许用压力角 $[\alpha]$ 的数值推荐如下：推程时，对移动从动件 $[\alpha]=30°\sim38°$，对摆动从动件 $[\alpha]=45°\sim50°$；回程时，由于通常受力较小且一般无自锁问题，故许用压力角可取得大一些，通常取 $[\alpha]=70°\sim80°$。当采用滚子从动件、润滑良好及支承刚度较大或受力不大而要求结构紧凑时，可取上述数据的较大值，否则取较小值。

压力角的检验：在凸轮轮廓曲线较陡、变化较大的地方选取几点，分别作轮廓曲线的法线和从动件速度方向的直线，用量角器检查其夹角是否超过许用值，如图 4.17 所示。

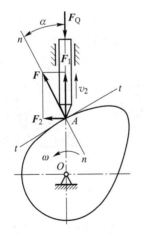

图 4.16 凸轮机构的压力角

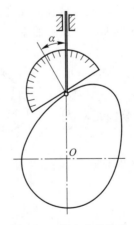

图 4.17 压力角的检验

4.5.2 凸轮基圆半径的确定

设计凸轮机构时，基圆半径选得越小，机构越紧凑。但基圆半径的减小会使压力角增大。基圆半径的确定应满足最大压力角 $\alpha_{max} \leq [\alpha]$ 的要求。工程上根据相应的方法借助计算机求出了最大压力角与基圆半径的对应关系，并绘制了诺模图，供近似地确定基圆半径或校核凸轮机构最大压力角时使用。

如图 4.18 所示为用于对心移动从动件盘形凸轮机构的诺模图,其中上半圆的标尺代表凸轮转角(推程),下半圆的标尺代表最大压力角 α_{max},直径的标尺代表从动件运动规律的 h/r_b 的值(h 为从动件的行程,r_b 为基圆半径)。

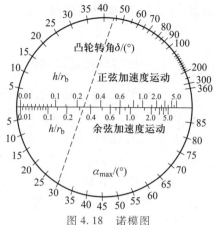

图 4.18 诺模图

如设计一对心移动从动件盘形凸轮机构,要求凸轮推程运动角 $\delta_0 = 45°$,从动件在推程中按余弦加速度规律运动,其行程 $h = 14$ mm,最大压力角 $\alpha_{max} = 30°$,确定其基圆半径 r_b 的方法如下。

(1)按已知条件将位于圆周上的标尺为 $\delta_0 = 45°$,$\alpha = 30°$ 的两点以直线相连,如图 4.18 中虚线所示。

(2)由虚线与直径上余弦加速度运动标尺的交点得 $h/r_b = 0.35$。

(3)计算基圆半径 r_b。$r_b = h/0.35 = 14$ mm$/0.35 = 40$ mm。

根据许用压力角确定的基圆半径是为了保证机构能顺利工作的凸轮最小基圆半径。在实际设计工作中,凸轮基圆半径的最后确定,还必须考虑到机构的具体结构条件。如当凸轮与凸轮轴做成一体时,凸轮的基圆半径应略大于轴的半径;当凸轮是单独加工,然后装在凸轮轴上时,凸轮上要作出轴毂,凸轮的基圆直径应大于轴毂的外径。通常可取凸轮的基圆直径等于或大于轴径的1.6~2倍。若根据许用压力角所确定的基圆半径不满足上述条件,则应加大凸轮基圆半径。

4.5.3 滚子半径的选择

为保证滚子及转动轴有足够的强度和寿命,应选用较大的滚子半径 r_g,然而滚子半径 r_g 的增大受到理论轮廓曲线上最小曲率半径 ρ_{min} 的制约,如图 4.19 所示。

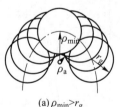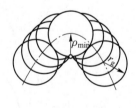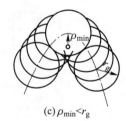

(a)$\rho_{min} > r_g$ (b)$\rho_{min} = r_g$ (c)$\rho_{min} < r_g$

图 4.19 滚子半径的选择

(1)对于外凸的凸轮轮廓曲线,当 $\rho_{min} > r_g$ 时,实际轮廓曲线为一条平滑曲线,如图 4.19(a)所示。

(2)当 $\rho_{min} = r_g$ 时,实际轮廓曲线的曲率半径为 $\rho_a = \rho_{min} - r_g = 0$,如图 4.19(b)所示。此时,实际轮廓曲线上产生尖点,尖点极易磨损,磨损后会破坏原有的运动规律,这是工程设计中不允许的。

(3)当 $\rho_{min} < r_g$ 时,$\rho_a < 0$,此时凸轮实际轮廓曲线已相交,如图 4.19(c)所示。交点以外的轮廓曲线在凸轮加工过程中被刀具切除,导致实际轮廓曲线变形,从动件不能实现预期的

运动规律。这种从动件失去真实运动规律的现象称为"运动失真"。

因此,为了避免失真并减小磨损,应使滚子半径 r_g 小于理论轮廓最小曲率半径 ρ_{min},即 $r_g < \rho_{min}$,通常 $r_g = 0.8\rho_{min}$。当 r_g 太小而不能满足强度和结构要求时,应适当加大基圆半径 r_b 以增大理论轮廓线的 ρ_{min}。

4.6　凸轮机构的结构与材料

4.6.1　凸轮的结构

对于尺寸较小的凸轮,常制成凸轮轴结构,如图4.20所示。基圆较大的凸轮,则做成组合式结构,即凸轮与轴分开制造,然后用平键或销连接,如图4.21(a)所示。也可用弹性开口锭套螺母连接,将凸轮装在轴上,如图4.21(b)所示。

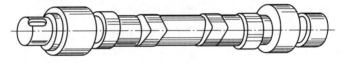

图4.20　凸轮轴

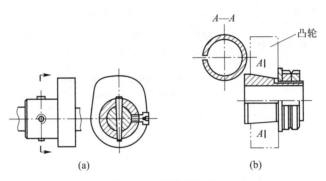

(a)　　　　　　　　　(b)

图4.21　凸轮的连接

滚子从动件的滚子可以是专门制造的圆柱体,如图4.22(a)、(b)所示;也可采用滚动轴承,如图4.22(c)所示。

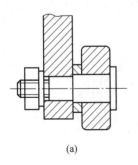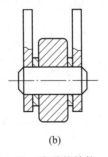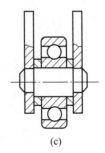

(a)　　　　　　　　(b)　　　　　　　　(c)

图4.22　滚子的结构

凸轮的精度要求主要包括凸轮的公差和表面粗糙度。凸轮的精度与加工方法有关,如果单件生产要求精度不高,可划线后加工。成批生产或精度要求较高的凸轮,可用靠模仿形法或数控法加工。

4.6.2　凸轮的材料

凸轮机构工作时,往往承受动载荷的作用,同时凸轮表面承受强烈的摩擦。因此,要求凸轮和滚子的工作表面硬度高,具有良好的耐磨性,芯部有良好的韧性。低速、轻载时可以选用铸铁作为凸轮的材料;中速、中载时可以选用优质碳素结构钢、合金钢作为凸轮的材料,并经表面淬火或渗碳淬火;高速、重载时可以选用优质合金钢作为凸轮的材料,并经表面淬火或渗氮处理。滚子材料选用合金钢,经渗碳淬火,达到较大的表面硬度。

凸轮和从动件接触端常用材料及热处理可参考表 4.1。

表 4.1　凸轮和从动件接触端常用材料及热处理

工作条件	凸轮		从动件接触端	
	材料	热处理	材料	热处理
低速、轻载	40、45、50	调质 220～260HBW	45	表面淬火 40～45HRC
	HT200、HT250、HT300	淬火 170～250HBW		
	QT500.1.5、QT600.2	淬火 190～270HBW	尼龙	
中速、中载	45	表面淬火 40～45HRC		
	45、40Cr	表面高频淬火 52～58HRC	20Cr	渗碳淬火,渗碳层深 0.8～1 mm, 55～60HRC
	15、20、20Cr、20CrMn	渗碳淬火,渗碳层深 0.8～1.5mm, 56～62HRC		
高速、重载或靠模凸轮	40Cr	高频淬火,表面硬度 56～60HRC, 芯部硬度 45～50HRC	T8.T 10.T 12	淬火 58～62HRC
	38CrMoAl、35CrAl	氮化,表面硬度 60～67HRC		

任务下达

4.7　凸轮机构分析与设计

1. 自动机床的进刀机构分析

如图 4.23 所示自动机床的进刀机构中,凸轮轮廓曲线已经给出,根据实践中的应用,分

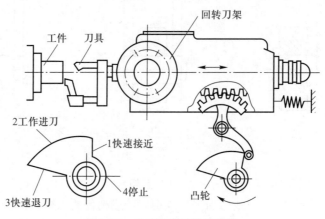

图 4.23　自动机床的进刀机构

析为何要如此设计,并分析进刀和退刀时刀具的运动规律。

2. 滚子凸轮机构设计

设计一滚子对心直动从动件盘形凸轮机构。已知凸轮的基圆半径 $r_b = 35$ mm,滚子半径 $r_g = 10$ mm。当凸轮顺时针方向匀速回转时,从动件以等速运动规律上升,升程 $h = 30$ mm,回程以等加速等减速运动规律返回。各凸轮转角为:$\delta_0 = 150°$,$\delta_s = 30°$,$\delta_0' = 120°$,$\delta_s' = 60°$,并校验机构的压力角。

任务评价

凸轮机构分析与设计任务评价表

评价内容	参与者	反馈信息
1. 对自动机床的进刀机构的分析是否正确	小组成员	
2. 凸轮机构的设计是否正确	小组成员	
3. 对设计任务中遇到的问题是否能积极解决	小组成员	
4. 对所设计机构的特性是否掌握	小组成员	
5. 在任务实施中是否有团队合作精神	小组成员	
6. 小组互评指出别组任务实施中的优缺点	全体成员	
7. 指导教师的总结和反馈	指导教师	

项目 1 自测

一、填空题

1. 机构具有确定运动的条件是:_____。
2. 运动副是指两个构件之间_____,并且在构件之间产生_____的连接。
3. 运动副按接触方式不同分为:_____。
4. 一平面四杆机构的各杆长度分别为 $a = 350$ mm,$b = 600$ mm,$c = 200$ mm,$d = 700$ mm,(1)当取 c 杆为机架时,该机构为_____机构;(2)当取 d 杆为机架时,则为_____。
5. 平面四杆机构无急回特性时,极位夹角 θ _____,行程速比系数 K _____。
6. 在曲柄摇杆机构中,如果将_____杆作为机架,则与机架相连的两杆都可以做_____运动,即得到双曲柄机构。
7. 曲柄摇杆机构产生死点位置的条件是,摇杆为_____件,曲柄为_____件。
8. 平面四杆机构有曲柄的条件(杆长之和条件)为:(1)最短杆与最长杆的长度之和_____其他两杆的长度之和;(2)连架杆或机架中必有一杆是_____。
9. 凸轮机构中,凸轮基圆半径越_____,压力角越_____,机构传动性能越好。
10. 凸轮机构能使从动杆按照_____,实现各种复杂的运动。

二、判断题

1. 平面低副机构中，每个转动副和移动副所引入的约束数目是相同的。　　　　（　　）

2. 机构的自由度 $F=2$，说明要使其具有确定的运动，必须有两个主动件。　　（　　）

3. 构件可以是一个零件，也可以是几个零件通过刚性连接组成的一个整体。　（　　）

4. 按其接触形式，运动副分为点、线接触的高副和面接触的低副。　　　　　（　　）

5. 行程速比系数 K 越大，机构的急回特性越显著。　　　　　　　　　　　（　　）

6. 虚约束不影响机构的运动，计算自由度时可以去除不计。　　　　　　　　（　　）

7. 一个运动副可以由两个以上构件组成。　　　　　　　　　　　　　　　　（　　）

8. 把平面四杆机构中的最短杆作为机架，就可以得到双曲柄机构。　　　　　（　　）

9. 曲柄的极位夹角 θ 越大，机构的急回特性越显著。　　　　　　　　　　（　　）

10. 在实际生产中，机构的死点位置对工作都是不利的，处处都要考虑克服。　（　　）

11. 根据曲柄存在的条件已判定平面四杆机构中存在曲柄，则此机构是不会成为双摇杆机
    构的。　　　　　　　　　　　　　　　　　　　　　　　　　　　　　　　（　　）

12. 曲柄滑块机构滑块为主动时，有死点位置。　　　　　　　　　　　　　　（　　）

13. 摆动导杆机构有急回特性。　　　　　　　　　　　　　　　　　　　　　（　　）

14. 在四杆机构中，当最短杆与最长杆的长度之和大于其他两杆的长度之和时，只能是双摇
    杆机构。　　　　　　　　　　　　　　　　　　　　　　　　　　　　　　（　　）

15. 为保证四杆机构良好的机械性能，压力角不应小于最小许用值。　　　　　（　　）

16. 平面连杆机构的极位夹角就是摆杆在两个极限位置的夹角。　　　　　　　（　　）

17. 凸轮形状决定了从动杆的运动规律。　　　　　　　　　　　　　　　　　（　　）

18. 凸轮机构中，基圆半径是指凸轮回转中心到实际轮廓曲线上的最小半径。　（　　）

19. 凸轮转速的高低影响从动件的运动规律。　　　　　　　　　　　　　　　（　　）

20. 在凸轮机构中，增大基圆半径可以减小其压力角。　　　　　　　　　　　（　　）

三、简答与计算题

1. 组成机器的零件、构件、部件的区别是什么？

2. 什么是高副？什么是低副？在平面机构中高副和低副各引入几个约束？

3. 什么是机构的自由度？计算自由度应注意哪些问题？

4. 机构具有确定运动的条件是什么？若不满足这一条件，机构会出现什么情况？

5. 计算题图1所示平面机构的自由度，并判断机构的运动是否确定。（机构中如有复合铰
   链、局部自由度、虚约束，请予以指出）

6. 平面四杆机构的基本形式是什么？它有哪些演化形式？演化的方式有哪些？

7. 什么是曲柄？平面四杆机构中曲柄存在的条件是什么？曲柄是否就是最短杆？

8. 什么是四杆机构的行程速比系数、极位夹角、急回特性？

9. 凸轮机构分成哪几类？凸轮机构有什么特点？

10. 凸轮机构从动件的常用运动规律有哪些？各有什么特点？

11. 已知平面四杆机构中，$L_{BC}=500$ mm，$L_{CD}=350$ mm，$L_{AD}=300$ mm，AD 为机架。试问：

（1）若此机构为曲柄摇杆机构，且 AB 为曲柄，求 L_{AB} 的最大值；

（2）若此机构为双曲柄机构，求 L_{AB} 的最小值；

（3）若此机构为双摇杆机构，求 L_{AB} 的最值范围。

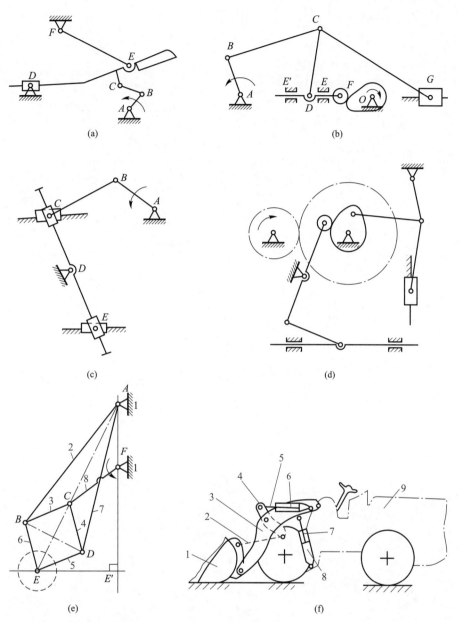

(a)

(b)

(c)

(d)

(e)

(f)

1—铲斗;2—连杆;3—动臂;4—摇臂;5—活塞杆;6—转斗油缸;7—活塞杆;8—动臂油缸;9—车体

题图 1

千斤顶的拆装与分析

能力目标

1. 能够正确认识螺旋千斤顶的结构。
2. 能够按正确步骤拆装螺旋千斤顶。
3. 能够根据需要选择合适的螺纹连接件解决实际问题。

知识目标

1. 掌握千斤顶拆卸的工艺流程。
2. 掌握螺旋传动机构的特性与设计。
3. 掌握螺纹连接的特性与应用。

螺旋千斤顶
的拆装与分
析

> **任务 5**
>
> ## 螺旋千斤顶的拆装与分析

任务导入

千斤顶是一种起重高度小(小于1m)的最简单的起重设备。因其具有抗腐蚀、耐高温、强度高、表面精美、百分之百可回收等良好性能,被广泛应用于建筑、交通、能源、石化、环保、城市景观、医疗、餐饮等各个领域。

知识储备

5.1　千斤顶的分类

千斤顶分为机械式和液压式两种。机械式千斤顶又有齿条式与螺旋式两种,由于起重量小,操作费力,一般只用于机械维修工作,在修桥过程中不适用。液压式千斤顶结构紧凑,工作平稳,有自锁作用,故使用广泛。

1. 齿条千斤顶

齿条千斤顶是由人力通过杠杆和齿轮带动齿条顶举重物的。起重量一般不超过20 t,可长时间支持重物,主要用在作业条件不方便的地方或需要利用下部的托爪提升重物的场合,如铁路起轨作业。

2. 螺旋千斤顶

螺旋千斤顶能长期支持重物,最大起重量已达 100 t,应用较广。螺旋千斤顶是由人力通过螺旋传动,采用螺杆或由螺杆推动的升降套筒作为刚性顶举件的千斤顶。普通螺旋千斤顶靠螺纹自锁作用支持重物,构造简单,但传动效率低,返程慢。自降螺旋千斤顶的螺纹无自锁作用,但装有制动器,放松制动器,重物即可自行快速下降,缩短返程时间,但这种千斤顶构造较复杂。

3. 液压千斤顶

液压工程千斤顶结构紧凑,工作平稳,有自锁作用,故使用广泛。其缺点是起重高度有限,起升速度慢。液压千斤顶所基于的原理为帕斯卡定律,即液体受到力的作用时各处增加的压强是一致的,这样,在平衡的系统中,比较小的活塞上面施加的压力比较小,而大的活塞上施加的压力则比较大,以保持液体的静止。通过液体的传递,可以得到不同端上的不同压力,起到变换的作用。我们常见到的液压千斤顶就是利用了这个原理来实现力的传递的。

5.2　螺旋千斤顶的结构及原理

1. 螺旋千斤顶的基本结构

螺旋千斤顶的主要组成部分有:底座 10、螺母 6、螺杆 5、顶盘 1 等,如图 5.1 所示。

2. 螺旋千斤顶的工作原理

螺旋千斤顶利用螺旋传动来顶举重物,是机械安装或汽车修理时常用的一种起重或顶压工具,工作时绞杠(图 5.1 中未示)穿在螺杆 5 上部的孔中,转动绞杠,螺杆 5 通过螺母 6 中的螺纹上升,而顶起重物。螺母 6 镶在底座 10 里,用螺钉固定,在螺杆 5 的球面形顶部套有顶盘 1,为防止顶盘 1 随螺杆 5 一起转动,且保证其不脱落,在螺杆 5 顶部加工有一个环形槽,将一紧定螺钉的端部伸进环形槽锁定。

任务实施

5.3　千斤顶的拆装

1. 拆装千斤顶任务目的

(1)了解螺纹和其他机械零件在千斤顶结构中的应用。

(2)掌握设备拆卸的工艺流程,会对拆卸的零件进行合理标记与摆放。

2. 千斤顶的拆装

做好拆卸准备工作后,根据装配图和拆装工艺要求完成千斤顶的拆卸实施、零件标记、零件清洗、零件检查、组件装配、最终检查。

(1)使用设备及工具:螺旋千斤顶一台、拆装工(量)具。由实验室及指导老师协同准备后清点交给学生。

(2)拆装步骤:

① 清洁外部,查看附件齐全情况,并记住安装位置;

② 拆下各附件;

③ 拆下底座;

④ 拆下推力轴承；

⑤ 拆下大伞齿轮；

⑥ 拆下螺杆；

⑦ 拆下螺母；

⑧ 拆下升降套筒；

⑨ 拆下顶盘；

⑩ 拆下小伞齿轮；

⑪ 拆下手柄孔；

⑫ 拆下棘轮组。

3. 拆装注意事项

千斤顶拆装安全及注意事项：

（1）在拆装前及工作完毕后应打扫并整理干净场地，工具摆放需正确合理，量具放在盒子里。

（2）拆装过程中不得损坏和丢失零件。

（3）零件清洁时应注意预防零件毛刺伤手及安全使用清洗剂。

（4）拆装过程应注意工作环境安全。

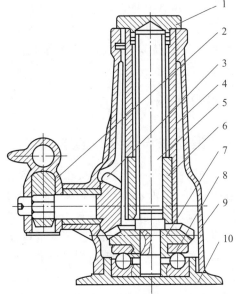

1—顶盘；2—棘轮组；3—小伞齿轮；4—升降套筒；
5—螺杆；6—螺母；7—大伞齿轮；8—推力轴承；
9—主架；10—底座

图 5.1　螺旋千斤顶的组成

任务评价

千斤顶的拆装任务评价表

评价内容	参与者	反馈信息
1. 工具的使用是否正确	小组成员	
2. 千斤顶拆装的顺序是否正确	小组成员	
3. 对千斤顶的各组成部分是否了解和认识	小组成员	
4. 对任务中遇到的问题是否能积极解决	小组成员	
5. 在任务实施中是否有团队合作精神	小组成员	
6. 小组互评指出别组任务实施中的优缺点	全体成员	
7. 指导教师的总结和反馈	指导教师	

任务 6

螺旋传动机构的分析

任务导入

螺旋传动是利用螺杆和螺母组成的螺旋副来实现传动要求的，它主要用于将回转运动转变为直线运动，同时传递动力。如任务 5 所拆装的千斤顶，即为螺旋传动的应用。螺旋传动的优点是结构简单,承载能力大,传动平稳,无噪声,能实现自锁要求,传动精度高,故广泛应用于机床进给机构、螺旋起重机和螺旋压力机中,缺点是螺纹之间产生较大的相对滑动,摩擦磨损严重,传动效率低。目前由于滚动螺旋和静压螺旋的应用使磨损和效率问题得到了很大的改善。

知识储备

6.1 螺旋线与螺纹的形成

一条直线按一定角度缠绕在圆柱(或圆锥)的表面就形成了螺旋线,如图6.1所示。牙型截面(如三角形、梯形、矩形等)通过圆柱(或圆锥)的轴线,并沿其表面的螺旋线运动所形成的连续凸起称为螺纹。刀具在圆柱(或圆锥)外表面加工所形成的螺纹称为外螺纹;在内表面加工所形成的螺纹称为内螺纹。内、外螺纹应成对使用,旋合组成螺旋副。用于连接的螺纹称为连接螺纹;用于传动的螺纹称为传动螺纹,相应的传动称为螺旋传动。

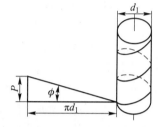

图6.1 螺旋线的形成

6.2 螺纹的基本要素

螺纹的基本要素包括牙型、公称直径、旋向、线数、螺距5个要素。5个要素都相同的内、外螺纹才可以旋合。

1. 牙型

螺纹按其截面形状(牙型)可分为三角形螺纹、梯形螺纹、矩形螺纹、锯齿形螺纹及其他特殊形状螺纹,三角形螺纹主要用于连接,矩形、梯形和锯齿形螺纹主要用于传动。常用螺纹的特性及应用见表6.1。

表6.1 常用螺纹的特性及应用

种类	牙型简图	特性	应用
三角形螺纹	60°	牙型角 $\alpha = 60°$,螺纹副的内径处有间隙,外螺纹的根部允许有较大的圆角,以减少应力集中 同一直径,按螺距的大小分粗牙和细牙两种。细牙的自锁性较好,但螺纹的强度较弱	应用最为广泛。粗牙用于一般零件的连接,细牙则用于承受变载冲击、振动或薄壁细小的零件,也常用于微调机构 在液压系统的管连接中,也常使用细牙螺纹
梯形螺纹	30°	牙型角 $\alpha = 30°$,有粗牙、细牙之分。螺纹副的内径和外径处有相等的间隙,便于存放润滑油,可减小摩擦。具有工艺性好、牙根强度高、螺纹副对中性好等特点	主要用于双向受力的传递或传导螺旋,不能用于连接结构

种类	牙型简图	特性	应用
矩形螺纹	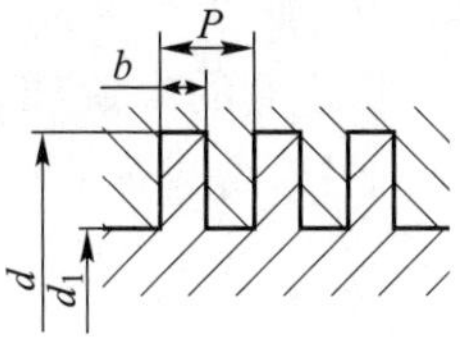	牙型角 $\alpha=0°$，传动效率较高，但牙根强度低，磨损后间隙也无法补偿，且内、外螺纹旋合定心较难	仅用于对传动效率有较高要求的机件
锯齿形螺纹	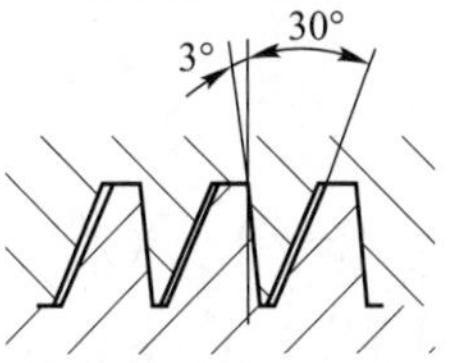	牙型角 $\alpha=33°$，工作面的牙型斜角为3°，非工作面的牙型斜角为30°。具有效率比梯形螺纹高、牙根强度较大、工艺性好等特点	只适用于承受单方向的轴向载荷场合
管螺纹	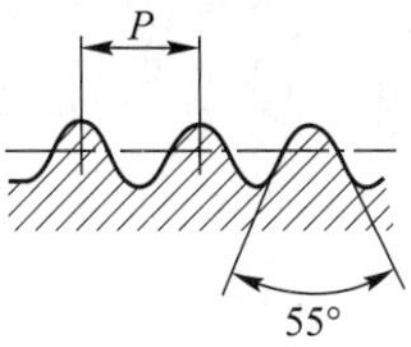	牙型角 $\alpha=55°$，公称直径近似为管子内径，用英寸表示。内、外螺纹公称牙型间没有径向间隙，密封性好	多用于低压（1.568 MPa以下）管件或薄壁零件的紧密连接，如水、煤气、液压和电缆线等管路的连接
圆锥管螺纹	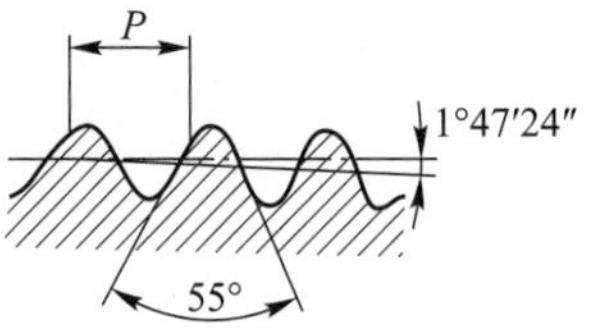	牙型角 $\alpha=55°$，公称直径近似为管子直径，用英寸表示。螺纹分布在 1∶16 的圆锥管壁上，内、外螺纹公称牙型间没有间隙，仅靠螺纹牙的变形就可保证连接的紧密性	用于高温、高压系统的管路连接
	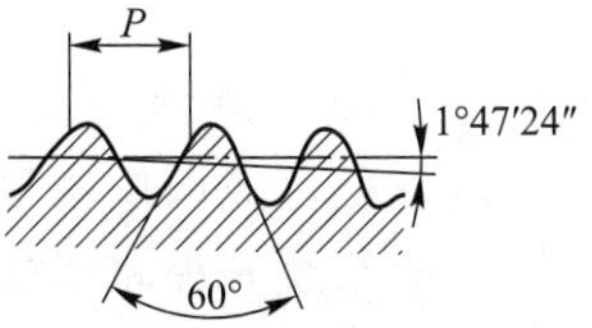	牙型角 $\alpha=60°$，与55°圆锥螺纹的特点相同，分英制及米制两种	多用于汽车、拖拉机、航空机械及机床的燃料、油、水、气输送系统的管路连接

2. 螺纹的直径

（1）大径（公称直径）d、D：与外螺纹牙顶（或内螺纹牙底）相重合的假想圆柱体的直径。

（2）小径 d_1、D_1：与外螺纹牙底（或内螺纹牙顶）相重合的假想圆柱体的直径。

（3）中径 d_2、D_2：是一个假想圆柱的直径，该圆柱的母线上牙槽宽度和牙厚相等。

3. 旋向

螺纹有左旋和右旋两种。内、外螺纹旋合时，顺时针旋入的为右旋，逆时针旋入的为左旋，常用的是右旋螺纹，左旋螺纹多用在特殊场合。

4. 线数

螺纹还有单线和多线之分。由一条螺旋线形成的螺纹称为单线螺纹，由两条或两条以上在轴向等距离分布的螺旋线形成的螺纹称为多线螺纹，如图6.2所示。

5. 螺距 P 和导程 P_h

相邻两牙在中径线上对应两点间的轴向距离称为螺距，用 P 表示，如图6.2所示。同一条螺旋线上的相邻两牙在中径线上对应两点间的轴向距离称为导程，用 P_h 表示，单线螺纹

的导程 P_h 等于螺距 P，多线螺纹的导程 $P_h = Pn$。

6. 螺纹升角

螺纹升角即为导程角,在中径圆柱(或圆锥)上,螺旋线的切线与垂直于螺纹轴线的平面间的夹角,如图6.3所示,该角度影响螺纹自锁和防松。螺纹在中径上的螺旋线,就相当于把一底角为螺纹升角的直角三角形,缠绕在直径为中径的一个圆柱(或圆锥)体上。此时,

$$\phi = \arctan \frac{P_h}{\pi d_2} = \arctan \frac{nP}{\pi d_2}.$$

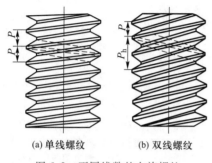

(a) 单线螺纹　　(b) 双线螺纹

图 6.2　不同线数的右旋螺纹

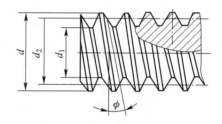

图 6.3　螺纹升角

6.3　螺旋传动的分析

螺旋传动的
应用

6.3.1　螺旋传动的分类

螺旋传动按其机构分类可分为滑动螺旋传动和滚动螺旋传动。

1. 滑动螺旋传动

滑动螺旋通常采用梯形螺纹和锯齿形螺纹,其中梯形螺纹应用最广,锯齿形螺纹用于单面受力的情况。矩形螺纹由于工艺性较差、强度较低等原因应用很少。对于受力不大和精密机构的调整螺旋,有时也采用三角形螺纹。一般螺纹升程和摩擦系数都不大,因此轴向力 F 相当大,而转矩 T 则相当小。传力螺旋就是利用这种工作原理获得机械增益的。升程越小则机械增益的效果越显著。滑动螺旋传动的效率低,一般为 $30\% \sim 40\%$,能够自锁,磨损大,寿命短,还可能出现爬行等现象。

2. 滚动螺旋传动

滚动螺旋传动是用滚动体在螺纹工作面间实现滚动摩擦的螺旋传动。滚动体通常为滚珠或滚子。滚动螺旋传动的摩擦系数、效率、磨损、寿命、抗爬行性能、传动精度和轴向刚度等虽比静压螺旋传动稍差,但远比滑动螺旋传动好。滚动螺旋传动的效率一般在90%以上。它不自锁,具有传动的可逆性;但结构复杂,制造精度要求高,抗冲击性能差。它已广泛地应用于机床、飞机、船舶和汽车等要求高精度或高效率的场合。滚动螺旋传动按滚动体循环方式分为外循环和内循环两类。

6.3.2　常用的螺旋传动

常用的滑动螺旋传动为普通螺旋传动和差动螺旋传动;常用的滚动螺旋传动为滚珠螺旋传动,如图6.4所示。

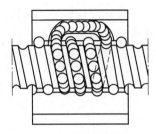

| (a) 普通螺旋传动 | (b) 差动螺旋传动 | (c) 滚珠螺旋传动 |

图 6.4　螺旋传动

1. 普通螺旋传动分析

普通螺旋传动是由螺杆和螺母组成的简单螺旋传动。其螺杆(或螺母)的移动方向不仅与螺杆(或螺母)的回转方向有关,还和螺旋方向有关。螺杆(或螺母)的移动方向可用左、右手螺旋法则来判定:左旋螺杆(或螺母)伸左手,右旋螺杆(或螺母)伸右手,并半握拳,四指顺着螺杆(或螺母)的旋转方向,若螺母(或螺杆)不动时,大拇指的指向即为螺杆(或螺母)的移动方向,如图 6.5 所示;若螺杆原地转动时,大拇指指向相反的方向即为螺母的移动方向。

在普通螺旋传动中,螺杆(或螺母)的移动距离,由导程决定。即:

$$L = n \cdot P_h \tag{6.1}$$

式中　L——移动距离,mm;

　　　n——转数;

　　　P_h——导程,mm。

普通螺旋传动的应用形式有以下 4 种,其中两种单动、两种双动。

(1)螺母不动,螺杆回转并做直线运动:如台虎钳等,如图 6.6 所示。

(2)螺杆不动,螺母回转并做直线运动:如龙门刨床垂直刀架的水平移动、螺旋千斤顶等,如图 6.7 所示。

图 6.5　丝杠(或螺母)
运动方向判断

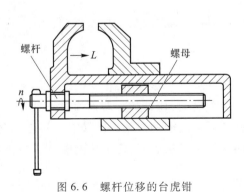

图 6.6　螺杆位移的台虎钳

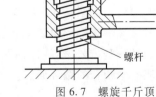

图 6.7　螺旋千斤顶

53

（3）螺杆原地回转，螺母做直线运动：多用于机床进给机构，如车床大溜板的纵向进给机构和中溜板的横向进给机构，如图6.8所示。

（4）螺母原位回转，螺杆做直线运动：如应力试验机上的观察镜螺旋调整装置，如图6.9所示。

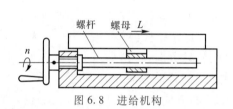

图6.8　进给机构

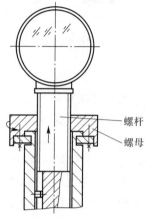

螺杆
螺母

图6.9　螺旋调整装置

2. 差动螺旋传动分析

在有些微调装置中，如测微器、分度机构、机床刀具微调机构，常希望在主动件转动较大角度时，从动件只做微量位移，这时可采用差动螺旋传动。

如图6.10所示，螺杆1分别与机架3及活动螺母2组成 a 和 b 两段螺旋副。其中，a 段为固定螺母；b 段为活动螺母，它不能回转而能沿机架导向槽移动。若两段螺纹旋向相同，当螺杆1转动，螺母2的实际移动距离为：

$$L = n(P_{ha} - P_{hb}) \tag{6.2}$$

若两段螺纹旋向相反，则实际移动距离为：

$$L = n(P_{ha} + P_{hb}) \tag{6.3}$$

式中　L——活动螺母实际移动距离，mm；

　　　n——螺杆的转数；

　　　P_{ha}——固定螺母（机架）的导程，mm；

　　　P_{hb}——活动螺母的导程，mm。

若计算结果 L 为正值，则说明活动螺母2的实际移动方向与螺杆1相同；反之，则与螺杆1移动方向相反。

3. 滚珠螺旋传动分析

如图6.11所示，在丝杠1和螺母2上各加工有圆弧形螺旋槽，将它们套装起来形成螺旋形滚道，在滚道内装满滚珠3。当丝杠相对螺母旋转时，丝杠的旋转面通过滚珠推动螺母轴向移动，同时滚珠沿螺旋形滚道滚动，使丝杠和螺母之间的滑动摩擦转变为滚珠与丝杠、螺母之间的滚动摩擦。螺母螺旋槽的两端用回珠管4连接起来，使滚珠能够从一端重新回到另一端，构成一个闭合的循环回路。

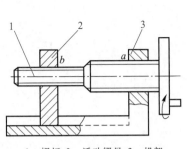

1—螺杆;2—活动螺母;3—机架

图 6.10 差动螺旋传动机构

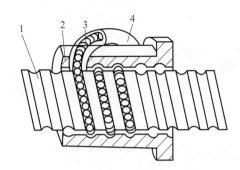

1—丝杠;2—螺母;3—滚珠;4—回珠管

图 6.11 滚珠螺旋传动

滚珠螺旋传动的特点如下：

（1）摩擦损失小，效率较高（90％以上），摩擦因数为 0.002 ~ 0.005，且与运转速度关系不大，所以起动转矩接近于运转转矩，运转稳定。

（2）磨损很小，可调整方法消除间隙并产生一定的预变形来增加刚度，故传动精度很高。

（3）不具有自锁性，可以变回转运动为直线运动。

由于滚珠螺旋传动具有以上一些优点，目前主要应用在汽车和拖拉机转向机构中，精密传动的数控机床上，以及其他自动控制装置和精密测量仪器中。但滚珠螺旋传动的结构复杂，制造困难，成本高；有些机构中为防止逆转，还需另加自锁机构。

任务下达

6.4 差动螺旋传动机构的分析

已知一差动螺旋传动机构，如图 6.10 所示，两段螺旋副均为右旋，其中，$P_{ha} = 1.5$ mm、$P_{hb} = 1$ mm。当手轮顺时针（自右向左看）旋转 2 周时，请分析活动螺母的运动方向和距离。

任务评价

差动螺旋传动的分析任务评价表

评价内容	参与者	反馈信息
1. 对螺旋传动的基本知识是否了解和认识	小组成员	
2. 差动螺旋传动直线移动方向的判定是否正确	小组成员	
3. 差动螺旋传动直线移动距离的计算是否正确	小组成员	
4. 对任务中遇到的问题是否能积极解决	小组成员	
5. 在任务实施中是否有团队合作精神	小组成员	
6. 小组互评指出别组任务实施中的优缺点	全体成员	
7. 指导教师的总结和反馈	指导教师	

任务 7
螺纹连接的分析与设计

任务导入

在机械中,连接是指为实现某种功能,使两个或两个以上的零件相互接触,并以某种方式保证一定的位置关系,如果连接件与被连接件间相互位置固定,不能做相对运动,称为静连接;能做相对运动的则称为动连接,如铰链等。习惯上,机械设计中的连接通常指的是静连接,简称连接。连接的方法很多,有些连接需要使用专门的紧固件,如箱体与箱盖的螺纹连接,轴与齿轮、V带轮的键连接,常见的紧固件有螺栓、螺母、键、销等。机械中发生连接失效,可能会引起传动系统的损坏,甚至发生事故。如柴油机连杆上的连接螺栓失效,可能会使整台机器损坏。因此,连接的设计要充分考虑紧固件的使用要求和工作条件,考虑其强度、刚度、结构及经济性等方面的问题,满足紧密性、刚性、相互固定和定心等方面的要求,以保证机械设备的安全运行。螺纹连接结构简单、装拆方便、类型多样,生活中也随处可见,是机械结构中应用广泛的连接方式。

知识储备

7.1　螺纹连接的类型及应用

螺纹连接由连接件、被连接件和螺纹紧固件组成,常用的主要类型有螺栓连接、双头螺柱连接、螺钉连接和紧定螺钉连接,其结构特点和应用见表7.1。

表 7.1　螺纹连接的类型及应用

类型	结构	主要尺寸关系	特点和应用
螺栓连接	普通螺栓连接 d—螺栓公称直径; L_1—螺纹余留长度; L_2—螺纹伸出长度; e—螺栓轴线到被连接件边缘的距离	静载荷:$L_1 \geqslant (0.3 \sim 0.5)d$ 变载荷:$L_1 \geqslant 0.75d$ 冲击、弯曲载荷:$L_1 \geqslant d$ $e = d + (3 \sim 6)$ mm	被连接件不切制螺纹,螺栓的使用不受被连接件材料的限制。 用于通孔,能从连接件、被连接件两边进行装配的场合。 螺栓使两工件在接合面之间产生较大的摩擦力,从而阻止两工件的移动。 不能承受剪切载荷。 无法确保工件之间精确定位

类型	结构	主要尺寸关系	特点和应用
螺栓连接	加强杆螺栓连接 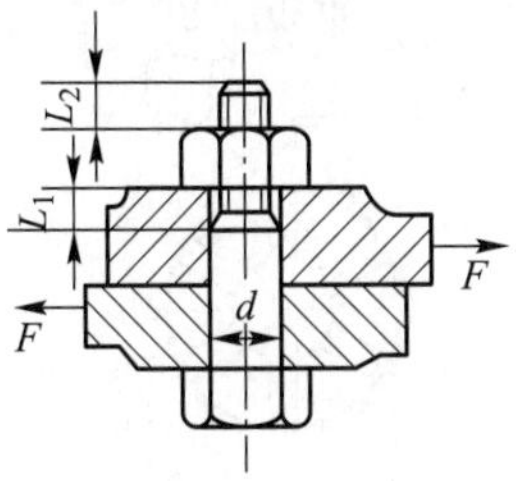	L_1 尽可能小 $L_2 \approx (0.2 \sim 0.3)d$	螺杆与孔之间紧密配合,有良好的承受横向载荷的能力和定位作用
双头螺柱连接	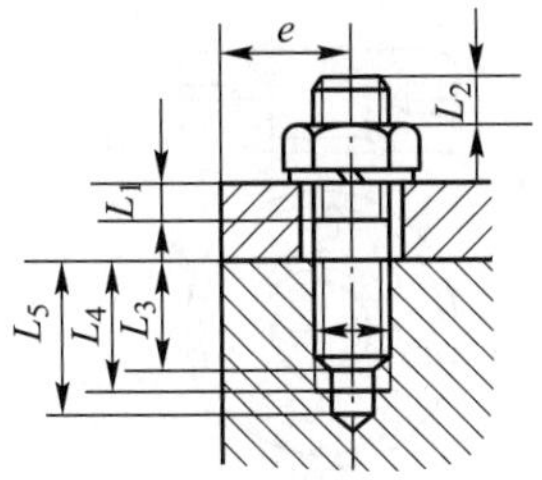 L_3—螺纹旋入深度; L_4—螺孔深度; L_5—钻孔深度	当螺纹孔零件为: 钢或青铜 $L_3 \approx d$ 铸铁 $L_3 \approx (1.25 \sim 1.5)d$ 合金 $L_3 \approx (1.5 \sim 2.5)d$ $L_4 = L_3 + (2 \sim 2.5)d$ $L_5 = L_4 + (0.5 \sim 1)d$ L_1、L_2 同普通螺栓	双头螺柱的两端都有螺纹,其一端紧固地旋入连接件的螺孔内,另一端与螺母旋合将两工件连接。 用于不能用螺栓连接且又需经常拆卸的场合
螺钉连接	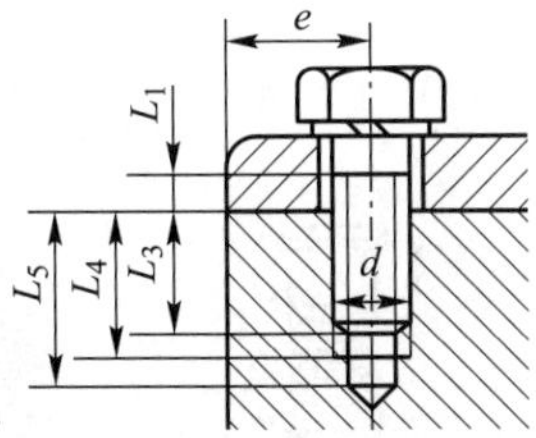	L_1、L_3、L_4、L_5 同双头螺柱	不用螺母,而且能有光整的外露表面,应用与双头螺柱相似,但不宜用于经常拆卸的连接,以免损坏连接件的螺孔
紧定螺钉连接	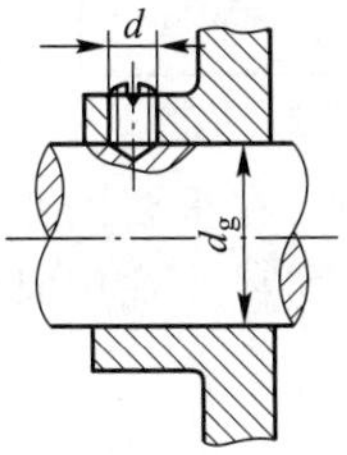 d_g—轴径	$d = (0.2 \sim 0.3)d_g$,转矩大时取大值	旋入被连接件的螺孔中,其末端顶住连接件的表面或顶入相应的坑中,以固定两个零件的相对位置,并可传递不大的转矩

螺纹紧固件还包括螺母,如图 7.1 所示为几种标准螺母形状。对于螺母连接的强度来说,螺母的螺纹长度很重要。螺纹长度决定着承载螺纹线数。大多数螺母,螺母高度等于螺纹长度,例外的有盲螺母。标准螺母高度 = 0.8×螺纹公称直径。扁螺母高度 <0.5d,只用于受力小或防松的地方。若受力很大就得用超高螺母,高度 >L+d。

螺套:轻金属部件中的螺纹损坏或拉断且无法实现螺纹的功能时使用螺套,如轻金属气缸盖中的火花塞螺纹。螺套带有外螺纹和内螺纹,在拧入端有切削槽。螺套采用淬火方式处理。螺纹损坏时可以先扩孔,再用工具将螺套拧入孔内继续使用(见图7.2)。

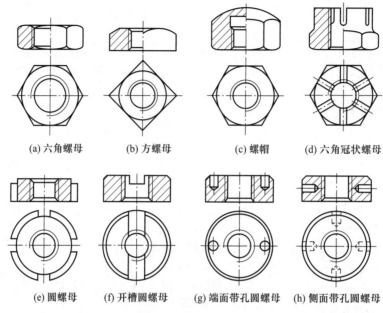

(a) 六角螺母　　(b) 方螺母　　(c) 螺帽　　(d) 六角冠状螺母

(e) 圆螺母　　(f) 开槽圆螺母　　(g) 端面带孔圆螺母　　(h) 侧面带孔圆螺母

图7.1　标准螺母形状

7.2　螺纹紧固件的材料强度

螺纹紧固件的常用材料有低碳钢(Q215、10 钢)、中碳钢(Q235、35 钢、45 钢)和合金钢(15Cr、40Cr、30CrMnSi);对用于特殊用途(防磁、导电)的螺纹紧固件用特殊钢、铜合金或铝合金等制造。普通垫圈的材料有Q235、15 钢、35 钢;弹簧垫圈用 65Mn 制造,并经热处理和表面处理。

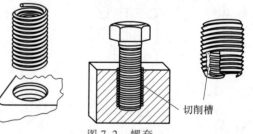

图7.2　螺套

国家标准规定,螺栓、螺柱、螺钉的性能等级分为十级,螺母的性能等级分为七级,见表7.2、表7.3。在一般用途的设计中,通常选用4.8 级左右的螺栓;在重要的或有特殊要求的设计中,要选用高的性能等级,如在压力容器中常采用8.8 级的螺栓。选用时需注意所用螺母的性能等级应不低于与其相配螺栓的性能等级。

表 7.2　螺栓、螺钉和螺柱的性能等级

性能等级(标记)	3.6	4.6	4.8	5.6	5.8	6.8	8.8	9.8	10.9	12.9
抗拉强度 R_m/MPa	300	400		500		600	800	900	1 000	1 200
屈服强度 R_e/MPa	180	240	320	300	400	480	640	720	900	1 080
硬度 HBW	90	114	124	147	152	181	238	276	304	366

表 7.3　螺母的性能等级

性能等级（标记）	4	5	6	8	9	10	12
螺母保证最小应力 R/MPa	510（$d>16\sim39$）	520（$d\geqslant3\sim4$）	600（$d>3\sim4$）	800（$d>3\sim4$）	900（$d>3\sim4$）	1 040（$d\geqslant3\sim4$）	1 150（$d\geqslant3\sim4$）
推荐材料	易切削钢,低碳钢		低碳钢或中碳钢	中碳钢		中碳钢,低、中碳合金钢,淬火并回火	
相配螺栓的性能等级	3.6 4.6 4.8（$d>16$）	3.6 4.6 4.8（$d\leqslant16$）5.6 5.8	6.8	8.8	8.8（$d>16\sim39$）9.8（$d\leqslant16$）	10.9	12.9

7.3　螺纹连接的拧紧和防松

1. 螺纹连接的拧紧

螺纹连接一般都需要将螺母拧紧,使螺栓受到一定的预紧力 F'。一般连接对预紧力往往不加控制,拧紧程度靠经验而定;对于重要连接(如气缸盖的螺栓连接等),预紧力必须加以控制,以满足连接强度、可靠性和密封性等要求。控制预紧力常用的拧紧工具有指针式扭力扳手、定力矩扳手(见图 7.3)等。

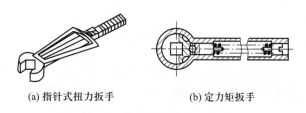

(a) 指针式扭力扳手　　　　(b) 定力矩扳手

图 7.3　控制预紧力常用扳手

在拧紧螺母时,预紧力矩 T 需要克服做相对运动的螺纹阻力矩 T_1 和螺母与支承面间的摩擦力矩 T_2,即:$T=T_1+T_2$

对于常用螺栓 M10～M68 的粗牙普通螺纹,上式可简化为 $T\approx0.2F'd$,

式中　d——螺纹的公称直径,mm;

　　　F'——螺栓的预紧力,N;

　　　T——预紧力矩,N·mm。

小直径螺栓装配时不应施加过大的预紧力矩,否则螺栓容易被拧断。因此,对重要的有强度要求的螺栓连接,如果无控制预紧力的措施,不宜采用小于 M12 的螺栓。

2. 螺纹连接的防松

连接用螺纹标准件都能满足自锁条件。拧紧螺母后,螺母与被连接件支承面间的摩擦力也有助于防止螺母松脱。若连接受静载荷并且温度变化不大,连接螺母一般不会自行松脱。如果温度变化较大,承受振动或冲击载荷等都会使连接螺母逐渐松脱。螺母松动的后果有时是相当严重的,如引起机器的严重损坏,导致重大的人身事故等。所以设计时必须考虑工作条件、工作可靠性、结构特点等设置防松装置。防松装置可防止螺纹副产生相对运动,按其原理可分为以下三类。

(1)力锁紧防松。采用各种结构措施使螺纹副中的摩擦力不随连接的外载荷波动而变化,保持较大的防松摩擦力矩。这种锁紧方式为在零件之间产生压力,增加摩擦力,使螺母不容易松动,但不能完全防止松动,如图7.4所示。

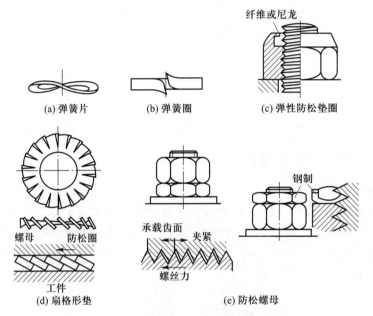

图7.4　常用力锁紧防松装置

(2)形锁紧防松。形锁紧防松利用防松零件控制螺纹副的相对运动,防松可靠,可以完全防止松动。只有除去锁紧件后,才能拆卸。常见形锁紧防松装置如图7.5所示。

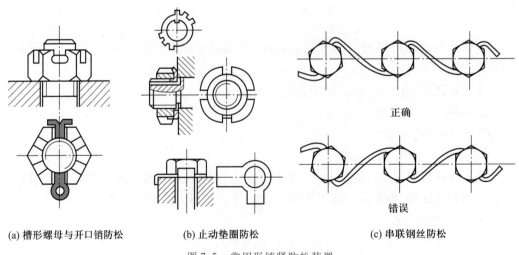

图7.5　常用形锁紧防松装置

（3）破坏螺纹副的不可拆防松。在螺母拧紧后,采用冲点、焊接、黏接等方法,使螺纹连接不可拆卸。冲点:拧紧螺母后,用冲头冲 2～3 个点(现实生活中,用榔头敲击螺栓伸出端破坏螺旋线,与冲点作用相同);焊接:拧紧螺母后,将螺母与螺栓点焊在一起;黏接:用黏合剂涂于螺纹旋合表面,拧紧螺母后黏合剂能自行固化,防松效果良好。这些方法一般用于永久性连接,方法简单,防松可靠,如图 7.6 所示。

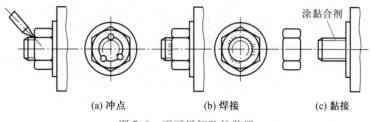

(a) 冲点   (b) 焊接   (c) 黏接

图 7.6 不可拆卸防松装置

7.4 螺纹副的受力分析、效率和自锁

拧紧螺母时,螺纹副在力矩和轴向载荷作用下的相对运动,可看作推动滑块沿螺纹表面运动。如图 7.7 所示,将螺纹沿中径处展开,滑块代表螺母,螺母和螺杆间的运动可视为滑块在倾角为 λ 的斜面上的运动,等速度上升如图 7.7(a)所示,等速度下降如图 7.7(b)所示。

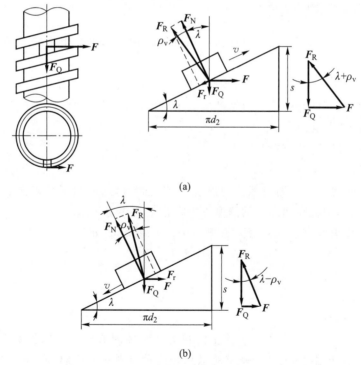

(a)

(b)

图 7.7 螺纹副受力分析

根据力的平衡条件可得旋紧螺母时作用在螺纹中径上的水平推力(圆周力)为

$$F = F_{Q}\tan(\lambda + \rho_{v})$$

转动螺纹需要的转矩为

$$T_1 = F\frac{d_2}{2} = \frac{F_Q d_2}{2}\tan(\lambda+\rho_v)$$

蜗杆传动的效率为

$$\eta = \frac{F_Q s}{2\pi T_1} = \frac{F_Q \pi d_2 \tan\lambda}{2\pi \dfrac{F_Q d_2}{2}\tan(\lambda+\rho_v)} = \frac{\tan\lambda}{\tan(\lambda+\rho_v)}$$

同理,可得到松开螺母时圆周力和效率分别为

$$F = F_Q \tan(\lambda-\rho_v)$$

$$\eta = \frac{2\pi T_1}{F_Q s} = \frac{F_Q \tan(\lambda-\rho_v)\pi d_2}{F_Q \pi d_2 \tan\lambda} = \frac{\tan(\lambda-\rho_v)}{\tan\lambda}$$

自锁条件为:

$$\lambda \leqslant \rho_v \tag{7.1}$$

式中 ρ_v——当量摩擦角, $\rho_v = \arctan\mu_v$,当量摩擦系数 $\mu_v = \mu/\cos\beta$, μ 为实际摩擦系数;

F_Q——螺旋副所受的轴向力。

三角形螺纹升角 λ 小、当量摩擦系数 μ_v 大、自锁性好,主要用于连接;其余三种螺纹用于传动。为提高传动效率,线数要尽可能多一些,但线数过多加工困难,所以常用的线数为 2~3,最多为 4。

7.5   螺栓连接中的作用力

在螺栓连接中为提高附着力,可通过杠杆施加作用力和提高螺旋线上的作用力两种方式实现。

螺纹连接的固定程度取决于拧紧或预紧螺栓时所产生的作用力。所要求的预紧力可通过施加某一扭矩达到,即利用螺栓扳手产生的扭矩(拧紧力矩 T_{AN}): $T_{AN} = F_H L$

式中 T_{AN}——拧紧力矩,N·m;

F_H——拧紧作用力,N;

L——力臂长度,m。

拧紧螺栓或螺母时工件通过螺栓的预紧力 F' 彼此压紧,此时工件表面之间产生静摩擦力,在承受载荷时作用在表面之间的静摩擦力阻止工件移动。

可传递的作用力取决于预紧力 F' 和摩擦因数 μ,其关系如下:

$$F = F' \times \mu \tag{7.2}$$

式中 F——作用力,N;

F'——预紧力,N;

μ——摩擦因数。

注:其预紧力 F' 相当于作用在螺栓上的拉力。摩擦因数取决于摩擦类型(静摩擦或滑动摩擦),材料配对和润滑状态(干燥或液态),若两种材料都为钢材,在静摩擦状态下,干燥时: $\mu = 0.15$,润滑时: $\mu = 0.12$;滑动摩擦状态下,干燥时: $\mu = 0.1$,润滑时: $\mu = 0.08$。

7.6   螺栓连接的强度计算

螺栓的主要失效形式有:螺杆拉断、螺纹的压溃和剪断、经常装拆时因磨损而发生的滑

扣现象等。螺栓和螺母的螺纹牙型及其他各部尺寸是根据等强度原则及使用经验规定的。采用标准件时,这些部分不需要进行强度计算。螺栓连接的强度计算主要是确定螺纹小径 d_1,然后按照标准选定螺纹公称直径(大径)d 及螺距 P 等。

在轴向静载荷作用下,普通螺栓的失效形式一般为螺杆螺纹部分的塑性变形或断裂,因此对普通螺栓连接要进行强度计算。

(1)松螺栓连接的强度计算。如已知螺杆所受最大拉力为 F,则螺纹部分的强度条件为

$$R = \frac{F}{\frac{\pi}{4}d_1^2} \leqslant [R] \tag{7.3}$$

$$d_1 \geqslant \sqrt{\frac{4F}{\pi[R]}} \tag{7.4}$$

$$[R] = \frac{R_e}{S} \tag{7.5}$$

式中　F——螺栓承受的轴向工作载荷,N;

d_1——螺纹小径,mm;

R——松螺栓材料的拉应力,N/mm²;

$[R]$——松螺栓材料的许用拉应力,N/mm²;

R_e——材料的屈服强度,MPa,见表7.4。

S——安全系数,见表7.5。

表7.4　螺纹紧固件常用材料力学性能

钢号	抗拉强度 R_m/MPa	屈服强度 R_e/MPa	疲劳强度/MPa	
			弯曲 R_{-1}	抗拉 R_{-1z}
Q215	340～420	220		
Q235	410～470	240	170～220	120～160
35	540	320	220～300	170～220
45	610	360	250～340	190～250
40Cr	750～1 000	650～900	320～440	240～340

表7.5　受拉螺栓连接的安全系数

控制预紧力		1.2、1.5				
不控制预紧力	材料	静载荷			动载荷	
		M6～M16	M16～M30	M30～M60	M6～M16	M16～M30
	碳钢	4～3	3～2	2～1.2	10～6.5	6.5
	合金钢	5～4	4～2.5	2.5	7.5～5	5

(2)紧螺栓连接的强度计算。紧螺栓连接有预紧力,按所受工作载荷的方向分为以下两种情况。

1)受横向工作载荷的紧螺栓连接,示例如图7.8所示。

如果接合面上的摩擦力足够大,则在横向工作载荷 F_s 的作用下,工件之间不会发生相

对滑动趋势,为了防止滑移,由预紧力所产生的摩擦力应大于或等于横向载荷 F_s,即 $F' \geqslant F_s$。引入可靠性系数 C,整理得:

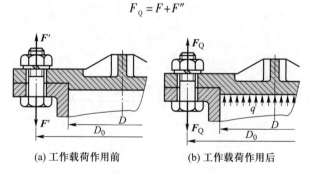

$$F' = \frac{CF_s}{fm} \qquad (7.6)$$

式中　F'——螺栓所受轴向预紧力,N;

　　　C——可靠性系数,通常取 $C = 1.1 \sim 1.3$;

　　　F_s——螺栓连接所受横向工作载荷,N;

　　　f——接合面摩擦系数,工件材料为钢或铸铁时,可取 $f = 0.1 \sim 0.15$;

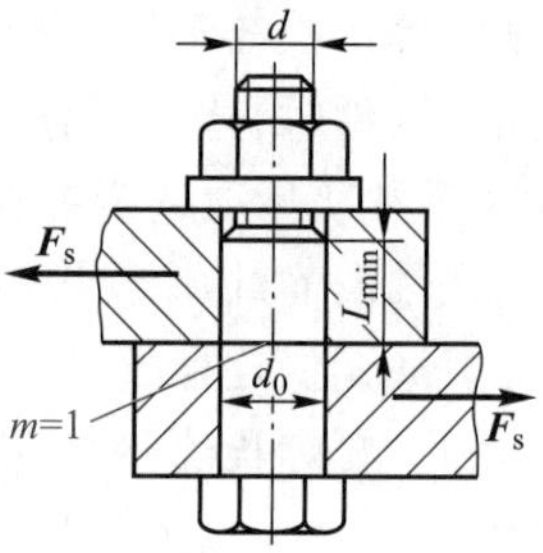

图 7.8　气缸盖与气缸体的螺栓连接

　　　m——接合面数目。

螺栓除受到预紧力 F' 引起的拉应力 R 外,还受螺旋副中的摩擦力矩所引起的切应力 τ 的作用。对于 M10 ~ M68 的普通钢制螺栓,$\tau = 0.5$,根据第四强度理论,可知相当应力 $R_m \approx 1.3$。所以,螺栓的强度校核与设计计算公式分别为

$$R_m = \frac{1.3F'}{\frac{\pi}{4}d_1^{\ 2}} \leqslant [R_m] \qquad (7.7)$$

$$d_1 \geqslant \sqrt{\frac{4 \times 1.3F'}{\pi[R_m]}} \qquad (7.8)$$

式中的各符号的含义同前。

2)受轴向工作载荷的紧螺栓连接。

这种紧螺栓连接常用于对紧密性要求较高的压力容器中,如气缸、油缸中的法兰连接。工作载荷作用前,螺栓只受预紧力 F',接合面受压力,如图 7.9(a)所示。工作时,在轴向工作载荷 F 作用下,接合面有分离趋势,该处压力由 F' 减为 F'',称为残余预紧力,F'' 同时也作用于螺栓,因此,螺栓所受的总拉力 F_Q 应为轴向工作载荷 F 与残余预紧力 F'' 之和,如图 7.9(b)所示,即

$$F_Q = F + F''$$

(a) 工作载荷作用前　　　(b) 工作载荷作用后

图 7.9　受轴向工作载荷的紧螺栓连接

为了保证连接的紧固与紧密性,残余预紧力应大于零,表 7.6 列出了其推荐值。

螺栓的强度校核与设计计算公式分别为

$$R_m = \frac{1.3F_Q}{\frac{\pi}{4}d_1^{\ 2}} \leqslant [R_m] \qquad (7.9)$$

$$d_1 \geqslant \sqrt{\frac{4 \times 1.3 F_Q}{\pi [R_m]}} \qquad (7.10)$$

压力容器中的螺栓连接,要有适当的螺栓间距 t_0。t_0 太大会影响连接的紧密性,通常 $3d \leqslant t_0 \leqslant 7d$。

表7.6 残余预紧力 F'' 推荐值

连接性质		残余预紧力 F'' 推荐值
紧固连接	F 无变化	$(0.2 \sim 0.6)F$
	F 有变化	$(0.6 \sim 1.0)F$
紧密连接		$(1.5 \sim 1.8)F$
地脚螺栓连接		$\geqslant F$

(3)加强杆螺栓连接的强度计算。这种连接是将螺栓穿过被连接件上的铰制孔并与之过渡配合。其受力形式为:在被连接件的接合面处螺杆受剪切;螺杆表面与孔壁之间受挤压。因此,应分别按挤压强度和抗剪强度计算。

这种连接所受的预紧力很小,所以在计算中不考虑预紧力和螺纹摩擦力矩的影响。

螺杆的抗剪强度条件为

$$\tau = \frac{4 F_S}{\pi d_S^2} \leqslant [\tau] \qquad (7.11)$$

螺杆与孔壁的挤压强度条件为

$$R_p = \frac{F_S}{d_S h_{min}} \leqslant [R_p] \qquad (7.12)$$

式中 F_S——单个螺栓所受的横向工作载荷,N;

h_{min}——螺杆与孔壁挤压面的最小高度,mm;

d_S——螺栓剪切面的直径,mm;

$[R_p]$——螺栓或孔壁材料的许用挤压应力,N/mm^2,可查表7.7;

$[\tau]$——螺栓材料的许用切应力,N/mm^2,可查表7.7。

表7.7 加强杆螺栓的许用应力

	被连接件材料	剪切		挤压	
		许用应力	S_S	许用应力	S_P
静载荷	钢	$[\tau] = R_e/S_S$	2.5	$[R]_p = R_p/S_P$	1.25
	铸铁		2.5		$2 \sim 2.5$
动载荷	钢、铸铁		$3.5 \sim 5$	R_p 按静载荷取值的 70% ~80%	

7.7 提高螺栓连接强度的措施

螺栓连接承受轴向变载荷时,其损坏形式多为螺杆部分的疲劳断裂,通常都发生在应力集中较严重之处,即螺栓头部、螺尾和螺母支承平面所在处的螺纹。以下简要说明影响螺栓强度的因素和提高强度的措施。

(1)降低螺栓总拉伸载荷 F_Q 的变化范围。螺栓所受的轴向工作载荷 F 在 $0 \sim F_Q$ 间变化,理论计算得出,若减小螺栓刚度或增大被连接件刚度都可以减小总拉伸载荷 F_Q 的变化范围,这对预防螺栓的疲劳损坏是十分有利的。

(2)改善螺纹牙间的载荷分布。采用普通螺母时,轴向载荷在旋合螺纹各圈间的分布是不均匀的,从螺母支承面算起,第一圈受载最大,之后各圈递减。理论分析和试验证明,旋合圈数越多,载荷分布不均的程度也越显著,到第8~10圈之后,螺纹几乎不受载荷。所以,采用圈数多的厚螺母,并不能提高连接强度。

(3)减小应力集中。增大过渡圆角、切制卸载槽都是使螺栓截面变化均匀、减小应力集中的有效方法。

(4)避免或减小附加应力。由于设计、制造或安装上的疏忽,有可能使螺栓受到附加弯曲应力,这对螺栓疲劳强度的影响很大,应设法避免。如在铸件或锻件等未加工表面上安装螺栓时,常采用凸台或沉头孔等结构,经切削加工后可获得平整的支承面。

除上述方法外,制造工艺上还可采取冷镦头部和辗压螺纹的方法,其疲劳强度比车制螺栓约高30%,氰化、氮化等表面硬化处理也能提高疲劳强度。

任务下达

7.8 螺栓设计

如图7.8所示,气缸盖和气缸体的凸缘厚度均为 $b=30$ mm,采用普通螺栓连接。已知气体的压强 $P=0.8$ MPa,气缸内径 $D=250$ mm,螺栓孔直径 $D_0=350$ mm,采用指针式扭力扳手装配。试选择螺栓的材料和强度等级,确定螺栓的数量和直径。

任务评价

螺栓设计任务评价表

评价内容	参与者	反馈信息
1. 对螺纹连接的基本内容是否了解和认识	小组成员	
2. 设计过程中公式的运用是否熟练	小组成员	
3. 计算的内容是否得当	小组成员	
4. 在任务实施中是否有团队合作精神	小组成员	
5. 小组互评指别组任务实施中的优缺点	全体成员	
6. 指导教师的总结和反馈	指导教师	

项目2自测

一、选择题

1. 普通螺纹的公称直径是指(　　)。

    A. 大径   B. 小径   C. 顶径   D. 底径

2. 下列哪种螺纹常用于连接螺纹(　　　)。

    A. 三角形螺纹　　　　B. 梯形螺纹　　　　　　C. 锯齿形螺纹　　　　　D. 矩形螺纹

3. 单向受力的螺旋传动机构广泛采用(　　　)。

    A. 三角形螺纹　　　　B. 梯形螺纹　　　　　　C. 锯齿形螺纹　　　　　D. 矩形螺纹

4. 车床横向进给刀架属于(　　　)的传动机构。

    A. 螺母不动,螺杆回转并做直线运动　　　　B. 螺杆不动,螺母回转并做直线运动

    C. 螺杆原位回转,螺母做直线运动　　　　　D. 螺母原位回转,螺杆做直线运动

5. 公制普通螺纹的牙型角为(　　　)。

    A. 30°　　　　　　　B. 55°　　　　　　　　C. 60°　　　　　　　　D. 3°

6. 螺旋千斤顶采用的螺旋传动形式是(　　　)。

    A. 螺母不动,螺杆回转并做直线运动　　　　B. 螺杆不动,螺母回转并做直线运动

    C. 螺杆原位回转,螺母做直线运动　　　　　D. 螺母原位回转,螺杆做往复运动

7. 以下螺纹牙型中最常用的传动螺纹有(　　　)。

    A. 三角形　　　　　　B. 矩形　　　　　　　　C. 梯形　　　　　　　　D. 锯齿形

8. 同一公称直径的普通螺纹可以有多种螺距,其中,螺距(　　　)为粗牙螺纹。

    A. 最小　　　　　　　B. 中间　　　　　　　　C. 最大　　　　　　　　D. 零

9. 三线螺纹的导程为螺距的(　　　)倍。

    A. 1　　　　　　　　　B. 2　　　　　　　　　　C. 3　　　　　　　　　　D. 4

10. 滚珠螺旋传动(　　　)。

    A. 结构简单,制造要求不高　　　　　　　　B. 传动效率低

    C. 间隙大,传动不够平稳　　　　　　　　　D. 目前主要用于精密传动的场合

二、简答题

1. 螺纹的主要参数有哪些? 螺距与导程有何不同? 螺纹升角与哪些参数有关?

2. 螺栓、双头螺柱、螺钉这三种螺纹紧固件,在结构上和应用上有什么区别?

3. 为什么三角形螺纹多用于连接,而矩形螺纹、梯形螺纹和锯齿形螺纹多用于传动? 为什么多线螺纹主要用于传动?

4. 采用螺纹连接时螺距小有什么好处? 列举螺纹加工的几种方法。

5. 在实际应用中,绝大部分螺纹连接都要预紧,预紧的目的是什么?

6. 螺纹连接为什么要防松? 常见的防松方法有哪些?

7. 按题图1所示给定的尺寸确定螺纹紧固件(螺栓、螺母、螺钉等)的尺寸,并写出标记。

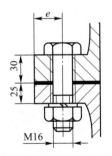 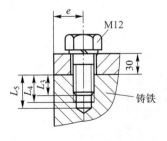

题图1

三、计算题

一普通螺旋传动机构,双线螺杆驱动螺母做直线运动,螺距为 6 mm,求:

(1)螺杆转两周时,螺母的移动距离为多少?

(2)螺杆转速为 25 r/min 时,螺母的移动速度为多少?

项目 **3**

台式钻床的分析与带传动设计

能力目标

1. 能够正确认识台式钻床的结构。
2. 能够按正确步骤拆装台式钻床。
3. 能够根据实践需要设计简单的带传动。
4. 能够根据实践需要选用合适的键连接。

知识目标

1. 掌握带传动的类型及相应特点。
2. 掌握带传动的受力情况。
3. 掌握键连接的类型及选用。

任务 **8**

台式钻床的拆装与分析

任务导入

钻床是孔加工机床,可完成钻孔、扩孔、铰孔及攻螺纹等工作。钻床的主要参数是最大钻孔直径,钻床的主要类型有台式钻床、立式钻床、摇臂钻床、深孔钻床、中心孔钻床、铣钻床等。

台式钻床简称台钻,是一种体积小巧,操作简便,通常安装在专用工作台上使用的小型孔加工机床。台式钻床主要用于钻、扩、铰制直径 13 mm 以下的孔(见图 8.1),广泛地应用于仪表工业、机械制造业和修配行业等。

因台钻的加工孔径很小,故主轴转速往往很高(在 400 r/min 以上),为保持主轴运转平稳,其变速一般通过改变 V 带在塔轮上的位置来实现,主轴进给靠手动操作,一般都具有控制钻孔深度的装置,钻孔后,主轴能在蜗圈弹簧的作用下自动复位。在钻床上加工时,工件不动,刀具旋转为主运动,刀具轴向移动为进给运动。

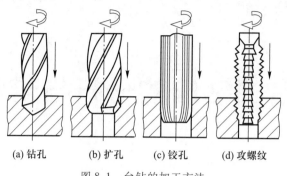

(a) 钻孔　　(b) 扩孔　　(c) 铰孔　　(d) 攻螺纹

图 8.1 台钻的加工方法

知识储备

8.1 台式钻床

8.1.1 台式钻床的组成

台式钻床主要由电动机、立柱、主轴箱、主轴、进给箱、工作台、底座等组成,如图 8.2 所示。

8.1.2 台式钻床各部分的功用

（1）电动机。主轴箱右侧面装有电机座和电动机,电动机安装在可以伸缩的电机座上,移动电机座可以调节 V 带的松紧。

（2）立柱。底座 5 上装有圆形截面立柱,它的顶部是机头升降机构。松开锁紧手把 11,通过内置升降丝杠,能使机头升降到需要的位置。当机头升降到所需的高度后,将锁紧手把 11 锁紧,机头即可锁紧。

（3）主轴箱。主轴箱 12 是台式钻床的重要组成部分,承载着机床的动力部分和机械传动部分,它能确保主轴完成准确的切削运动。其上有电气控制开关,能使主轴正转起动或停止。

（4）主轴。用来安装钻头、丝锥、铰刀等刀具,主轴的进给由进给手柄 9 操纵,受弹簧力作用能自动复位,调整弹簧的回转位置可调节弹簧力的大小。

（5）进给箱。用来调整钻头的进给量。

（6）底座。底座 5 的上方为工作台 6,中部有一 T 形槽,用来装夹工件或夹具。

8.1.3 台式钻床的传动系统

台式钻床的主轴和电动机轴上分别装有一个塔轮。若改变 V 带在塔轮槽内的相对位置,能使主轴获得五级变速。调速之后用力压把手,使上下防护罩合拢并向右转动,防护罩即被固定。该机床只有手动进给运动,沿逆时针方向旋转进给手柄为进刀;进给手柄自动反转(由卷簧带动顺时针旋转)为退刀。

机头可在立柱上做上、下移动,并可绕立柱中心转到任意角度进行加工,调整到适当位置后用锁紧手把锁紧。如机头要放低,先把保险环调节到适当位置,用紧定螺钉把它锁紧,然后放松锁紧手把,靠机头自重落到保险环位置,再把锁紧手把锁紧。工作台可在立柱上做上、下移动,并可绕立柱转动到任意角度,当松开锁紧螺钉时,工作台在垂直平面还可左、右倾斜45°。工件较小时,可放在工作台上钻孔,当工件较大时,可把工作台转开,直接放在钻床底座上钻孔。

8.2 摇臂钻床

8.2.1 摇臂钻床的结构

摇臂钻床,也称为摇臂钻,如图8.3所示,适用于中、大型金属零件上钻孔、扩孔、铰孔、攻螺纹及修刮端面等多种形式的加工。

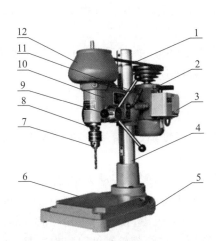

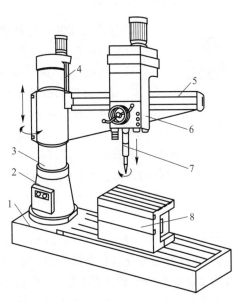

1—V 带;2—电动机;3—控制开关;4—立柱;5—底座;
6—工作台;7—主轴;8—滚花螺母;9—进给手柄;
10—进给箱;11—锁紧手把;12—主轴箱
图 8.2 台式钻床结构示意图(拆除防护罩)

1—底座;2—内立柱;3—外立柱;4—丝杠;5—摇臂;
6—主轴箱;7—主轴;8—工作台
图 8.3 摇臂钻床结构示意图

按机床夹紧结构,摇臂钻可以分为液压摇臂钻床和机械摇臂钻床。在各类钻床中,摇臂钻床操作方便、灵活,适用范围广,具有典型性,特别适用于单件或批量生产带有多孔大型零件的孔加工,是一般机械加工车间常见的机床。

摇臂钻床主要由底座、内立柱、外立柱、摇臂、主轴箱及工作台等部分组成。内立柱2固定在底座1的一端,在它的外面套有外立柱3,外立柱可绕内立柱360°回转。摇臂5的一端为套筒,它套装在外立柱上做上、下移动。丝杠4与外立柱4连成一体,升降螺母固定在摇臂上,摇臂不能绕外立柱转动,只能与外立柱一起绕内立柱回转。主轴箱6是一个复合部件,由主传动电动机、主轴7和主轴传动机构、进给和变速机构、机床的操作机构等部分组成。主轴箱安装在摇臂的水平导轨上,可以通过手轮操作,使其在水平导轨上沿摇臂移动。

8.2.2　摇臂钻床的运动形式

钻削加工时,钻头一边进行旋转切削,一边进行纵向进给,其运动形式为:

（1）摇臂钻床的主运动为主轴的旋转运动。

（2）进给运动为主轴的纵向进给。

（3）辅助运动有:摇臂沿外立柱上、下移动,主轴箱沿摇臂水平导轨的移动,摇臂与外立柱一起绕内立柱的回转运动。

任务实施

8.3　台式钻床的拆装

台式钻床的
拆装

1. 台式钻床的拆装目的

（1）利用拆卸工具完成台式钻床部件的拆卸,认识各部分结构。

（2）掌握台式钻床传动系统的工作原理及主轴的定位方式,回装台式钻床。

2. 台式钻床的拆装步骤

（1）传动部分的拆卸。主要包括 4 个部分,拆卸顺序:① 丝杠的拆卸; ② 电动机的拆卸;③ 电动机 V 带轮的拆卸;④ 主轴 V 带轮的拆卸。

（2）主轴部分的拆卸。

1）主轴部件的拆卸,主要包括主轴、套筒、轴承、防尘垫圈等的拆卸。

2）主轴箱部件的拆卸,包括主轴总成、轴承座、主动带轮轴、进给带轮轴、手轮座、弹簧盒等的拆卸。

台式钻床主轴一般装在进给套筒内,由上部花键与 V 带轮配合将动力由电动机传递到主轴,拆卸时可先检查进给套筒外圆面是否有限制套筒向下退出的限位螺钉,将位于外壳上进给手轮轴左边的弹簧盒小心松开（弹簧的作用是产生一个扭矩,使进给手轮顺时针转动,保持主轴在最高点,拆卸时小心不要让弹簧弹出引起麻烦）,进给带轮轴就可以向右抽出,主轴套筒失去控制将向下落,如有限位螺钉,将它取下,主轴套筒就可以向下取出,再将主轴从套筒内拆下即可。

安装时主轴装回套筒内,注意套筒上的齿条方向（一般向正后方）及花键方向,将套筒装回机身内,有限位螺钉的,装上限位螺钉,插入进给轴,安装弹簧盒,注意弹簧方向,并使其保持可将主轴提升到最高点的一定扭矩。

（3）装配并进行试车调试。要注意装配顺序（包括零件的正、反方向）,做到一次装成。在装配中不轻易用锤子敲打,在装配前应将全部零部件用煤油清洗干净,对配合面、加工面一定要涂上机油,方可装配。

3. 拆装注意事项

安全装拆台式钻床应注意以下几点:

（1）工作前要检查手轮位置,按规定加润滑脂,严禁戴手套操作。

（2）安装、拆卸钻头应使用专用钥匙,不允许采用敲击的方法。安装钻头前,要仔细检查钻套,钻套标准化锥面部分不能有碰伤、凸起,如有则应用油石修好、擦净后,才可以使用。

（3）注意拆卸的零部件要有规律地放置,不要碰伤。

任务评价

台式钻床的拆装任务评价表

评价内容	参与者	反馈信息
1. 工具的使用是否正确	小组成员	
2. 台式钻床拆装的顺序是否正确	小组成员	
3. 对台式钻床的各组成部分是否了解和认识	小组成员	
4. 对任务中遇到的问题是否能积极解决	小组成员	
5. 在任务实施中是否有团队合作精神	小组成员	
6. 小组互评指出别组任务实施中的优缺点	全体成员	
7. 指导教师的总结和反馈	指导教师	

任务 9
带传动机构的分析

任务导入

某公司 Z4016 型台式钻床的主轴最低转速为 480 r/min,最高转速可达 4 080 r/min,而电动机的输出转速为 900~1 400 r/min,钻床是如何实现将电动机的固定输出转速转换为主轴的五级转速的呢,通过台式钻床的拆装任务的实施可知,台式钻床主要是通过在主轴和电动机轴上分别安装一个塔轮,改变 V 带在塔轮槽内的相对位置,使主轴获得五级变速的。

带传动具有结构简单、传动平稳、能缓冲吸振、可以在大的轴间距和多轴间传递动力,且其造价成本低、无需润滑、维护容易等特点,在汽车工业、农业机械、家用电器、工业机器人等行业应用广泛,如图 9.1 所示。带传动除用以传递动力外,有时也用来输送物料、进

(a) 汽车发动机(同步带)　　　(b) 拖拉机(普通V带)

(c) 大理石切割机(平带)　　　(d) 工业机器人关节(同步带)

图 9.1　带传动的应用

行零件的排列等。

带传动一般由主动轮、从动轮、张紧在两轮上的传动带和机架组成,如图9.2所示,当驱动力矩使主动轮转动时,依靠带和带轮间的摩擦(或啮合)作用,拖动从动轮一起转动,由此传递运动和动力。

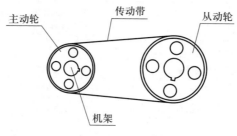

图9.2 带传动示意图

知识储备

9.1 带传动的类型与特点

9.1.1 带传动的类型

根据带传动的工作原理,带传动可分为摩擦型带传动和啮合型带传动两种。

1. 摩擦型带传动

传动带紧套在两个带轮上,使带与带轮的接触面之间产生正压力,当主动轮旋转时,依靠摩擦力使传动带运动,从而驱动从动轮转动。根据带的形状可分为平带、V带、多楔带和圆带传动。

(1)平带传动。如图9.3(a)所示,平带的横截面为扁平矩形,带的内面为工作面,与带轮接触。常见的平带有普通橡胶平带、编织平带、高速环形胶平带等,常用的是普通橡胶平带。平带传动结构简单,带轮加工方便,平带质轻且挠性好,传动中心距大,最大可达15 m。主要应用于高速和中心距较大的传动中。

(2)V带传动。如图9.3(b)所示,V带的横截面为等腰梯形,带轮上也开设相应的环槽结构,V带的两侧面为工作面。根据槽面摩擦原理,在相同条件下,V带传动比平带传动的摩擦力大,所以V带传动能传递较大的载荷,且传动比大,结构紧凑,目前已实现标准化、系列化生产,广泛应用于一般机械传动中,并可取代平带传动。

(3)多楔带传动。如图9.3(c)所示,多楔带的楔形部分嵌入带轮上的楔形槽内,靠楔面摩擦进行工作。多楔带兼有平带的弯曲应力小和V带的摩擦力大等优点,可代替多根V带传动,同时解决了因多根V带长度不一而造成的受力不均的问题,其传动平稳、振动小、传递功率大,常用于传递功率大且要求结构紧凑的场合,也可用于载荷变动较大或有冲击载荷的传动。

(4)圆带传动。如图9.3(d)所示,圆带的横截面为圆形,常用皮革制成,也有圆绳带和圆绵纶带等。传动只适用于低速、轻载的机械,比如缝纫机、真空吸尘器和牙科医疗器械等。

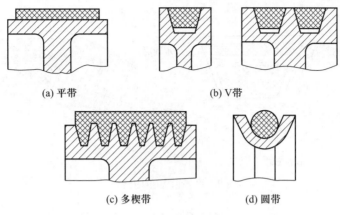

图 9.3　带传动类型

2. 啮合型带传动

啮合型带传动主要靠传动带与带轮上的齿相互啮合来传递运动和动力,啮合型带传动除保持了摩擦型带传动的优点外,还具有传递功率大、传动比准确等优点,如同步带传动。

9.1.2　带传动的特点

带传动是具有中间挠性件的一种传动,其具有以下特点。

(1)传动带具有良好的弹性,能够缓冲和吸振,因此传动平稳、噪声小。

(2)过载时传动带与带轮间会产生打滑,可防止其他零件损坏。

(3)传动带的结构简单,制造和安装精度要求不高,不需要润滑,维护方便,制造成本低。

(4)带在工作时会产生弹性滑动,传动比不恒定。

(5)传动的轮廓尺寸大,传动效率低,带传动的一般功率为 50～100 kW,带速为 5～25 m/s,传动比不超过 5,效率为 92%～97%。

带传动的使用中主要有以下缺点。

(1)摩擦型带传动不能保持准确的传动比。

(2)与齿轮传动相比,传递同样大的圆周力时,轮廓尺寸和轴上的压力都较大。

(3)传动带的使用寿命较短,在高温、易燃及有油和水的场合不能使用。

9.2　V 带的类型与结构

V 带传动在一般机械传动中应用最为广泛。本项目主要介绍 V 带传动的结构、特点及应用设计。

V 带有普通 V 带、窄 V 带、宽 V 带、联组 V 带、大楔角 V 带等多种类型。标准普通 V 带都制成无接头的环形,其结构如图 9.4 所示,由顶胶、承载层(抗拉体)、底胶和包布四部分组成。抗拉体的结构分为帘布芯和线绳芯两种。帘布芯 V 带制造较方便;线绳芯 V 带柔韧性好,抗弯强度高,适用于转速较高、载荷不大和带轮直径较小的场合。

普通 V 带为标准件,有 Y、Z、A、B、C、D、E 7 种型号,窄 V 带有 SPZ、SPA、SPB、SPC 4 种型号,其截面尺寸见表 9.1。

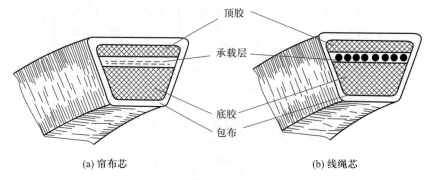

（a) 帘布芯 （b) 线绳芯

图 9.4 普通 V 带的结构

表 9.1 V 带截面尺寸（GB/T 11544—2012） mm

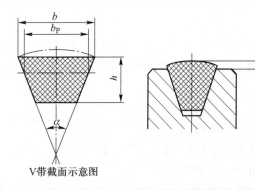

V带截面示意图

规定标记：
型号为 SPA 型,基准长度为 1 250 mm 的窄 V 带
标记示例：
SPA1250

型号		节宽 b_p	顶宽 b	宽度 h	楔角 α	露出高度 h_T		适用槽形的基准宽度
						最大	最小	
普通 V 带	Y	5.3	6	4.0	40°	+0.8	−0.8	5.3
	Z	8.5	10	6.0		+1.6	−1.6	8.5
	A	11	13	8.0		+1.6	−1.6	11
	B	14	17	11.0		+1.6	−1.6	14
	C	19	22	14.0		+1.5	−2.0	19
	D	27	32	19.0		+1.6	−3.2	27
	E	32	38	23.0		+1.6	−3.2	32
窄 V 带	SPZ	8	10	8.0	40°	+1.1	−0.4	8.5
	SPA	11	13	10.0		+1.3	−0.6	11
	SPB	14	17	14.0		+1.4	−0.7	14
	SPC	19	32	18.0		+1.5	−1.0	19

V 带两侧工作面的夹角称为带的楔角,V 带绕在带轮上会产生弯曲变形,顶胶层受拉而将产生横向截面收缩,底胶层受压而产生横向截面伸长,因此楔角将减小。处于 V 带中间部分的一层长度和宽度将不改变,称为中性层,中性层所在的层面称为节面。节面的宽度 b_p 称为节宽。在规定张紧力下,V 带位于带轮基准直径上的周线长度 L_d 称为带的基准长度。各种型号 V 带的基准长度系列见表 9.2。

表 9.2　普通 V 带的基准长度系列（GB/T 11544—2012）

基准长度 L_d	带型							配组公差
	Y	Z	A	B	C	D	E	
200								
224								
250								
280								
315	Y							
355								
400								2
455								
500								
560								
630								
710								
800		Z						
900								
1 000								
1 120								
1 250								
1 400			A					4
1 600								
1 800								
2 000								
2 240				B				
2 500								12
2 800								
3 150								
3 550					C			
4 000								
4 500								
5 000								20
5 600								
6 300						D		
7 100								
8 000								
9 000							E	
10 000								32
11 200								
12 500								
14 000								
16 000								48
18 000								
20 000								

9.3　带传动的工作情况分析

9.3.1　带传动的受力分析

1. 带传递的有效拉力

安装传动带时，带以一定的初拉力（预紧力）F_0 紧套在带轮上，这时带两边拉力相等，均为 F_0，如图 9.5（a）所示。由于 F_0 的作用，带和带轮的接触面上产生了正压力。

带传动工作时如图 9.5（b）所示，设主动轮以转速 n_1 转动，带和带轮在接触面产生摩擦力，主动轮作用在带上的摩擦力方向和主动轮的圆周运动速度方向相同，主动轮即靠此摩擦力驱使带运动；带作用在从动轮上的摩擦力方向，显然与带的运动方向相同（从动轮作用在带上的摩擦力的方向则与带的运动方向相反），带同样靠摩擦力驱使从动轮以转速 n_2 转动。

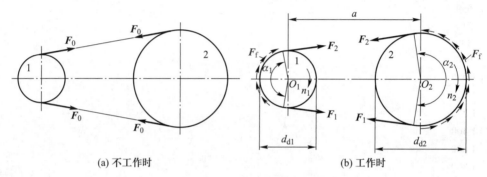

(a) 不工作时　　　　　　　　　　　　　　　(b) 工作时

图 9.5　带传动的工作原理图

由于这两处摩擦力的作用，带两边的拉力也相应地发生了变化，带绕上主动轮的一边被拉紧，称为紧边，紧边拉力由 F_0 增加到 F_1；带绕上从动轮的一边被放松，称为松边，松边拉力由 F_0 减少到 F_2。若近似认为带的总长度不变，则紧边拉力的增加量等于松边拉力的减少量，即：

$$F_1 - F_0 = F_0 - F_2 \tag{9.1}$$

在带传动中，有效拉力 F 并不是作用于某固定点的集中力，而是带和带轮接触面上各点摩擦力的总和，故整个接触面上的总摩擦力 F_f 即等于带所传递的有效拉力 F，即：

$$F = F_1 - F_2 \tag{9.2}$$

2. 带传动所能传递的功率

带传动所能传递的功率 P 为：

$$P = Fv/1\,000\,(\text{kW}) \tag{9.3}$$

式中　　F——有效拉力，N；

　　　　v——带的速度，m/s。

3. 带传动的最大有效拉力及其影响因素

当功率 P 增大时，有效拉力 F 也增大，则要求带与带轮间有更大摩擦力以维持传动，若 F 超过带与带轮接触弧产生的摩擦力极限值时，带与带轮之间将发生显著的相对滑动。

带即将滑动时，F_1 和 F_2 之间的关系，可由欧拉公式确定：

$$F_1 = F_2 e^{f\alpha} \tag{9.4}$$

式中　e——自然对数的底,e=2.718 28…;

　　　f——摩擦系数(V带用当量摩擦系数f_v);

　　　α——带在带轮上的包角,rad。

将式(9.4)与式(9.1)、式(9.2)联立求解后得出以下关系式,其中用F_{ec}表示最大有效拉力。

$$F_{ec} = 2F_0 \frac{e^{f\alpha}-1}{e^{f\alpha}+1} = 2F_0 \frac{1-1/e^{f\alpha}}{1+1/e^{f\alpha}} \tag{9.5}$$

由式(9.5)可知,最大有效拉力F_{ec}与下列几个因素有关:

(1)预紧力F_0。最大有效拉力F_{ec}与F_0成正比。这是因为F_0越大,带与带轮间的正压力越大,则传动时的摩擦力就越大,最大有效拉力F_{ec}也就越大;但F_0过大时,会使带发热、加剧磨损,进而缩短带的寿命。

(2)包角α。最大有效拉力F_{ec}随包角的增大而增大。这是因为α越大,带和带轮的接触面上所产生的总摩擦力就越大,传动能力也就越高,故应限制小带轮的最小包角α_1。

(3)摩擦系数f。最大有效拉力F_{ec}随摩擦系数的增大而增大。这是因为摩擦系数越大,则相同压力下摩擦力就越大,传动能力也就越高。

9.3.2　带传动的应力分析

带传动的应力分析

带传动工作时,带横截面上的应力由三部分组成:① 由紧边和松边拉力产生的拉应力;② 由弯曲产生的弯曲应力;③ 由离心力产生的离心应力。

1. 拉应力

紧边拉应力:

$$R_1 = \frac{F_1}{A} \tag{9.6}$$

松边拉应力:

$$R_2 = \frac{F_2}{A} \tag{9.7}$$

式中　R_1、R_2——单位为MPa;

　　　F_1、F_2——单位为N;

　　　A——带的横截面面积,mm^2。

2. 弯曲应力

带绕过带轮时发生弯曲,带的弯曲应力:

$$R_b \approx E \frac{h}{d_d} \tag{9.8}$$

式中　d_d——带轮的基准直径,mm;

　　　h——带的高度,mm;

　　　E——带的弹性模量,MPa。

由式(9.8)知,当h越大、d_d越小时,带的弯曲应力R_b就越大。故带绕在小带轮上时的弯曲应力R_{b1}大于绕在大带轮上时的弯曲应力R_{b2}。为了避免弯曲应力过大,基准直径就不能过小。V带轮的最小基准直径见表9.3。

表 9.3　普通 V 带、窄 V 带轮的最小基准直径及单位长度质量

槽型	Y	Z		A		B		C	
			SPZ		SPA		SPB		SPC
d_{min}/mm	20	50		75		125		200	
			63		90		140		224
q/(kg/m)	0.04	0.06		0.10		0.17		0.30	
			0.07		0.12		0.20		0.37

3. 离心应力

带绕过带轮做圆周运动时会产生离心力,在离心力作用下带中产生的离心拉力在带的横截面上会产生离心应力 R_c。虽然离心力只作用在带做圆周运动的部分弧段,但其产生的离心应力却作用于带的全长,且各剖面处处相等。离心应力大小可用下式计算:

$$R_c = \frac{qv^2}{A} \qquad (9.9)$$

式中　q——带的单位长度质量,kg/m,见表 9.3;

　　　A——带的横截面面积,mm^2;

　　　v——带的线速度,m/s。

4. 带上应力的分布

将上述三种应力叠加,即得到传动带的总应力,其分布如图 9.6 所示,带中可能产生的瞬时最大应力发生在带的紧边开始绕上小带轮处,瞬时最小应力位于带的松边,大小分别为:

$$R_{max} = R_1 + R_{b1} + R_c \qquad (9.10)$$
$$R_{min} = R_2 + R_c \qquad (9.11)$$

9.3.3　带传动的弹性滑动和打滑

1. 带的弹性滑动

带由于是弹性体,且紧、松边的拉力不同,因此,它们的弹性伸长量也不一样。

带的弹性滑动

如图 9.7 所示,当紧边在 A 点绕上主动轮时,其所受拉力为 F_1,此时带的线速度和主动轮的圆周运动速度 v_1 相等。在带由 A 点转到 B 点过程中,带所受拉力由 F_1 逐渐降低到 F_2,带的弹性变形也随之逐渐减小,因此带沿主动轮的运动是一面绕进、一面向后收缩,带的速度便逐渐过渡到低于主动轮的圆周运动速度。

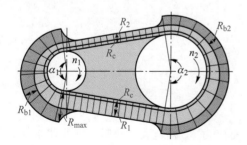

图 9.6　带工作时应力分布情况示意图

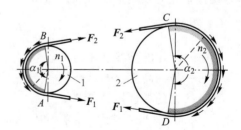

图 9.7　带的弹性滑动示意图
（箭头表示带轮对带的摩擦力方向）

带在从动轮上的运动情况恰恰相反,带由 C 点绕上从动轮到 D 点的过程中,拉力由 F_2 增大到 F_1,弹性变形随之逐渐增加,因此带沿从动轮的运动是一面绕进、一面向前伸长,带的速度便逐渐过渡到高于从动轮的圆周运动速度。这种由带的弹性变形而引起的带与带轮间的相对滑动称为弹性滑动,这是带传动中固有的特性。

2. 带传动的传动比

由弹性滑动引起的从动轮圆周运动速度降低的程度用滑动率 ε 表示。

$$\varepsilon = \frac{v_1 - v_2}{v_1} \times 100\% \tag{9.12}$$

则 $v_2 = (1 - \varepsilon)v_1$,将 $v_1 = \dfrac{\pi d_{d1} n_1}{60 \times 1\,000}$,$v_2 = \dfrac{\pi d_{d2} n_2}{60 \times 1\,000}$,代入得:

$$d_{d2} n_2 = (1 - \varepsilon) d_{d1} n_1$$

因此,带传动的实际平均传动比为:

$$i = \frac{n_1}{n_2} = \frac{d_{d2}}{d_{d1}(1 - \varepsilon)} \tag{9.13}$$

说明:① 由于带的弹性滑动,带传动的传动比不精确,随滑动率 ε 变化而变化;② 一般传动中,因滑动率并不大($\varepsilon \approx 1\% \sim 2\%$),故可不予考虑,取传动比 $i = n_1/n_2 = d_{d2}/d_{d1}$。

3. 带的打滑

在正常工作情况下,带的弹性滑动并不发生在全部接触弧上。随着有效拉力的增大,即传递的功率增加,弹性滑动区域也将逐渐扩大。当弹性滑动区域扩大到整个接触弧时,带传动的有效拉力达到最大值。此时如果工作载荷再增大,则传动带与带轮之间将发生显著的相对滑动,这种现象称为打滑。当传动带发生打滑时,主动轮仍在均匀转动,但从动轮转速急剧下降,传动带不能正常工作,从而使传动失效。打滑将使传动带加剧磨损,甚至烧焦。为了保证带传动的正常工作,应当避免打滑现象发生。

9.4　带传动的设计计算

9.4.1　带传动的失效形式及设计准则

1. 带传动的失效形式

传动带每绕过带轮一次,应力就由小变大,又由大变小地变化一次。带绕过带轮的次数越多、带轮转速越高、带越短,带的应力变化就越频繁,传动带的工作寿命就越短。带传动的主要失效形式有:

(1) 因过载、松弛或张紧不足,使带在带轮上打滑;

(2) 因疲劳应力使带产生脱层、撕裂或拉断;

(3) 带的工作面磨损。

2. 带传动的计算准则

带传动的计算准则:在保证不打滑的前提下,带在一定工作时限内,具有足够的疲劳强度和使用寿命。

3. 参数的选择

(1) 为使带传动不出现打滑现象,必须限制带所传递的有效拉力,使之不超过最大有效

拉力 F_{ec}。根据欧拉公式,带在有打滑趋势时的有效拉力为:

$$F_{emax} = F_1\left[1 - \frac{1}{e^{f_v\alpha}}\right] = R_1 A\left[1 - \frac{1}{e^{f_v\alpha}}\right] \qquad (9.14)$$

(2)V 带的疲劳强度条件为:

$$R_{max} = R_1 + R_e + R_{b1} \leqslant [R] \qquad (9.15)$$

(3)带传动不打滑所能传递的功率为:

$$P = \frac{F_{emax}v}{1\ 000} = \frac{R_1 A\left(1 - \dfrac{1}{e^{f_v\alpha}}\right)}{1\ 000}v(\text{kW}) \qquad (9.16)$$

(4)为了减少试验工作量,只在一定的条件下($\alpha = 180°$、特定带长、水平布置、工作平稳等)进行典型试验,此时传动带在既不打滑又有足够疲劳强度下,单根 V 带所能传递的基本额定功率为:

$$P_1 = \frac{([R] - R_{b1} - R_e)A\left(1 - \dfrac{1}{e^{f_v\alpha}}\right)}{1\ 000}v(\text{kW}) \qquad (9.17)$$

当传动比 $i \neq 1$ 时,因带绕经大带轮时的弯曲应力比绕经小带轮时的小,可使带的疲劳强度有所提高,能传递的功率增大。其增大量称为额定功率增量 ΔP_1,ΔP_1 取值见表9.4。

(5)如果普通 V 带传动的包角 α 和带长 L_d 不符合上述规定条件,应查表并对 P_1 和 ΔP_1 进行修正。则单根 V 带的许用功率为:

$$[P] = K_\alpha K_L(P_1 + \Delta P_1) \qquad (9.18)$$

式中　K_α——包角修正因数,查表9.5;

　　　K_L——带长修正因素,查表9.6。

9.4.2　V 带的设计

通常设计 V 带传动的已知条件是:传递的功率 P,两带轮的转速 n_1 和 n_2(或传动比 i),传动的位置要求及工作条件(用途、载荷性质及外廓尺寸要求等)。

V 带传动的设计内容有:确定 V 带型号、长度和根数,传动中心距及带轮直径,并计算出作用在轴上的压力等,画出带轮的零件图,其设计步骤如下。

1. 确定计算功率 P_c

计算功率 P_c 是根据带传动所需传递的功率 P,并考虑载荷性质,以及每天运转时间的长短等因素而确定的,即:

$$P_c = K_A P \qquad (9.19)$$

式中　K_A——工作情况系数,查表9.7可得。

2. 选择 V 带型号

根据计算功率和小带轮转速,由图9.8选择 V 带型号。当所选的坐标点在图中两种型号分界线附近时,可对两种型号分别进行计算,然后择优选用。

3. 确定带轮基准直径 d_{d1}、d_{d2}

带轮直径越小,传动结构越紧凑,但弯曲应力会增大,降低带的使用寿命;带轮直径越大,传递的圆周力 F 越小且带的根数越少,但传动带的外廓尺寸及重量会随之增大。所以 d_{d1} 不宜过小,也不宜过大,要求 $d_{d1} \geqslant d_{dmin}$,见表9.8。

表 9.4　普通带的额定功率 P_1 和增量 ΔP_1

型号	小轮转速 n_1/(r/min)	单根 V 带的额定功率 P_1/kW　小带轮基准直径 d_{d1min}/mm								传动比 i　额定功率增量 ΔP_1/kW							
		75	80	90	100	112	125	140	160	1.05~1.08	1.09~1.12	1.13~1.18	1.19~1.24	1.25~1.34	1.35~1.50	1.51~1.99	≥2.00
A	730	0.42	0.49	0.63	0.77	0.93	1.11	1.31	1.56	0.02	0.03	0.04	0.05	0.06	0.07	0.08	0.9
	800	0.45	0.52	0.68	0.83	1.00	1.19	1.41	1.69	0.02	0.03	0.04	0.05	0.06	0.08	0.09	0.10
	980	0.52	0.61	0.79	0.97	1.18	1.40	1.66	2.00	0.03	0.04	0.05	0.06	0.07	0.08	0.10	0.11
	1 200	0.60	0.71	0.93	1.14	1.39	1.66	1.96	2.36	0.03	0.05	0.07	0.08	0.10	0.11	0.13	0.15
	1 460	0.68	0.81	1.07	1.32	1.62	1.93	2.29	2.74	0.04	0.06	0.08	0.09	0.11	0.13	0.15	0.17
	1 600	0.73	0.87	1.15	1.42	1.74	2.07	2.45	2.94	0.04	0.06	0.09	0.11	0.13	0.15	0.17	0.19
	2 000	0.84	1.01	1.34	1.66	2.04	2.44	2.87	3.42	0.06	0.08	0.11	0.13	0.16	0.19	0.22	0.24
	2 400	0.92	1.12	1.50	1.87	2.30	2.74	3.22	3.80	0.07	0.10	0.13	0.16	0.19	0.23	0.26	0.29
	2 800	1.00	1.22	1.64	2.05	2.51	2.98	3.48	4.06	0.08	0.11	0.15	0.19	0.23	0.26	0.30	0.34
		125	140	160	180	200	224	250	280								
B	730	1.34	1.69	2.16	2.61	3.06	3.59	4.14	4.77	0.05	0.07	0.10	0.12	0.15	0.17	0.20	0.22
	800	1.44	1.82	2.32	2.81	3.30	3.86	4.46	5.13	0.06	0.08	0.11	0.14	0.17	0.20	0.23	0.25
	980	1.67	2.13	2.72	3.30	3.86	4.50	5.22	5.93	0.07	0.10	0.13	0.17	0.20	0.23	0.26	0.30
	1 200	1.93	2.47	3.17	3.85	4.50	5.26	6.04	6.90	0.08	0.13	0.17	0.21	0.25	0.30	0.34	0.38
	1 460	2.20	2.83	3.64	4.41	5.15	5.99	6.85	7.78	0.10	0.15	0.20	0.25	0.31	0.36	0.40	0.46
	1 600	2.33	3.00	3.86	4.68	5.46	6.33	7.20	8.13	0.11	0.17	0.23	0.28	0.34	0.39	0.45	0.51
	2 000	2.64	3.42	4.40	5.30	6.13	7.02	7.87	8.60	0.14	0.21	0.28	0.35	0.42	0.49	0.56	0.63
	2 400	2.85	3.70	4.75	5.67	6.47	7.25	7.89	8.22	0.17	0.25	0.34	0.42	0.51	0.59	0.68	0.76
	2 800	2.96	3.85	4.89	5.76	6.40	6.95	7.14	6.80	0.20	0.29	0.39	0.49	0.59	0.69	0.79	0.89

续表

型号	小轮转速 n_1/(r/min)	单根 V 带的额定功率 P_1/kW，小带轮基准直径 d_{d1min}/mm								传动比 i，额定功率增量 ΔP_1/kW							
		200	224	250	280	315	355	400	450	1.05 ~ 1.08	1.09 ~ 1.12	1.13 ~ 1.18	1.19 ~ 1.24	1.25 ~ 1.34	1.35 ~ 1.50	1.51 ~ 1.99	≥2.00
C	730	3.80	4.78	5.82	6.99	8.34	9.79	11.52	12.8	0.05	0.07	0.10	0.12	0.15	0.17	0.20	0.22
	800	4.07	5.12	6.23	7.52	8.92	10.46	12.10	13.80	0.06	0.08	0.11	0.14	0.17	0.20	0.23	0.25
	980	4.66	5.89	7.18	8.65	10.23	11.92	13.67	15.39	0.07	0.10	0.13	0.17	0.20	0.23	0.26	0.30
	1 200	5.29	6.71	8.21	9.81	11.53	13.31	15.04	16.59	0.08	0.13	0.17	0.21	0.25	0.30	0.34	0.38
	1 460	5.86	7.47	9.06	10.74	12.48	14.12	15.51	16.41	0.10	0.15	0.20	0.25	0.31	0.36	0.40	0.46
	1 600	6.07	7.75	9.38	11.06	12.72	14.19	15.24	15.57	0.11	0.17	0.23	0.28	0.34	0.39	0.45	0.51
	1 800	6.28	8.00	9.63	11.22	12.67	13.73	14.08	13.29	0.14	0.21	0.28	0.35	0.42	0.49	0.56	0.63
	2 000	6.34	8.06	9.62	11.04	12.14	12.59	11.95	9.64	0.17	0.25	0.34	0.42	0.51	0.59	0.68	0.76
	2 200	6.26	7.92	9.34	10.48	11.08	10.70	8.75	4.44	0.20	0.29	0.39	0.49	0.59	0.69	0.79	0.89

表 9.5　包角修正因数 K_α

包角 $\alpha/(°)$	180	175	170	165	160	155	150	145	140	135	130	125	120
K_α	1.00	0.99	0.98	0.96	0.95	0.93	0.92	0.91	0.89	0.88	0.86	0.84	0.82

表 9.6　普通 V 带基准长度系列值和带长修正因数 K_L

基准长度 L_d/mm	带长公差/mm		带长修正系数 K_L						
公称尺寸	极限偏差	配组公差	Y	Z	A	B	C	D	E
200~500	参看标准 GB/T 13575.1—2008								
560	+13			0.94					
630	−6			0.96	0.81				
710	+15			0.99	0.83				
800	−7			1.00	0.85				
900	+17	2		1.03	0.87	0.82			
1 000	−8			1.06	0.89	0.84			
1 120	+19			1.08	0.91	0.86			
1 250	−10			1.11	1.93	0.88			
1 400	+23			1.14	0.96	0.90			
1 600	−11	4		1.16	0.99	0.92	0.83		
1 800	+27			1.18	1.01	0.95	0.86		
2 000	−13				1.03	0.98	0.88		
2 240	+31				1.06	1.00	1.09		
2 500	−16				0.91	1.03	0.93		
2 800	+37				1.11	1.05	0.95	0.83	
3 150	−18				1.13	1.07	0.97	0.86	
3 550	+44				1.17	1.09	0.99	0.89	
4 000	−22	12			1.19	1.13	1.02	0.91	
4 500	+52					1.15	1.04	0.93	0.90
5 000	−26					1.18	1.07	0.96	0.92
5 600	+63						1.09	0.98	0.95
6 300	−32	20					1.15	1.00	0.97
7 100	+77						1.18	1.03	10.00
8 000	−38							1.06	1.02
9 000~16 000	参看标准 GB/T 13575.1—2008								

4. 验算带速 v

带速验算公式为：

$$v = \frac{\pi d_{d1} n_1}{60 \times 1\,000} \tag{9.20}$$

式中　v——带速,m/s;

d_{d1}——小带轮的基准直径,mm;

n_1——小带轮的转速,r/min。

若带速过高,离心力增大,带与带轮间的摩擦力就会减小,传动容易打滑,并且单位时间内带绕过带轮的次数也会增多,降低带的使用寿命。若带速过低,在传递功率一定时,传递的圆周力增大,带的根数增多。一般应使 $v = 5 \sim 25$ m/s,如带速超过上述范围,应重新选取小带轮直径 d_{d1}。

表9.7 工作情况系数 K_A

| 工作机载荷性质 | 动力机(一天工作小时数) | | | | | | 适用范围 |
| | I 类 | | | II 类 | | | |
	≤10 h	10~16 h	>16 h	≤10 h	10~16 h	>16 h	
工作平稳	1	1.1	1.2	1.1	1.2	1.3	液体搅拌机、通风机和鼓风机($P \leqslant$ 7.5 kW)、离心机水泵和压缩机,轻型输送机等
载荷变动小	1.1	1.2	1.3	1.2	1.3	1.4	带式输送机(不均匀载荷)、通风机($P > 7.5$ kW)、发电机、金属切削机床、印刷机、剪床、压力机、旋转筛、木工机械等
载荷变动较大	1.2	1.3	1.4	1.4	1.5	1.6	制砖机、螺旋输送机、斗式提升机、往复式水泵和压缩机、磨粉机、锻锤、纺织机械、重型运输机械、木工机械等
冲击载荷	1.3	1.4	1.5	1.5	1.6	1.8	破碎机、球磨机、棒磨机、挖掘机、起重机、卷扬机、橡胶压延机、挤压机等

注:I 类用于软起动工作情况,II 类带用于负载起动的工作情况。

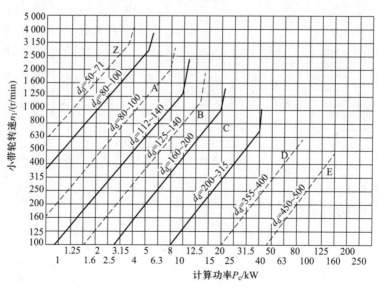

图9.8 普通 V 带选型图

表 9.8　普通 V 带轮的基准直径 d_d 系列　　　　　　　　　　　mm

型号	Y	Z	A	B	C	D	E
d_{dmin}	20	50	75	125	200	355	500
带轮直径标准系列	20,22.4,25,28,31.5,35.5,40,45,50,56,63,71,75,80,85,90,95,100,106,112,118,125,132,140,150,160,170,180,200,212,224,236,250,265,280,300,315,335,355,375,400,425,450,475,500,530,560,600,630,670,710,750,800,900,1 000,1 060,1 120,1 250,1 400,1 500,1 600,1 800,2 000,2 240,2 500						

5. 确定中心距 a_0 和带长 L_d

（1）初定中心距 a_0。中心距过小，即带长短，带的应力循环频率增高，会使带易发生疲劳破坏；中心距增大有利于增大包角，但将造成结构不紧凑，在变载荷或高速运转时将引起带的抖动，使带的工作能力下降。

初定中心距时，如果没有安装要求，a_0 可以在以下范围内选取：

$$0.7(d_{d1}+d_{d2}) \leqslant a_0 \leqslant 2(d_{d1}+d_{d2}) \tag{9.21}$$

（2）确定带的基准长度 L_d。根据已定的带轮基准直径和初定中心距，可以计算得到所需带的基准长度：

$$L_{d0}=2a_0+\frac{\pi}{2}(d_{d1}+d_{d2})+\frac{(d_{d2}-d_{d1})^2}{4a_0} \tag{9.22}$$

根据 L_{d0} 由表 9.2 选取 L_d。

（3）确定实际中心距 a：

$$a \approx a_0+\frac{(L_d-L_{d0})}{2} \tag{9.23}$$

考虑到便于安装和调整的需要，中心距需预留一定的调整量，即：

$$\begin{cases} a_{max}=a+0.03L_d \\ a_{min}=a-0.015L_d \end{cases}$$

（4）验算小带轮包角 α_1：

$$\alpha_1=180°-\frac{57.3°\times(d_{d2}-d_{d1})}{a} \geqslant 120° \tag{9.24}$$

如果 α_1 过小，可以增大中心距 a 或设置张紧轮。

6. 确定 V 带的根数 z

为保证带传动不打滑，须保证每根带所传递的功率不超过其额定功率，即

$$z=\frac{P_c}{[P_1]} \leqslant [z_{max}] \tag{9.25}$$

式中　P_c——计算功率，kW；

$[P_1]$——单根 V 带在实际工作条件下可传递的额定功率，kW。

带的根数不宜过多，否则将使受力不均。标准规定了各种型号带的许用根数，见表 9.9。如果超出允许范围，则应加大带轮直径和选用较大截面的带型。

7. 确定单根 V 带的初拉力 F_0

初拉力 F_0 的大小应适当，过小则将造成带的打滑现象；过大则将使轴及轴承受力过大。

表 9.9 普通 V 带轮允许使用的最多 V 带根数 z

V 带型号	Y	Z	A	B	C	D	E
z_{max}	1	2	5	6	8	8	9

因此,为保证传动正常,单根 V 带的初拉力为:

$$F_0 = 500 \times \frac{(2.5 - K_\alpha) P_c}{K_\alpha z v} + q v^2 \tag{9.26}$$

8. 计算带作用于轴上的压力 F_Q

如图 9.9 所示,如果不计带两边的拉力差,则作用在轴上的压力 F_Q 可以近似地按带两侧初拉力的合力计算,即:

$$F_Q \approx 2z F_0 \cos \frac{\beta}{2} = 2z F_0 \sin \frac{\alpha_1}{2} \tag{9.27}$$

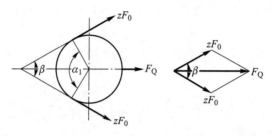

图 9.9 带作用在轴上的压力

9.4.3 带轮的设计

1. 轮槽的尺寸

带轮由具有轮槽的轮缘(带轮的外缘部分)、轮辐(轮缘与轮毂相连的部分)和轮毂(带轮与轴相配合的部分)三部分组成,轮槽尺寸见表 9.10。

表 9.10 V 带轮的轮槽尺寸(GB/T 13575.1——2008)   mm

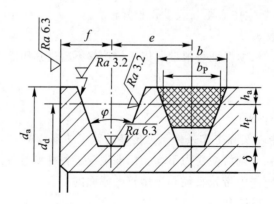

项目		符号	槽型						
			Y	Z SPZ	A SPA	B SPB	C SPC	D	E
基准宽度		b_p	5.3	8.5	11.0	14.0	19.0	27.0	32.0
基准线上槽深		$h_{a min}$	1.6	2.0	2.75	3.5	4.8	8.1	9.6
基准线下槽深		$h_{f min}$	4.7	7.0 9.0	8.7 11.0	10.8 14.0	14.3 19.0	19.9	23.4
槽间距		e	8±0.3	12±0.3	15±0.3	19±0.4	25.5±0.5	37±0.6	44.5±0.7
槽边距		f_{min}	6	7	9	11.5	16	23	28
最小轮缘厚		δ_{min}	5	5.5	6	7.5	10	12	15
圆角半径		r_1	0.2 ~ 0.5						
带轮宽		B	$B=(z-1)e+2f$ z—轮槽数						
外径		d_g	$d_a=d_d+2h_a$						
轮槽角 φ	32°	相应的基准直径 d_d	≤60	—	—	—	—	—	—
	34°		—	≤80	≤118	≤190	≤315	—	—
	36°		>60	—	—	—	—	≤475	≤600
	38°		—	>80	>118	>190	>315	>475	>600
极限偏差			±1°		±30′				

2. 带轮的结构形式

带轮按直径大小可制成实心式、腹板式、孔板式或轮辐式4种典型结构形式,如图9.10所示。带轮的结构形式和腹板厚度见表9.11。带轮的结构尺寸以带轮主要尺寸 d_d、B 和轮毂孔径 d_0(轴颈)为基础,按相关经验公式计算。

带轮基准直径 $d_d \leq 2.5d$(d 为轴的直径,mm)时,可采用实心式;$d_d \leq 300$ mm 时,可采用腹板式;当 $D_1-d_1 \geq 100$ mm 时,可采用孔板式;$d_d > 300$ mm 时,可采用轮辐式。

3. 普通V带轮的常用材料

带轮的常用材料有灰铸铁、钢、铝合金或工程塑料等,其中灰铸铁应用最为广泛。当 $v < 25$ m/s 时多采用HT200,当 $v \geq 25 \sim 45$ m/s 时宜采用球墨铸铁、铸钢和铝合金;还可以采用锻钢、钢板冲压后焊接带轮;当低速或传递功率小时,也可以采用铸铝或工程塑料。

【例题】 试设计某机床用普通 V 带传动。已知电动机功率 $P=5.5$ kW,转速 $n_1=1440$ r/min,传动比 $i=2.52$,允许传动比误差 δ 在 ±3% 以内,要求两带轮中心距不大于800 mm,每天工作16 h。

解:设计过程见表9.12。

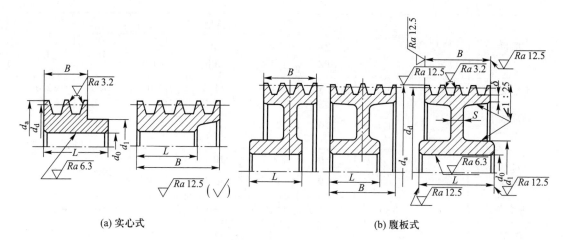

(a) 实心式   (b) 腹板式

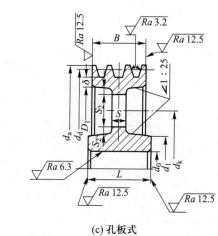

(c) 孔板式

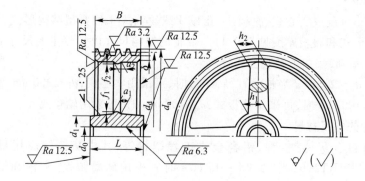

(d) 轮辐式

$$d_1 = (1.8 \sim 2)d_0; L = (1.5 \sim 2)d_0; S_1 \geqslant 1.5S; S_2 \geqslant 0.5S; h_1 = 290\sqrt[3]{\frac{P}{nA}} \text{ (mm)};$$

P—传递的功率(kW);n—带轮的转速(r/min);A—轮辐数;

$$h_2 = 0.8h_1; a_1 = 0.4h_1; a_2 = 0.8a_1; f_1 = 0.2h_1; f_2 = 0.2h_1$$

图 9.10   V 带轮的典型结构

表 9.11　带轮的结构形式和腹板厚度

带轮基准直径 d_d/mm

腹板厚度 S/mm

槽型	孔径 d_0/mm		腹板厚度 S/mm（按基准直径 d_d 分段）	槽数 z
Z	12	14	实心 → 6 → 7	1~2
Z	16	18	7	1~3
Z	20	22	8	1~4
Z	24	25	9	1~4
Z	28	30	10	1~4
Z	32	35	10	2~4
A	10	18	10 → 12	1~3
A	20	22	12 → 13	1~4
A	24	25	四孔板 13	1~5
A	28	30	14 → 15	1~6
A	32	35	14 → 16	2~6
A	38	40	16 → 18 → 20	2~6
A	42	45	14 → 16 → 18 → 20	2~6
B	32	35	14 → 16 → 18	2~6
B	38	40	18	2~6
B	42	45	18 → 20 → 22 → 24	3~8
B	50	55	20 → 22 → 24	3~8
B	60	65	22 → 24	3~8

带轮基准直径 d_d/mm 分段：63、71、75、80、90、95、100、106、112、118、125、132、140、150、160、170、180、200、212、224、236、250、265、280、300、315、355、375、400、425、450、475、500、530、560、600、630、710、750~2500

结构形式：实心、腹板、孔板、椭圆（四、六）辐板轮、圆辐轮

续表

槽型	孔径 d_0/mm	带轮基准直径 d_d/mm 对应腹板厚度 S/mm	槽数 z
C	42, 45	200→18（实心轮）	3～6
C	50, 55	280→20，315→22，355→24，450→26（腹板轮）	3～6
C	60, 65	315→22，355→24，400→25，475→28，500→30	3～7
C	70, 75	355→24，375→25，400→20，475→28，500→30（孔板轮）	3～7
C	80, 85	315→22，450→26，475→28，500→30	5～9
D	60, 65	355→25，400→20（轮心）	3～6
D	70, 75	355→26，450→28	3～6
D	80, 85	400→28，450→28，475→30，500→30	3～7
D	90, 95	425→30，500→32，560→32（椭圆辐板轮）	3～7
D	100, 110	500→32，560→34，600→34（六辐轮）	5～9
E	80, 85	500→28（腹板轮）	3～6
E	90, 95	530→30，560→30（孔板轮）	3～6
E	100, 110	560→32（椭圆辐板轮）	5～7
E	120, 130	600→32，630→32，710→34（六辐轮）	5～7
E	140, 150	630→34，750～2500（六辐轮）	6～9

带轮基准直径 d_d/mm 范围：63, 71, 75, 80, 90, 95, 100, 106, 112, 118, 125, 132, 140, 150, 160, 170, 180, 200, 212, 224, 236, 250, 265, 280, 300, 315, 355, 375, 400, 425, 450, 475, 500, 530, 560, 600, 630, 710, 750～2500

表 9.12　普通 V 带传动设计过程表

计算及说明	主要结果
1. 确定计算功率 　　由表 9.7 查得, 工作情况系数 $K_A = 1.1$, 计算得: 　　$P_c = K_A P = 1.1 \times 5.5 \text{ kW} = 6.05 \text{ kW}$	$P_c = 6.1 \text{ kW}$
2. 选择 V 带型号 　　根据 $n_1 = 1440 \text{ r/min}$ 和 $P_c = 6.05 \text{ kW}$, 查图 9.8 选用 A 型普通 V 带。	A 型普通 V 带
3. 确定带轮基准直径 　　由表 9.3 和表 9.8, 选取主动轮基准直径 $d_{d1} = 100 \text{ mm}$。 　　$d_{d2} = i d_{d1} = 2.52 \times 100 \text{ mm} = 252 \text{ mm}$, 取基准系列值 $d_{d2} = 250 \text{ mm}$。 　　$i_{实际} = \dfrac{d_{d2}}{d_{d1}} = \dfrac{250 \text{ mm}}{100 \text{ mm}} = 2.5$ 　　校验传动比误差: 　　$\delta = \dfrac{i - i_{实际}}{i} = \dfrac{2.52 - 2.5}{2.52} \times 100\% = 0.79\% < 3\%$, 符合设计要求。	$d_{d1} = 100 \text{ mm}$ $d_{d2} = 250 \text{ mm}$ $\delta = 0.79\% < 3\%$ 符合设计要求
4. 验算 V 带轮速度 　　根据式 (9.20) 验算带轮的速度: 　　$v = \dfrac{\pi d_{d1} n_1}{60 \times 1\,000} = \dfrac{\pi \times 100 \times 1\,440}{60 \times 1\,000} \text{ m/s} \approx 7.54 \text{ m/s}$	v 在 5 ~ 25 m/s 范围, 带速合适
5. 初定中心距 a_0 　　初定中心距时, 如果没有安装要求, a_0 可在以下范围内选取, 且中心距不大于 800 mm。 　　$0.7(d_{d1} + d_{d2}) \leqslant a_0 \leqslant 2(d_{d1} + d_{d2})$, 取 $a_0 = 650 \text{ mm}$。	$a_0 = 650 \text{ mm}$
6. 确定带基准长度 L_{d0} 　　$L_{d0} = 2a_0 + \dfrac{\pi}{2}(d_{d2} + d_{d1}) + \dfrac{(d_{d2} - d_{d1})^2}{4a_0}$ 　　$= \left[2 \times 650 + \dfrac{\pi}{2} \times (250 + 100) + \dfrac{(250 - 100)^2}{4 \times 650} \right] \text{ mm} \approx 1\,858.43 \text{ mm}$ 　　由表 9.2 向近于标准值选取, 取 $L_d = 1\,800 \text{ mm}$。	$L_d = 1\,800 \text{ mm}$
7. 计算实际中心距 a 　　$a \approx a_0 + \dfrac{(L_d - L_{d0})}{2} = \left[650 + \dfrac{(1\,800 - 1\,858.43)}{2} \right] \text{ mm} \approx 621 \text{ mm}$ 　　计算 a_{max} 和 a_{min}, 便于安装和调整中心距: 　　$a_{max} = a + 0.03 L_d = 675 \text{ mm}$ 　　$a_{min} = a - 0.015 L_d = 594 \text{ mm}$	$a = 621 \text{ mm}$ $a_{max} = 675 \text{ mm}$ $a_{min} = 594 \text{ mm}$
8. 验算小带轮包角 α_1 　　$\alpha_1 = 180° - \dfrac{d_{d2} - d_{d1}}{a} \times 57.3° = 180° - \dfrac{250 - 100}{621} \times 57.3° \approx 166°$	$\alpha_1 > 120°$, 包角合适
9. 确定 V 带根数 z 　　查表 9.4 得, $P_1 = 1.32 \text{ kW}$, $\Delta P_1 = 0.17 \text{ kW}$ 　　查表 9.5 得 $K_\alpha = 0.964$ 　　查表 9.6 得 $K_L = 1.01$ 　　$z = \dfrac{P_c}{[P_1]} = \dfrac{P_c}{(P_1 + \Delta P_1) K_\alpha K_L} = \dfrac{6.05}{(1.32 + 0.17) \times 0.964 \times 1.01} \approx 4.17$ 　　圆整取 $z = 5$。	$z = 5$

续表

计算及说明	主要结果
10. 计算初拉力 F_0 $F_0 = 500 \times \dfrac{(2.5-K_\alpha)P_c}{K_\alpha zv} + qv^2 = \left[500 \times \dfrac{(2.5-0.964) \times 6.05}{0.964 \times 5 \times 7.54} + 0.10 \times 7.54^2 \right] \text{N}$ ≈ 133.53 N	$F_0 = 133.53$ N
11. 计算带作用在轴上的压力 F_Q $F_Q = 2zF_0 \sin \dfrac{\alpha_1}{2} = 2 \times 5 \times 133.53 \times \sin \dfrac{166°}{2} = 1325.3$ N 设计轴及选择轴承时使用。	$F_Q = 1325.3$ N

9.5 带传动的张紧、安装与维护

1. 带传动的张紧

传动带工作一段时间后会因为产生塑性变形而松弛,使初拉力减小,传动能力下降,这时必须重新张紧。常用的张紧方式可分为调整中心距和采用张紧轮两种。

（1）调整中心距。

1）常见的定期张紧装置有滑道式和摆架式两种,如图9.11所示,通过调节螺钉（螺母）调节中心距。滑道式适用于水平传动或倾斜不大的传动场合,摆架式适用于倾斜传动的场合。

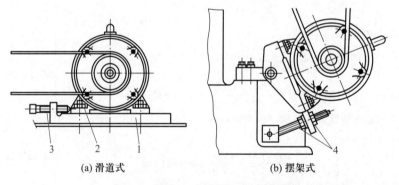

(a) 滑道式   (b) 摆架式

1—机架;2—螺母;3—调节螺钉;4—调节螺母

图9.11　定期张紧装置

2）自动张紧装置将装有带轮的电动机安装在浮动的摆架上,利用电动机的自重张紧传动带,通过载荷的大小自动调节张紧力,如图9.12所示。

（2）采用张紧轮。

图9.13（a）所示装置为通过调节张紧轮的位置达到张紧的目的,张紧轮安装在松边内侧且靠近大带轮,目的是使带只受单方向弯曲作用,并使小带轮包角不至于减小过多。图9.13（b）所示装置是利用重锤使张紧轮自动压紧在带上,张紧轮设置在外侧并靠近小带轮以增加小带轮

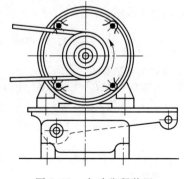

图9.12　自动张紧装置

包角,该装置中张紧轮会使带受双向弯曲作用,造成带寿命的降低,通常用于要求增大带轮包角或空间受限制的平带传动中。

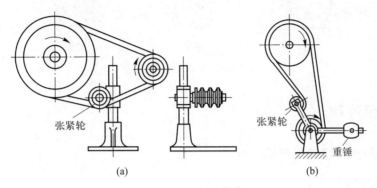

图 9.13　张紧轮装置

2. 带传动的安装与维护

正确安装、合理使用和妥善维护,是保证 V 带传动正常工作、延长 V 带寿命的有效措施。一般应注意以下几点。

(1)安装 V 带时,首先缩小中心距将 V 带套入轮槽中,再按初拉力张紧。同组使用的 V 带应型号相同、长度相等。不同厂家生产的 V 带、新旧 V 带不能同组使用。

(2)安装带轮时,应使两带轮的轴线保持平行。两轮对应轮槽的中心线应重合,偏斜角 $\beta \leqslant \pm 20'$,如图 9.14 所示,以防带的侧面磨损加剧。

(3)按规定的初拉力张紧带时,常需根据经验进行调整,即带的张紧程度以大拇指能将带按下 10~15 mm 为宜,如图 9.15 所示。

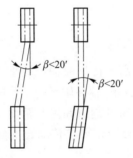

图 9.14　两带轮的安装位置

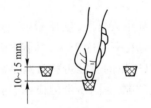

图 9.15　带的张紧程度

(4) V 带在轮槽中的安装位置如图 9.16 所示,V 带的顶面与带轮的外缘相平齐或略高一点,底面与轮槽间留有一定间隙。

(5)带传动装置的外面应加防护罩以保证安全,防止带与酸、碱或油接触而腐蚀传动带。传动带不宜在阳光下暴晒以免变质。

(6)带传动不需要润滑,禁止往带上加润滑油或润滑脂,及时清理带轮槽内及传动带上的油污。

(7)如果带传动装置较长时间不用,应将传动带放松放置。

正确 错误 错误

图 9.16 V 带的安装位置

9.6 同步带传动

9.6.1 同步带结构与传动特点

1. 同步带结构

同步带的工作面上设有齿,如图 9.17 所示,带轮的轮缘表面设有相应的齿槽,带与带轮主要是靠齿间的啮合来传递运动和动力的,所以带与带轮之间没有滑动,传动比恒定。同步带的承载层一般由钢丝绳或纤维绳制成,以氯丁橡胶或聚氨酯为基体。

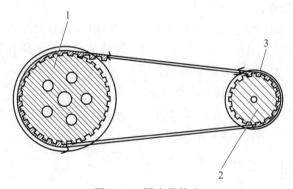

图 9.17 同步带传动

这种带的厚度小,单位长度质量轻,许用线速度高。传动时的线速度可达 50m/s,传动比可达 $i=10$,传动效率可达 98%。同步带的初拉力较小,轴和轴承上承受的载荷相对较小。带的柔性好,所以带轮的直径可相对减小。但是同步带的制造和安装精度要求较高,中心距要求严格,制造成本高。同步带的应用日益广泛,主要用于要求传动比准确的中、小功率传动中。

2. 同步带传动特点

(1)传动准确,工作时无滑动,具有恒定的传动比。

(2)传动平稳,具有缓冲、减振能力,噪声低。

(3)传动效率高,可达 98%,节能效果明显。

(4)维护保养方便,不需润滑,维护费用低。

(5)传动比范围大,一般可达 10,线速度可达 50 m/s,具有较大的功率传递范围,可达几瓦到几百千瓦。

(6)可用于长距离传动,中心距可达 10 m 以上。

9.6.2 同步带主要失效形式

1. 同步带的承载绳断裂破坏

同步带在运转过程中承载绳断裂损坏是常见的失效形式。失效原因是带在传递动力过程中,在承载绳上作用有过大的拉力,而使承载绳断裂。此外当选用的主动轮直径过小,使承载绳在进入和推出带轮之间承受较大的周期性的弯曲疲劳应力作用时,也会产生弯曲疲劳折断。

2. 同步带的爬齿

随着同步带传动过程中所产生的传动误差,会出现同步带搁在齿槽齿廓表面上的情况,经过多次的误差累计,就会使带齿爬到带轮顶圆上,使同步带在带轮顶圆上滑动出现跳齿,这就是"爬齿"现象。

根据对带爬齿现象的分析,带的爬齿和跳齿是由几何和力学两种因素引起的。为避免产生爬齿和跳齿,可采用以下措施。

(1)控制同步带所传递的圆周力,使它小于或等于由带型号所决定的许用圆周力。

(2)控制带与带轮间的节距差值,使它位于允许的节距误差范围内。

(3)适当增大带安装时的初拉力,使带齿不易从带轮齿槽中滑出。

(4)提高同步带基体材料的硬度,减少带的弹性变形。

3. 带齿的剪切脱落

带齿在与带轮齿啮合的传力过程中,在剪切和挤压应力作用下,带齿表面产生裂纹,此裂纹逐渐向齿根部扩展,并沿承载绳表面延展,直至整个带齿与带基体脱离,这就是带齿的剪切脱落。

任务下达

9.7 V带传动设计

参考表9.12,试设计某带式输送机传动系统中第一级用的V带传动。已知电动机型号为Y112M.4,额定功率$P = 4$ kW,转速$n_1 = 1\ 440$ r/min,传动比$i = 3.8$,允许传动比误差在$\pm 3\%$以内,一天运转时间小于10 h。

任务评价

V带传动设计任务评价表

评价内容	参与者	反馈信息
1. V带的类型及选择是否正确	小组成员	
2. 设计过程中参数的查取是否正确	小组成员	
3. 是否理解和掌握带传动设计过程	小组成员	
4. 对任务中遇到的问题是否能积极解决	小组成员	
5. 在任务实施中是否有团队合作精神	小组成员	
6. 小组互评指出别组任务实施中的优缺点	全体成员	
7. 指导教师的总结和反馈	指导教师	

任务 10

键的应用分析

任务导入

台式钻床的主轴和电动机轴上分别装有一个五级塔轮,改变 V 带在带轮槽内的相对位置,可使主轴获得五级变速,其中带轮与主轴的连接如图 10.1 所示,带轮通过轴肩实现轴向定位(具体内容见项目五任务 17 轴系类零部件的设计),带轮与轴的周向连接则通过键连接来实现。

键是一种标准件,起周向固定零件的作用以传递旋转运动和扭矩,楔键还可以起单向轴向固定零件的作用,而导向平键、滑键、花键还可用作轴上移动的导向装置。用键将轴与轮毂零件连成一体的可拆连接,是轴与齿轮或轴与带轮之间常用的连接方式。

图 10.1　带轮与主轴的连接

知识储备

10.1　键连接的类型及应用

键连接是用得最多的轴毂连接方式,这种连接结构简单、拆装方便、工作可靠。

键是标准件,分为平键、半圆键、楔键和切向键等类型。设计时应根据各类键的结构和应用特点进行选择。

1. 平键连接

平键的两侧面是工作面,上表面与轮毂槽底之间留有间隙,如图 10.2 所示。工作时,靠键与键槽的相互挤压传递转矩。常用的平键有 4 类:普通平键、导向平键、滑键和薄型平键。普通平键属于静连接;导向平键和滑键与轮毂的键槽配合较松,属于动连接。

普通平键的端部形状可制成圆头(A 型)、方头(B 型)或单圆头(C 型),如图 10.3 所示。A 型平键的键槽用指形铣刀加工,键在槽中固定良好,但是键的工作长度小于它的总长度,

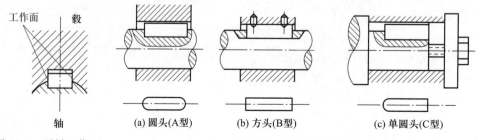

图 10.2　平键工作面

(a) 圆头(A 型)　　(b) 方头(B 型)　　(c) 单圆头(C 型)

图 10.3　普通平键连接

所以圆头部分未被充分利用,且轴上键槽端部会产生应力集中。B型平键键槽用盘形铣刀加工,键卧于槽中用螺钉紧固。C型平键常用于轴端。

在工作过程中,当被连接的毂类零件需要在轴上做轴向滑动时(如变速箱中的滑移齿轮),可采用导向平键或滑键连接。导向平键较普通平键长,按端部形状,分为圆头(A型)和方头(B型)两种,如图10.4所示。

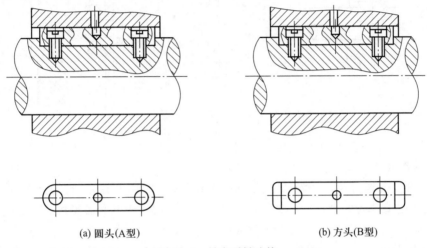

    (a) 圆头(A型)   (b) 方头(B型)

图 10.4 导向平键连接

导向平键一般用螺钉固定在轴槽中,导向平键与轮毂的键槽采用间隙配合,轮毂可沿导向平键轴向移动。为了装拆方便,键中间设有起键螺孔。导向平键适用于轮毂移动距离不大的场合。当轮上零件沿轴向移动距离较大时,如采用导向平键连接,则需要平键的长度过长,制造困难,此时可用滑键连接。滑键固定在轮毂上,随轮毂一起沿轴上的键槽移动,故轴上应铣出较长的键槽。滑键结构依固定方式而定,两种典型的结构如图10.5所示。

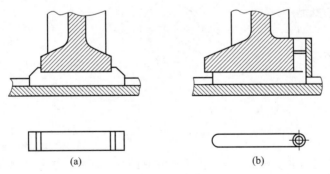

    (a)   (b)

图 10.5 滑键连接

薄型平键与普通平键类似,也分为圆头(A型)、方头(B型)和单圆头(C型)三种类型。薄型平键与普通平键宽度相同时,其高度为普通平键的60%~70%,因而传递扭矩的能力较弱,常用于薄壁结构、空心轴及一些径向尺寸受限制的场合。

2. 半圆键连接

如图10.6所示为半圆键连接,其两侧面为工作面,工作原理与平键相同,即工作时靠键与键槽侧面的挤压传递转矩。轴上的键槽用盘形铣刀铣出,键在槽中能绕键的几何中心摆动,可以自动适应轮毂上键槽的斜度。半圆键连接制造简单,装拆方便,缺点是轴上键槽较深,对轴削弱较大,适用于载荷较小的连接或锥形轴端与轮毂的连接。

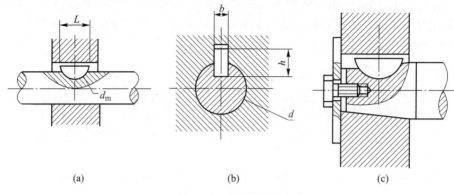

图 10.6　半圆键连接

3. 楔键连接

楔键连接用于静连接。楔键的上、下面是工作面,如图 10.7 所示,键的上表面有 1∶100 的斜度,轮毂键槽的底面也有 1∶100 的斜度,装配时将键打入轴和毂槽内,其工作面上产生很大的预紧力 F_n。工作时,主要靠摩擦力 fF_n(f 为接触面间的摩擦系数)传递转矩 T,并能承受单方向的轴向力,对轮毂起到单向的轴向固定的作用。楔键的侧面与键槽侧面间有很小的间歇,当转矩过载而导致轴与轮毂发生相对转动时,键的侧面与键槽侧面接触,能像平键一样工作。所以楔键连接在传递有冲击和振动的较大转矩时,仍能保证连接的可靠性。楔键楔紧后,轴与轮毂间产生偏斜和偏心,所以楔键连接只适用于定心精度要求不高和低速的连接。

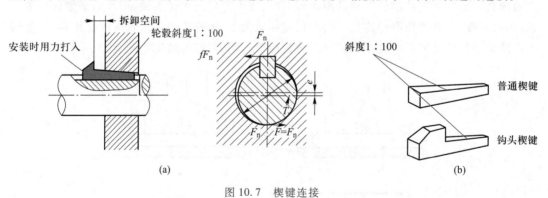

图 10.7　楔键连接

楔键分普通楔键和钩头楔键两种,普通楔键有圆头(A 型)、方头(B 型)或单圆头(C 型)三种类型。装配时,圆头(A 型)楔键要先放入轴上键槽中,然后打紧轮毂;方头(B 型)、单圆头(C 型)和钩头楔键则在轴毂零件装配好后才将键放入键槽中,并打紧。钩头楔键的钩头是为了便于拆键用的,当其安在轴端时,应加装防护罩。

4. 切向键连接

切向键由两个斜度为 1∶100 的普通楔键组成,如图 10.8 所示。装配时两个楔键分别从轮毂一端打入,使其两个斜面相对,共同楔紧在轴与轮毂的键槽内。其上、下面为工作面,其中一个工作面为通过轴心线的平面,工作时工作面上的挤压力沿轴的切线方向作用。因此,切向键的工作原理是靠工作面的挤压来传递转矩。一个切向键只能传递单向转矩,若要传递双向转矩,必须用两个切向键,并错开120°~130°反向安装。切向键主要用于轴径大于100 mm、对中性要求不高且载荷较大的重型机械中。

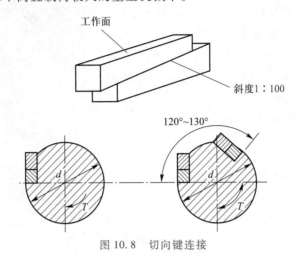

图 10.8 切向键连接

10.2 键的选择和键连接的强度校核

10.2.1 键的选择

键的选择包括类型选择和尺寸选择两个方面。

(1)类型选择。键的类型应根据键连接的结构、使用特性及工作条件来选择。选择时应考虑以下各方面的情况:① 需要传递转矩的大小;② 连接于轴上的零件是否需要沿轴滑动及滑动距离的长短;③ 对于连接的对中性要求;④ 键是否需要具有轴向固定的作用;⑤ 键在轴上的位置(在轴的中部还是端部)等。

(2)尺寸选择。键的剖面尺寸 $b{\times}h$ 按轴的直径 d 从标准中选定。键的长度 L 一般按轮毂宽度 B 确定,一般取 $L=B-(5\sim10)$ mm,且需符合键长度系列值。导向平键的长度按轮毂宽度及滑动距离确定。

10.2.2 平键连接的强度校核

平键连接的主要失效形式是工作面的压溃和磨损(对于动连接)。除非有严重过载,一般不会出现键的剪断(如图 10.9 所示,严重过载会沿 aa 剪断)。

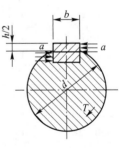

设载荷沿键长度与高度方向均匀分布,不计摩擦,则普通平键(静连接)挤压强度条件为:

$$R_P=\frac{F}{kl}=\frac{2T}{kld}=\frac{4T}{dhl}\leqslant[R_P]$$

或允许传递的扭矩:

$$T=\frac{1}{2}kld[R_P]$$

图 10.9 平键连接
的受力情况

或允许传递的功率：

$$P = \frac{1}{9\,550} T \cdot n$$

式中　$[R_P]$——许用挤压应力，MPa，见表 10.1，$[R_P] = \min\{[R_P]_{键}, [R_P]_{毂}, [R_P]_{轴}\}$；

　　　　k——键的工作高度，$k = h/2$；

　　　　l——键的工作长度，A 型键 $l = L - b$；B 型键 $l = L$；C 型键 $l = L - b/2$；其中 L 为公称长度，mm；

　　　　d——轴颈，mm。

普通平键剪切强度条件为：

$$\tau = \frac{F}{bl} = \frac{2T}{bld} \leqslant [\tau]$$

式中　$[\tau]$——许用剪切应力，MPa；

　　　　b——键宽，见表 10.2。

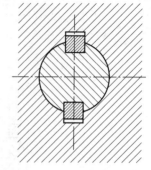

图 10.10　两个键的连接

若强度不够时，可采用两个键按 180°对称布置，如图 10.10 所示。考虑到载荷分布的不均匀性，在强度校核中可按 1.5 个键计算。国家标准规定，键的材料采用抗拉强度不低于 600 MPa 的钢制造，常用 45 钢。当轮毂用非铁金属或非金属材料时，键可用 20 钢或 Q235 钢。若强度仍不满足要求，则应考虑设计花键连接。

表 10.1　键连接的许用挤压应力 $[R_P]$ 和许用压强 $[p]$　　　　　　MPa

许用应力	零件材料	载荷性质		
		静载荷	轻微冲击载荷	冲击载荷
$[R_P]$	钢	125 ~ 150	100 ~ 120	60 ~ 90
	铸铁	70 ~ 80	50 ~ 60	30 ~ 45
$[p]$	钢	50	40	30

注：1. $[R_P]$ 值与该零件材料的机械性能有关，R_b 值较高的材料可取偏上限值，反之取偏下限值；
　　2. 与键有相对滑动的被连接件表面若经过淬火，则 $[p]$ 值可提高 2 ~ 3 倍。

表 10.2　普通平键和键槽的尺寸　　　　　　mm

轴的直径 d	键的尺寸				键槽		
	b	h	C 或 r	L	t	t_1	半径 r
6 ~ 8	2	2		6 ~ 20	1.2	1	
>8 ~ 10	3	3	0.16 ~ 0.25	6 ~ 36	1.8	1.4	0.08 ~ 0.16
>10 ~ 12	4	4		8 ~ 45	2.5	1.8	
>12 ~ 17	5	5		10 ~ 56	3.0	2.3	
>17 ~ 22	6	6	0.25 ~ 0.4	14 ~ 70	3.5	2.8	0.16 ~ 0.25
>22 ~ 30	8	7		18 ~ 90	4.0	3.3	
>30 ~ 38	10	8		22 ~ 110	5.0	3.3	
>38>44	12	8		28 ~ 140	5.0	3.3	
>44 ~ 50	14	9	0.4 ~ 0.6	36 ~ 160	5.5	3.8	0.25 ~ 0.4
>50 ~ 58	16	10		45 ~ 180	6.0	4.3	
>58 ~ 65	18	11		50 ~ 200	7.0	4.4	

轴的直径 d	键的尺寸				键槽		
	b	h	C 或 r	L	t	t_1	半径 r
>65 ~ 75	20	12	0.5 ~ 0.8	56 ~ 220	7.5	4.9	0.4 ~ 0.6
>75 ~ 85	22	14		63 ~ 250	9.0	5.4	

注:L 系列为 6,8,10,12,14,18,20,22,25,28,32,36,40,45,50,56,63,70,80,90,100,110,125,140,160,180,200,220,250 等。

标记示例:圆头普通平键(A 型),b = 16、h = 10,L = 100 的标记为键　16×100　GB/T 1096—2003;

方头普通平键(B 型),b = 16、h = 10,L = 100 的标记为键　B16×100　GB/T 1096—2003;

单圆头普通平键(C 型),b = 16、h = 10,L = 100　的标记为键　C16×100　GB/T 1096—2003。

【例题】　已知某减速器中的齿轮安装在轴的两支点之间,构成静连接。齿轮与轴的材料均为锻钢,齿轮精度为 7 级,安装齿轮处的轴颈 d = 60 mm,齿轮轮毂宽度为 110 mm。要求传递的转矩 T = 2000 N·m,载荷有轻微冲击。试设计此连接。

解:键连接设计过程如下。

1. 键连接类型选择

由于 8 级精度以上的齿轮要求一定的定心精度,故该轴毂连接应选择普通平键连接;又因为该齿轮位于两支点之间,所以选择 A 型(圆头)。

2. 键尺寸的确定

根据键所在轴径和轮毂宽度选择键的截面尺寸。根据轴颈 d = 60 mm,查表 10.2 得:键宽 b = 18 mm,键高 h = 11 mm,键长 L = 50 ~ 200 mm。根据轮毂宽度 B = 110 mm,取键长 L = 100 mm。

3. 键连接强度校核

因为键、轴和毂的材料均为钢,查表 10.1 得许用应力 $[R_P] = 100 ~ 120$ MPa,取 $[R_P] = 110$ MPa。

键的工作长度 l = L - b = (100 - 18) mm = 82 mm。键与轮毂的接触高度 k = 0.5h = 0.5 × 11 mm = 5.5 mm。

由此得:$R_P = \dfrac{2T}{kld} = \left(\dfrac{2 \times 2\,000 \times 10^3}{5.5 \times 82 \times 60} \right)$ MPa ≈ 147.8 MPa > $[R_P]$ = 110 MPa

经校核可知,键强度不足,应修改设计。改用两个键按 180°对称布置,强度计算按 1.5 个键进行。

$$R_P = \dfrac{2T}{kld} = \left(\dfrac{2 \times 2\,000 \times 10^3}{5.5 \times 82 \times 60 \times 1.5} \right) \text{ MPa} ≈ 98.5 \text{ MPa} < [R_P] = 110 \text{ MPa}$$

4. 设计结果

采用两个键按 180°对称布置,强度满足要求。

键的标记为:键　18×100　GB/T 1096—2003(A 型键不用标出 A,而 B 或 C 型则应标明)。

在进行强度校核时,若键的强度不够,且轴颈较小不适用多个键连接时,可考虑采用花键连接。键、花键及销连接均属于可拆卸连接。

10.3　花键连接

10.3.1　花键连接的特点和应用

花键连接以花键孔和花键轴作为连接件,可用作固定连接,也可用作滑动连接,在机械结构中应用较多,如图 10.11 所示。随着键数目的增加,键与轴连接成一体,轴和轮毂上承受的载荷分布比较均匀,因此可以传递较大的扭矩,连接强度高,连接也更可靠。花键轴和花键孔周向均布的多个凸齿和凹槽所构成的连接称为花键连接。齿的侧面是工作面。花键连接在强度、工艺和使用方面有以下优点:① 连接受力较为均匀;② 齿根处应力集中较小,轴与毂的强度削弱较少;③ 可承受较大的载荷;④ 轴上零件与轴的对中性好;⑤ 导向性较好;⑥ 可用磨削的方法提高加工精度及连接质量。其缺点是:① 齿根仍有应力集中;② 有时需用专门设备加工;③ 制造成本较高。

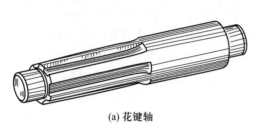

(a) 花键轴　　　　　　　　　(b) 齿轮上的花键孔

图 10.11　花键连接

10.3.2　花键连接的类型

花键连接按齿形的不同,可分为矩形花键和渐开线花键两类,这两类花键均已标准化。

1. 矩形花键

矩形花键如图 10.12 所示,按齿高的不同,矩形花键的齿形尺寸在标准中规定了两个系列,即轻系列和中系列。轻系列的承载能力较低,多用于静连接或轻载连接;中系列用于中等载荷。

矩形花键的定心方式为小径定心,即外花键和内花键的小径为配合面。其特点是定心精度高,定心的稳定性好,能用磨削的方法消除热处理引起的变形。矩形花键连接是应用最为广泛的花键连接,多用于航空发动机、汽车、燃气轮机、机床、工程机械、农业机械等。

2. 渐开线花键

渐开线花键的齿廓为渐开线,分度圆压力角 α 有 30° 及 45° 两种,齿顶高分别为 $0.5m$ 和 $0.4m$(m 为模数),如图 10.13 所示。其中压力角为 45° 的花键多用于轻载、小直径和薄型零件的连接。渐开线花键可以用制造齿轮的方法来加工,工艺性较好,易获得较高的制造精度和互换性。

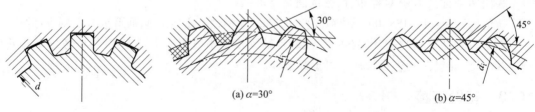

图 10.12　矩形花键　　　　　　　　　图 10.13　渐开线花键

渐开线花键的定心方式为齿形定心。受载时齿上有径向力,能起自动定心作用,有利于各齿受力均匀,故强度高、使用寿命长,用于载荷较大、定心精度要求较高及尺寸较大的连接,如航空发动机、燃气轮机、汽车等。

10.3.3   花键连接的画法及尺寸标注

花键的标注方法有两种:一种是在图中注出其规格尺寸 D(大径)、d(小径)、B(键宽)、N(齿数)等;另一种是用指引线注出花键代号,其代号形式为 $N×d×D×B$,指引线应指在大径上。其中 d、D 和 B 的数值后需加注公差带代号(零件图中)或配合代号(装配图中)。其中外花键的字母为小写,内花键的字母为大写。如 6×23f7×26a11×6d11,表示外花键的齿数为6;小径为 23 mm,公差带代号为 f7;大径为 26 mm,公差带代号为 a11;键宽为 6 mm,公差带代号为 d11。无论采用哪种注法,花键工作长度都要在图上注出。花键多用代号标注。

下面主要以矩形花键为例,介绍花键的画法和尺寸标注。

1. 外花键的画法和尺寸标注

在平行于花键轴线的投影面的视图中,大径用粗实线,小径用细实线绘制,在垂直于轴线的剖视图上,画出全部齿形或一部分齿形(但要注明齿数)。花键工作长度的终止端和尾部末端均用细实线绘制,并与轴线垂直,尾部则画成与轴线成 30°角的斜线,如图 10.14 所示。

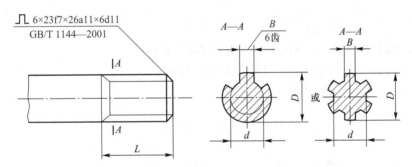

图 10.14   外花键画法及尺寸标注

2. 内花键的画法和尺寸标注

在平行于花键轴线的投影面剖视图中,大径及小径均用粗实线绘制,在垂直于轴线的视图画出部分或全部齿形,如图 10.15 所示。

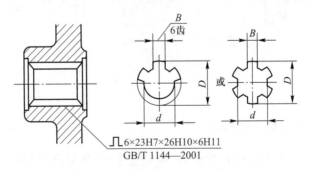

图 10.15   内花键画法及尺寸标注

3. 花键连接的画法

花键连接的画法与螺纹连接画法相似,花键连接的画法为公共部分按外花键绘制,不重合部分按各自规定的画法绘制,如图 10.16 所示。

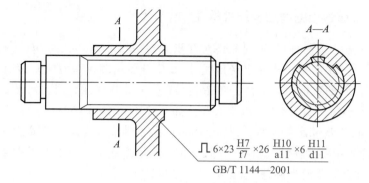

$$6\times23\frac{\text{H7}}{\text{f7}}\times26\frac{\text{H10}}{\text{a11}}\times6\frac{\text{H11}}{\text{d11}}$$

GB/T 1144—2001

图 10.16　花键连接的画法及尺寸标注

4. 矩形花键的标记举例

如某花键键数 $N=8$, $d=23\dfrac{\text{H7}}{\text{f7}}$, $D=26\dfrac{\text{H10}}{\text{a11}}$, $B=6\dfrac{\text{H11}}{\text{d10}}$。

具体标注为花键规格:8×23×26×6

花键副:$8\times23\dfrac{\text{H7}}{\text{f7}}\times26\dfrac{\text{H10}}{\text{a11}}\times6\dfrac{\text{H11}}{\text{d10}}$　GB/T 1144—2001。

内花键:8×23H7×26H10×6H11　GB/T 1144—2001。

外花键:8×23f7×26a11×6d10　GB/T 1144—2001。

图样中的标注如图 10.17 所示。

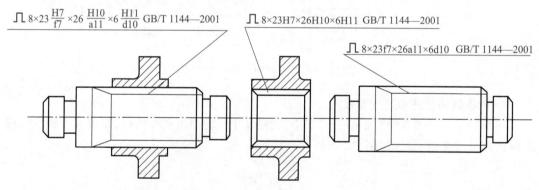

图 10.17　矩形花键的标记举例

10.4　销连接

10.4.1　销连接的特点和应用

销主要用来固定零件之间的相对位置,起定位作用,是组合加工和装配时必不可少的;也可用于轴与轮毂的连接,传递不大的载荷;还可作为安全装置中的过载剪断元件,保护机器中的重要零件。销的常用材料为 35 ~ 45 钢。

销有圆柱销和圆锥销两种基本类型,如图 10.18 所示,这两类销均已标准化。圆柱销利用微量过盈固定在销孔中,经过多次装拆后,连接的紧固性及定位精度都会降低,故只宜用于不常拆卸的场合。圆锥销有1∶50的锥度,装拆比圆柱销方便,多次装拆对连接的紧固性及定位精度影响较小,因此应用广泛。

销还有许多其他特殊形式,如图10.19(a)所示是大端具有外螺纹的圆锥销,便于装拆,可用于盲孔;如图10.19(b)所示是小端带外螺纹的圆锥销,可用螺母锁紧,适用于有冲击的场合。

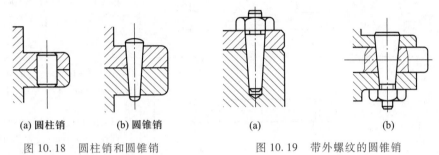

(a) 圆柱销　　(b) 圆锥销　　　　　　　(a)　　　　　　　(b)

图 10.18　圆柱销和圆锥销　　　　图 10.19　带外螺纹的圆锥销

如图10.20所示是带槽的圆柱销,称为槽销,用弹簧钢滚压或模锻而成。销上有3条压制的纵向沟槽,槽销压入销孔后,它的凹槽即产生收缩变形,借助材料的弹性固定在销孔中,销孔无须铰光可多次装拆,适用于承受振动和变载荷的连接。

如图10.21所示是开尾圆锥销,销尾可分开,能防止松脱,多用于振动、冲击场合。如图10.22所示是弹性圆柱销,用弹簧钢带卷制而成,具有弹性,用于振动、冲击场合。如图10.23所示是开口销,是一种防松零件,开口销与六角开槽螺母配合使用,它穿过螺母上的槽和螺杆上的孔以防止螺母松动。

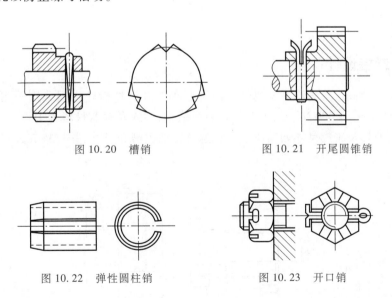

图 10.20　槽销　　　　　　　　图 10.21　开尾圆锥销

图 10.22　弹性圆柱销　　　　　图 10.23　开口销

10.4.2　销连接的标记

常用销的标记见表10.3。

表 10.3 常用销的标记

名称	标准编号	简图	标记及说明
圆锥销	GB/T 117—2000		直径 $d=10$ mm,长度 $l=100$ mm,材料 35 钢,热处理硬度 $28\sim38$HRC,不经表面处理: 销 GB/T 117 A10×100 圆锥销的公称直径指小端直径
圆柱销	GB/T 119.1—2000		直径 $d=10$ mm,公差为 m6,长度 $l=80$ mm,材料为钢,不经表面处理: 销 GB/T 119.1 10m6×80 直径 $d=12$mm,公差为 m6,长度 $l=10$ mm,材料为 A1 组奥氏体不锈钢,表面简单处理: 销 GB/T 119.1 12m6×60–A1
开口销	GB/T 91—2000		公称直径 $d=4$ mm(指销孔直径),$L=20$ mm,材料为低碳钢,不经表面处理: 销 GB/T 91 4×20

任务下达

10.5 键连接设计

如图 10.24 所示,减速器的低速轴与凸缘联轴器及圆柱齿轮之间分别采用键连接。已知轴传递的转矩 $T=1\,000$ N·m,齿轮的材料为锻钢,凸缘联轴器材料为 HT200,工作时有轻微冲击,连接处轴及轮毂尺寸如图所示。试选择键的类型和尺寸,并校核其连接强度。可参考【例题】进行设计。

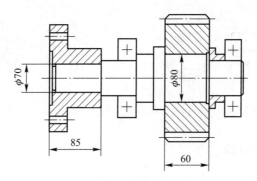

图 10.24 减速器低速轴的键连接

任务评价

键连接设计任务评价表

评价内容	参与者	反馈信息
1. 键连接的作用是否明确	小组成员	
2. 键尺寸的查取是否掌握	小组成员	
3. 键的强度校核准则是否明确	小组成员	
4. 对任务中遇到的问题是否能积极解决	小组成员	
5. 在任务实施中是否有团队合作精神	小组成员	
6. 小组互评指出别组任务实施中的优缺点	全体成员	
7. 指导教师的总结和反馈	指导教师	

项目3自测

一、选择题

1. 平带、V带传动主要依靠( )来传递运动和动力。

    A. 带的紧边拉力   B. 带的松边拉力

    C. 带的初拉力   D. 带和带轮接触面间的摩擦力

2. 在带传动中,带的最大应力发生在( )处。

    A. 紧边进入小带轮   B. 松边进入大带轮

    C. 紧边离开大带轮   D. 松边离开小带轮

3. 带在传动时产生弹性滑动是由于( )。

    A. 过载引起的   B. 带的松边和紧边拉力不等

    C. 带绕过带轮时有离心力   D. 带和带轮间摩擦力不够

4. 齿轮、带轮等必须在轴上固定可靠并传递转矩,它们广泛采用( )进行周向固定。

    A. 螺栓连接   B. 键连接   C. 销连接   D. 过盈连接

5. 带传动的传动能力与( )的包角有关。

    A. 小带轮   B. 大带轮   C. 张紧轮   D. 大小带轮

6. 普通V带轮的轮槽夹角( )普通V带的楔角。

    A. =   B. >   C. <   D. ⩽

7. 带传动工作时,主动轮圆周速度 v_1、从动轮圆周速度 v_2、带速 v 之间的关系是( )。

    A. $v_1 > v > v_2$ B. $v_1 = v_2 = v$ C. $v > v_1 > v_2$ D. $v_2 > v > v_1$

8. 用( )提高带传动传递的功率是不合适的。

    A. 适当增加初拉力 F_0 B. 增大中心距 a

    C. 增加带轮表面粗糙度   D. 增大小带轮基准直径

9. 设计 V 带传动时, V 带型号的选取主要取决于( )。

    A. 带的紧边拉力   B. 带的松边拉力

    C. 传递的功率和小带轮转速   D. 带的线速度

10. V 带轮是采用实心式、轮辐式或腹板式,主要取决于( )。

    A. 传递的功率   B. 带的横截面尺寸   C. 带轮的直径   D. 带轮的线速度

二、简答与计算题

1. 带传动有哪些主要类型? 各有什么特点?

2. 多根带传动时,如果发现一根带已经损坏,如何处置较妥当?

3. V 带传动张紧的目的是什么? 常用张紧方法有哪些?

4. 平键和楔键在结构和使用性能上有何异同? 为何平键使用较广?

5. 选择普通平键尺寸的依据是什么? 平键的长度应如何选取?

6. 平键连接的主要失效形式是什么?

7. 花键连接有何优点? 各种不同类型花键各适用于哪些场合?

8. 带的工作速度一般为 5 ~ 25 m/s,带速为什么不宜过高又不宜过低?

9. 已知一 V 带传动,其小带轮直径 $d_{d1} = 150$ mm,大带轮直径 $d_{d2} = 420$ mm,小带轮转速 $n_1 = 960$ r/min,滑动率 $\varepsilon = 2\%$。试求因弹性滑动而引起的大带轮的转速损失。

10. 已知一普通 V 带传动,其传递的功率为 $P = 7.5$ kW,小带轮直径 $d_{d1} = 140$ mm,传动比 $i = 2.8$,中心距 $a = 2.0$ m,转速 $n_1 = 1\,440$ r/min。求带速 v、包角 α_1 和带的有效拉力 F。

自行车的拆装与分析

能力目标

1. 认识自行车的车体结构,能识别自行车的主要零部件及其基本构造。
2. 熟悉自行车链传动机构、棘轮机构等主要的运动机构。
3. 熟悉自行车的拆装和调整过程,初步掌握自行车的拆装技术。
4. 能够根据实践需要选择合适的链传动机构解决实际问题。
5. 能够根据实践需要选择合适的棘轮机构解决实际问题。

知识目标

1. 掌握链传动机构的类型、工作原理、特点和应用场合。
2. 掌握棘轮机构的工作原理和应用场合。
3. 掌握链传动机构的失效形式及设计的方法、步骤。
4. 掌握棘轮机构的特性与设计。
5. 了解弹簧的功能及应用。

任务 11

自行车的拆装与分析

任务导入

自行车是我们日常生活中极其常见的一种交通代步及健身运动工具,可以说它是人类最成功的发明之一。最早的自行车没有传动系统,靠两脚蹬地向前滑行,后来发明了前轮带脚蹬的自行车。第一辆现代意义上的自行车出现在 19 世纪末。随着时代的发展,自行车种类繁多,人们还发明了电动自行车,目前,中国虽然已经进入了汽车时代,但自行车的保有量仍然居世界之首。

知识储备

11.1　自行车的基本结构

下面以一种普通的自行车(图11.1)为例对其进行结构分析。按照各部件的工作特点,自行车大致可以分为车体部分、传动部分、导向行走部分和制动系统。

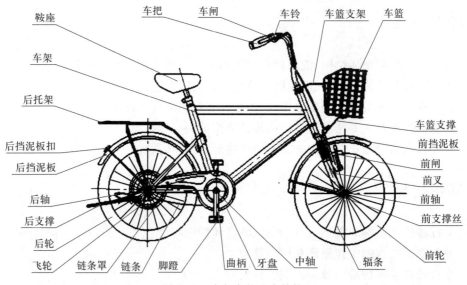

图11.1　自行车的基本结构

1. 车体部分

自行车车体部分包括车架、前叉、车把、鞍座等,车架是构成自行车的基本结构体,也是自行车的骨架和主体,其他部件都是直接或间接安装在车架上的。车架是承受自行车在行驶中所产生的冲击载荷及决定其能否舒适、安全地运载人体的重要结构体,车架部件制造精度的优劣,将直接影响骑乘的安全、平稳和轻快与否。车架一般采用普通碳素钢管经过焊接、组合而成。为了减轻管重量,提高强度,较高档的自行车采用低合金钢管制造。

2. 传动部分

自行车传动部分包括脚蹬、曲柄、牙盘(主动链轮)、链条、中轴和飞轮(从动链轮)等。脚蹬部件装配在中轴部件的左右曲柄上,是一个将平动力转化为转动力的装置。

3. 导向行走部分

自行车导向行走部分由车把、前叉、前轴、前轮、后轮、后轴、辐条、轮辋(车圈)、轮胎等组成。其中导向部分主要是前叉部件,在自行车结构中处于前方部位,上端与车把部件相连,下端与前轴部件配合,组成自行车的导向系统。转动车把和前叉,可以使前轮改变方向,起到为自行车导向的作用。此外,还可以起到控制自行车行驶的作用。

4. 制动系统

自行车制动系统包括制动器(车闸)等,乘骑者可以随时操纵车闸,使行驶的自行车减速、停驶,确保行车安全。

根据需要,还可增加一些附件,如车篮支架、后托架、保险叉、前后挡泥板等。另外,装有变速机构的运动车、竞赛车、山地车等还装有变速控制器和前、后拨链器等。

11.2 自行车的工作原理

当骑车人通过脚蹬部件给曲柄施加一作用力时,与曲柄固定连接在一起的链轮便受到了主动转矩的作用,主动链轮转动并通过链条的传动带动后轮上的飞轮转动,飞轮又带动后轮一起转动。由于后轮与地面的摩擦作用,后轮在地面上产生无相对滑动的纯滚动。同时,通过安装在后轮中心位置的后轴与车架、前叉及前轴驱使前轮与后轮同向转动,由此车便前行。

根据力学中的杠杆原理,将脚蹬安装在较长的曲柄上可以起到省力的效果。

11.3 自行车的主要传动机构

1. 链传动机构

一般普通自行车的链传动主要由牙盘、链条和飞轮组成,如图 11.2 所示。通常普通 26 英寸自行车飞轮的齿数约为 18,牙盘的齿数约为 44,故齿数比约为 0.41∶1,即传动比约为 0.41,是增速传动机构。骑车人每蹬一圈则后轮将转动约 2.44 圈,根据 26 英寸自行车的车轮直径尺寸(约为 66 cm),对应地自行车将前进大约 5.06 m。若骑车人每分钟蹬 45 圈,则自行车前进速度约为 13.7 km/h。

2. 棘轮机构

自行车飞轮的内部是一个内啮合棘轮机构,主要由棘轮(飞轮)、棘爪、弹簧等组成,其中棘爪安装在后轮的轮毂上。如图 11.3 所示,飞轮的圆筒形内壁上均匀分布有若干棘齿,当链条运动带动飞轮顺时针转动时,通过棘爪的作用使后轮一起转动;若链条不动则飞轮亦不动,此时后轮转动使棘爪在飞轮的棘齿背上滑过,借此可实现骑车人不用力蹬踩保持脚蹬不动,而自行车依然可以保持继续向前自由行驶的目的。

自行车飞轮的拆装与分析

图 11.2 普通自行车的链传动机构

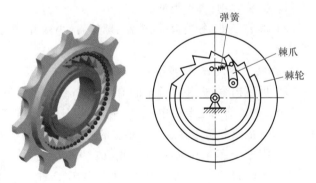

图 11.3 普通自行车的棘轮机构

11.4 自行车的种类

自行车的种类繁多,这里仅就若干较典型的自行车做简单介绍。

(1)普通自行车:是一种比较常见的轻便型自行车,通常是人们的代步工具。其结构简单,骑行方便,价格相对低廉。

(2)山地自行车:是适合在山区骑乘的车种,通常具有变速功能(有一组齿数不等的飞轮),可变换省力或快速的挡位,有些会在车架安装避振器。

（3）公路竞赛车:专门设计用来在公路上运动竞速的车种,采用减低风阻的下弯把手设计,车架常采用超轻量化的材质,能不用花太大的力气就可以轻松地前进。

（4）可折叠式自行车:是为了便于携带(如能够装进汽车内)而设计的车种,有些地方的城市公交及铁路、航空等公共交通工具允许旅客随身携带可折叠收合并装袋的自行车。

（5）电动自行车:是一种以自身携带的蓄电池电力为主要驱动力,同时可以辅以人力驱动的自行车。在需要时以适当的人力辅助踏踩,电动自行车可以自动侦测双脚施力状况,自动调节动力。

（6）双人/多人自行车:又称为协力车,由两人及以上协同出力,由第一位骑车人控制方向。在结构方面,有多套传动机构,在车架的中间平面上可以只安装两个车轮,也常见到有安装两个以上车轮的。

另外还有各种其他种类的多功能自行车,如带有一个小货箱的三轮自行车、躺骑式自行车等。

任务实施

11.5　自行车的拆装

1. 拆装目的

（1）掌握自行车的车体结构和自行车主要零部件的基本构造与组成,如车架部件、前叉部件、链条部件、前轴部件、中轴部件、后轴部件、飞轮部件等,增强对机械零件的感性认识。

（2）了解前轴部件、中轴部件、后轴部件的安装位置、定位和固定方式。

（3）初步掌握自行车的拆解、装复及调整方法。

2. 拆装实物及拆装工具

（1）拆装实物:各种类型的自行车。

（2）拆装工具:各类扳手、铁钳、螺丝刀、小锤等,由实验室及指导老师协同准备、清点后交给同学。

3. 拆装内容及方法、步骤

（1）拆装内容:拆装自行车的前轴部件、中轴部件和后轴部件。

其中,中轴部件主要由中轴辊、左曲柄、右曲柄、轴碗、轴挡、钢球或球架等零件组成,有的还附加有垫圈和防尘盖。右曲柄上装有链轮,中轴辊靠轴碗、轴挡和钢球装配在车架的中接头上。根据与车架中接头及链轮、曲柄相互连接形式的不同,自行车中轴一般分为 A、B、C 三种类型,A 型如图 11.4 所示。

图 11.4　A 型中轴(拆除了左、右曲柄)

拆解时,应记住所拆部件中各零件的数量、位置,逐一仔细观察和分析其结构特点。拆解完成后分析各部件装配及调整的方法和精度要求,然后在老师指导下装复该自行车。

（2）拆解步骤:以 A 型中轴为例说明步骤,拆解其他两个部件的步骤与拆解中轴部件相似。

1）拆曲柄销。先拆左曲柄销，将曲柄转到水平位置，并使曲柄销螺母向上，用扳手将曲柄销螺母退到曲柄销的上端面与销的螺纹相平，再用锤子敲击带螺母的曲柄销，使曲柄销松动后将螺母拧下，然后用钢冲将曲柄销冲下，再将左曲柄从中轴上转动取下。

2）拆下半链罩。取下左曲柄后，用螺丝刀拧下半链罩卡片上的螺钉，拆下半链罩。

3）拆轴挡。用扳手将中轴销的锁紧螺母拧下，用螺丝刀（或尖冲子）把固定垫圈撬下，再用钢冲冲下（或拨动）轴挡。

4）取下右曲柄、链轮和中轴辊。从中轴右边将连在一起的右曲柄、链轮和中轴辊一同抽出，最后把钢球取出。若其中的轴碗未损坏则不必拆下，右侧的轴挡等零件未损坏也不必将曲柄同中轴辊拆开。

拆卸全链罩车的中轴时，在轴挡等零件拆下后，用螺丝刀从链轮底将链条向左（里）撬出链轮，再倒转脚蹬，将链条向里脱下。这样，右曲柄连同中轴辊就能顺利拆下。

（3）装复步骤：同样以 A 型中轴为例说明。

1）在轴碗内抹黄油，将钢球顺序排列在轴碗内，如果是球架式钢球则要注意不要装反。

2）把已安装有右轴挡、链轮和右曲柄的中轴辊从自行车右侧穿入中接头，与其中的轴碗、钢球吻合。如果是全链罩车，在穿进中轴辊后，用螺丝刀将链条挂在链轮的底部，转动链轮，将链条完全挂在链轮上。

3）将左侧的轴挡拧在中轴辊上，但与钢球之间要稍留间隙，再将固定垫圈（内舌卡在中轴的凹槽内）装在中轴辊上，最后用力拧紧中轴锁紧螺母。

4）在中轴辊左端安装左曲柄，并将其转到前方与地面平行，把曲柄销从上面装入曲柄销孔，并敲紧。安装曲柄销时应注意，曲柄销的斜面要对准中轴辊轴端处的平面，另外左、右侧曲柄销的安装方向正好相反。

5）将链条从下面挂在链轮上，挂好链条，再安装半链罩。如果是全链罩车，将全链罩盖、前插片按照与拆卸时相反的顺序安装上。

4. **注意事项及调整方法**

（1）左、右侧轴碗内各应装入 12 个 $\phi6$ mm 的钢球。

（2）将右侧轴碗旋入中接头孔时须拧到底，并在旋紧的同时使轴碗外端面与中接头外端面持平。

（3）左侧轴碗安装的松紧程度要适宜，但中轴锁紧螺母须拧紧在左侧轴碗上。

（4）装配完成后的中轴，其松紧程度要适宜，须保证中轴既可转动灵活，又无松动现象。

（5）应注意调整好中轴辊、轴碗与钢球（或球架）之间的间隙，使之合适恰当。发现中轴松动或过紧，可用 S 形勾头扳手松开锁紧螺母，调整左侧轴碗至中轴转动适宜时再拧紧锁紧螺母。

任务评价

自行车的拆装任务评价表

评价内容	参与者	反馈信息
1. 工具的使用是否正确	小组成员	
2. 自行车三个轴部件各自的拆装顺序是否正确	小组成员	

续表

评价内容	参与者	反馈信息
3. 对自行车的各组成部分是否了解和认识	小组成员	
4. 对任务中遇到的问题是否能积极解决	小组成员	
5. 在任务实施中是否有团队合作精神	小组成员	
6. 小组互评指出别组任务实施中的优缺点	全体成员	
7. 指导教师的总结和反馈	指导教师	

任务 **12**
链传动机构的分析与设计

任务导入

　　通过任务 11 我们已对本项目所涉自行车中的链传动有了一定的认识和了解,在工程实践中,不少机械设备也常会运用到链传动。链传动是依靠链轮轮齿与链条链节的啮合来传递运动和动力的。它兼有带传动和齿轮传动的一些特点。本任务主要以滚子链传动为对象进行分析,重点讨论滚子链传动的设计方法及使用与维护。

知识储备

12.1　链传动的组成与工作原理

链传动机构的分析

12.1.1　链传动的组成

　　链传动由至少两个或两个以上的链轮和链条组成。常见的链传动链轮为两个,其主要组成部分有:主动链轮 1、从动链轮 2 及环绕在链轮上的链条 3,如图 12.1 所示。对于闭式链传动,还应有封闭装置、润滑系统和张紧装置等结构。

12.1.2　链传动的工作原理

　　工作时两链轮间以链条为中间挠性元件的啮合来传递动力和运动,两链轮的回转

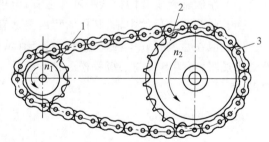

图 12.1　链传动的主要组成部分

平面须在同一铅垂平面内(一般不允许在水平面或倾斜平面内),以免脱链和不正常磨损,即只能实现平行轴之间的同向传动。另外,链条链节与链轮轮齿之间的啮合传动区别于齿轮传动,是一种非共轭曲线啮合,因此,一般来说链传动的瞬时传动比不恒定。

12.2 传动链的类型

1. 根据工作特性不同分

（1）传动链：制造比较精密，主要用于传递运动和动力，一般链速 $v \leqslant 12 \sim 15$ m/s。

（2）起重链：主要在各种起重设备上中用于提升重物，一般链速 $v \leqslant 0.25$ m/s。

（3）牵引链：主要在运输机械中用于传输物料和机件，一般链速 $v \leqslant 2 \sim 4$ m/s。

2. 根据链结构和链与链轮齿廓接触部位的不同分

（1）套筒滚子链：简称滚子链，一般在机械传动中应用最广，并且已经标准化。

（2）套筒链：这种链结构简单，质量小，但易磨损，故其应用不如滚子链广泛。

（3）齿形链：又称为无声链，由许多齿形链板用铰链连接而成。根据连接方式的不同有圆销铰链式、轴瓦式、滚柱铰链式等几种。与滚子链相比，齿形链运转平稳、噪声小、承受冲击载荷的能力高，但结构复杂、价格较贵、质量大。多应用于高速（链速可达 40 m/s）或运动精度要求较高的场合。

另外，还有成型链等，如图 12.2 所示。

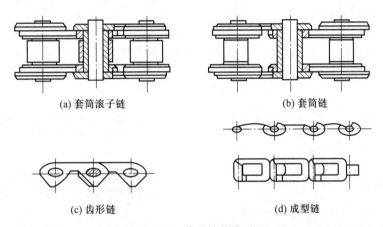

(a) 套筒滚子链　　　　　　　　　　(b) 套筒链

(c) 齿形链　　　　　　　　　　(d) 成型链

图 12.2　传动链的类型

12.3 链传动的特点与应用

链传动与带传动相比，能保持平均传动比准确，传动中无弹性滑动，结构紧凑，轴上的径向压力小，传动效率高，承载能力高。相对于齿轮传动而言，链传动的安装精度要求并不算高，可以实现远距离传动，其最大传动中心距可以达到 8 m，制造成本低。其磨损、接触应力冲击都比较小，且容易加工。链传动的主要缺点是：瞬时传动比不恒定，传动中有一定的动载荷和冲击导致传动不平稳，工作时有噪声。

链传动主要用在要求工作可靠、转速不高，且两轴相距较远，工作条件恶劣及其他不宜采用齿轮传动的地方。如农业机械、建筑机械、石油机械、采矿、起重、运输机械、金属切削机床、摩托车、自行车等场合。链传动适用的范围一般为：中低速传动，传动比 $i \leqslant 8$（常用 $i = 2 \sim 4$），传递功率 $P \leqslant 100$ kW，中心距 $a \leqslant 5 \sim 6$ m，链速 $v \leqslant 12 \sim 15$ m/s，最大可达 $v_{max} = 40$ m/s，传动效率 $\eta = 95\% \sim 98\%$，不适于在有冲击载荷及需要急促反向等情况下采用。

12.4 滚子链和链轮

12.4.1 滚子链的结构

滚子链由内链板、外链板、滚子、套筒和销轴组成,如图 12.3(a)所示。内链板与套筒、外链板与销轴间分别采用过盈配合(压配)固连,使内、外链板可相对回转。套筒与销轴、滚子与套筒间均采用间隙配合。内、外链板互相交错连接构成铰接。当链节进入、退出啮合时,滚子沿链轮轮齿滚动,实现滚动摩擦,减小磨损。两个相邻滚子轴线间的距离称为链节距,用 p 表示,链节距 p 是传动链的重要参数,p 越大,链条各零件的尺寸就越大,所能传递的功率也越大,链条长度以链节数表示。为减轻质量,内链板、外链板制成“8”字形,亦有做成弯板形,这样质量小,惯性小,具有等强度。

滚子链的接头形式有:开口销式、弹簧卡式、过渡链节式,如图 12.4 所示。链节数最好取偶数,以便链条连成环形时正好是外链板与内链板相接,可以用开口销式或弹簧卡式固定销轴。若链节数为奇数时,则采用过渡链节式,由于链条在受拉时过渡链节还要式受附加的弯曲载荷,应尽量避免采用。

在需要传递较大功率时,可采用双排链或多排链,如图 12.3(b)所示。多排链的承载能力与排数基本成正比。但排数过多时难以保证制造和装配精度,易产生载荷分布不均匀现象,故排数不宜过多,一般最多为 4 排。

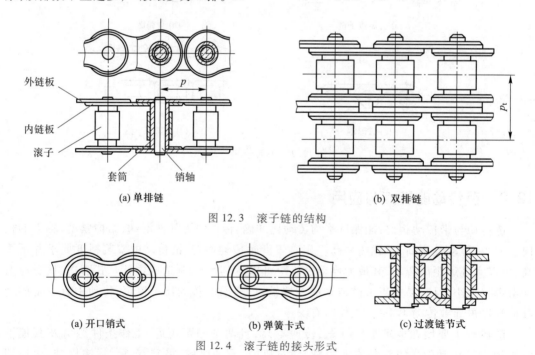

图 12.3 滚子链的结构

(a) 开口销式　　　(b) 弹簧卡式　　　(c) 过渡链节式

图 12.4 滚子链的接头形式

12.4.2 滚子链的标准

国家标准 GB/T 1243—2006 规定滚子链分为 A、B 两个系列,A 系列用于重载、较高速度和重要的传动;B 系列用于一般传动。A 系列滚子链的基本参数和尺寸见表 12.1。表中,链号乘以(25.4/16) mm 所得的数值即为对应的链节距 p(我国标准中规定链节距采用米制单位,而国际上链节距均采用英制单位,因此要按转换关系从英制折算成米制)。

滚子链的标记方法为:链号-排数×链节数　国家标准代号。如 A 系列的滚子链、节距为 25.4 mm、双排、链节数为 88,可以标记为:16A-2×88　GB/T 1243—2006。

表 12.1　A 系列滚子链的基本参数和尺寸(GB/T 1243—2006)

链号	链节距 p/mm	链排距 p_1/mm	滚子直径 d_1/mm	内链节内宽 b_1/mm	销轴直径 d_2/mm	内链板高度 h_2/mm	极限拉伸载荷(单排) F_Q/N	每米质量(单排) $q/(kg/m)$
08A	12.70	14.38	7.95	7.85	3.96	12.07	13 800	0.60
10A	15.875	18.11	10.16	9.40	5.08	15.09	21 800	1.00
12A	19.05	22.78	11.91	12.57	5.94	18.08	31 100	1.50
16A	25.40	29.29	15.88	15.75	7.92	24.13	55 600	2.60
20A	31.75	35.76	19.05	18.90	9.53	30.18	86 700	3.80
24A	38.10	45.44	22.23	25.22	11.10	36.20	124 600	5.60
28A	44.45	48.87	25.40	25.22	12.70	42.24	169 000	7.50
32A	50.80	58.55	28.58	31.55	14.27	48.26	222 400	10.10
40A	63.50	71.55	39.68	37.85	19.84	60.33	347 000	16.10
48A	76.20	87.83	47.63	47.35	23.80	72.39	500 400	22.60

注:1. 多排链极限拉伸载荷按表列 q 值乘以排数计算;
　　2. 使用过渡链节时,其极限拉伸载荷按表列数值的 80% 计算。

12.4.3　链轮

链轮轮齿的齿形应该满足下列要求:① 保证链条能够自由地进入和退出啮合,使其不易脱链;② 啮合时与链条的接触应力、冲击应尽可能小,以减少链条和链轮的磨损;③ 齿形尽可能简单,便于加工。国家标准 GB/T 1243—2006 规定了滚子链链轮端面齿形,齿形有两种形式:二圆弧齿形[见图 12.5(a)]、三圆弧一直线齿形[见图 12.5(b)]。常用的为三圆弧

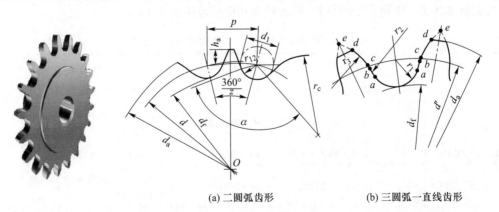

(a) 二圆弧齿形　　　　　　　(b) 三圆弧一直线齿形

图 12.5　链轮的端面齿形

一直线齿形,其齿形由$\overset{\frown}{aa}$、$\overset{\frown}{ab}$、$\overset{\frown}{cd}$和bc组成,它具有接触应力小、磨损轻、冲击小,齿顶较高不易脱链等特点,且切削同一节距而齿数不同的链轮时只需一把滚刀。图中$abcd$为齿廓工作段。

链轮的主要参数为齿数z、节距p(与配用链的链节距相等)和分度圆直径d。分度圆是指绕在链轮上时链条各个滚子中心所在的圆,其直径的计算公式为:

$$d = \frac{p}{\sin \frac{180°}{z}} \tag{12.1}$$

国家标准规定链轮的实际端面齿廓可在最大和最小齿槽形状之间。如选用标准齿形并用标准刀具加工,则设计时链轮的端面齿形不必在其零件图上绘制,但要注明按 GB/T 1243—2006 齿形制造和检验。车削毛坯时,需将轴向齿形画出,轴向齿形的具体尺寸可参见相关机械手册及资料。

链轮的结构和齿轮相似,其区别仅在于齿形不同,而且链轮的宽度通常比齿轮的宽度小。小直径的链轮通常制成实心式[见图 12.6(a)];中等直径的链轮制成孔板式[见图 12.6(b)];直径很大(≥200 mm)时,制成组合式,可采用螺栓连接[见图 12.6(c)],也可采用组焊的方法将齿圈与轮毂焊接在一起[见图 12.6(d)]。

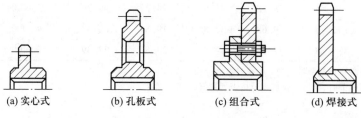

(a) 实心式　　(b) 孔板式　　(c) 组合式　　(d) 焊接式

图 12.6　链轮的结构

链轮材料的选用应能保证轮齿具有足够的接触强度和耐磨性,常用材料为中碳的非合金钢(35 钢、45 钢),不重要的场合则选用 Q235A、Q275A 钢,高速重载时选用合金钢,低速运转时大链轮可采用铸铁制造。由于小链轮轮齿的啮合次数比大链轮轮齿的啮合次数多,所受到的冲击也较严重,故小链轮的材料应优于大链轮,并应进行热处理以提高轮齿表面接触强度和耐磨性。链轮常用的材料、齿面硬度和应用范围见表 12.2。

表 12.2　链轮常用的材料、齿面硬度和应用范围

材料	热处理	热处理后硬度	应用范围
15、20	渗碳、淬火、回火	50 ~ 60HRC	$z \leq 25$,有冲击载荷的主、从动链轮
35	正火	160 ~ 200HBW	在正常工作条件下,齿数较多($z>$25)的链轮
40、50、ZG310-570	淬火、回火	40 ~ 50HRC	无剧烈振动及冲击的链轮
15Cr、20Cr	渗碳、淬火、回火	50 ~ 60HRC	有动载荷及传递较大功率的重要链轮($z<25$)
35SiMn、40Cr、35CrMo	淬火、回火	40 ~ 50HRC	使用优质链条、重要的链轮

续表

材料	热处理	热处理后硬度	应用范围
Q235、Q275	焊接后退火	140HBW	中等速度、传递中等功率的较大链轮
普通灰铸铁（不低于 HT150）	淬火、回火	260～280HBW	$z>50$ 的从动链轮
夹布胶木	—	—	功率小于 6 kW、速度较高、要求传动平稳和噪声小的链轮

12.4.4　链传动的失效形式

由于链条强度不如链轮高,所以一般链传动的失效主要是链条的失效,如图 12.7 所示。常见的失效形式有以下几种情况:

(1) 链板疲劳破坏。经过一定循环次数后,链板出现疲劳断裂。

(2) 滚子、套筒的冲击疲劳破坏。滚子、套筒受到反复多次的冲击载荷,会发生冲击疲劳破坏,如在反复起动、制动、反转时。

(3) 销轴与套筒铰链的胶合。转速高达一定值时销轴和套筒之间的润滑油膜被破坏,使两者的工作表面在很高的温度和压力下直接接触,从而导致工作表面胶合。润滑不良时也会发生胶合。

(4) 铰链磨损。铰链磨损是开式链传动的主要失效形式。

(5) 过载拉断。链条在低速($v<6$ m/s)重载或严重过载的情况下,其所受的拉力超过其自身静强度时,链条将被拉断。

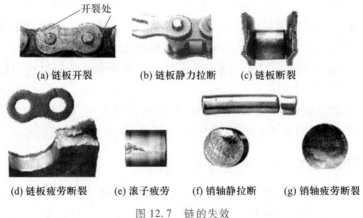

(a) 链板开裂　　(b) 链板静力拉断　　(c) 链板断裂

(d) 链板疲劳断裂　　(e) 滚子疲劳　　(f) 销轴静拉断　　(g) 销轴疲劳断裂

图 12.7　链的失效

12.5　链传动的运动特性

链传动中整条链是挠性体,而单个链节是刚性体,当链条绕上链轮时,链节与链轮轮齿相啮合,可视为将链条绕在正多边形链轮上,该正多边形的边长等于链条的链节距 p、边数等于链轮齿数 z。链轮每转一周,随之转过的链条长度为 zp,所以平均链速 v 为:

$$v=\frac{z_1 p n_1}{60\times1\,000}=\frac{z_2 p n_2}{60\times1\,000}\ \mathrm{m/s} \tag{12.2}$$

式中　z_1、z_2——主、从动链轮的齿数；

　　　　n_1、n_2——主、从动链轮的转速，$\mathrm{r/min}$；

　　　　p——链节距，mm。

链传动的平均传动比为：

$$i_{12}=\frac{n_1}{n_2}=\frac{z_2}{z_1} \tag{12.3}$$

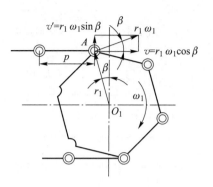

图 12.8　链传动的速度分析

实际上，链速和链传动比在每一瞬时都是变化的，而且是按每一链节的啮合过程做周期性变化的。如图 12.8 所示，假设链条的紧边（上边）在传动时总是处于水平位置，铰链 A 已进入啮合，主动轮以角速度 ω_1 顺时针回转，其圆周速度为 $v_1=d_1\omega_1/2=r_1\omega_1$，$v_1$ 可以分解为沿着链条前进方向的水平分速度 v 和垂直于链条前进方向的分速度 v'，其值为：

$$\begin{cases}v=v_1\cos\beta=r_1\omega_1\cos\beta\\v'=v_1\sin\beta=r_1\omega_1\sin\beta\end{cases} \tag{12.4}$$

式中　β——主动轮上铰链 A 的圆周速度方向与链条前进方向的夹角。

每一链节从进入啮合到脱离啮合，β 角在 $\pm180°/z_1$ 范围内做周期性变动。当 $\beta=0$ 时，$v_{max}=r_1\omega_1$；当 $\beta=\pm180°/z_1$ 时，$v_{min}=r_1\omega_1\cos180°/z_1$。由此可见，主动轮虽然做匀速运动，而链条前进的瞬时速度却周期性地由小变大，又由大变小。每转过一个链节，链速的变化就重复一次。这种由于链条绕在链轮上形成多边形啮合传动而引起的速度不均匀现象，称为多边形效应。链轮的齿数越少，β 角的变化范围（$\pm180°/z_1$）就越大，则链速的变化也就越大，多边形效应也越大。另外，链条在垂直方向的分速度 v' 也做周期性变动，这使得链条上、下抖动。我们以同样的方法对从动轮进行分析，可以知道从动轮的角速度 ω_2 也是变化的，所以链传动的瞬时传动比 $i_{12}=\omega_1/\omega_2$ 也是变化的。只有在 $z_1=z_2$ 即 $d_1=d_2$，并且传动的中心距正好是链节距 p 的整数倍时，传动比才能在全部啮合过程中保持不变，即 i_{12} 恒定为 1。

由上述分析可知，链传动工作时难免会产生振动和冲击，会引起附加的动载荷，造成链条和链轮轮齿的磨损，所以链传动适用于中、低速传动，不适用于高速传动。

12.6　链传动的设计

一般设计链传动时的已知条件为：传动的用途和工作情况、原动机的类型、需要传递的功率、主动轮的转速、传动比及外廓安装尺寸等。链传动中链条是标准件，因此，链传动的设计一般包括：根据工作要求选择链条的类型、型号、链节距、链节数及排数，选择链轮的齿数、材料、结构，绘制链轮零件图并确定传动的中心距，确定润滑方式等。

12.6.1　额定功率曲线

为使链传动的设计有可靠的依据，对各种规格的链条在特定条件下进行试验，可得出链传动不失效时所能传递的功率，即额定功率 P_0。各种规格的链条按小链轮转速和单排链额定功率数绘制的曲线称为额定功率曲线。A 系列滚子链的额定功率曲线如图 12.9 所示。

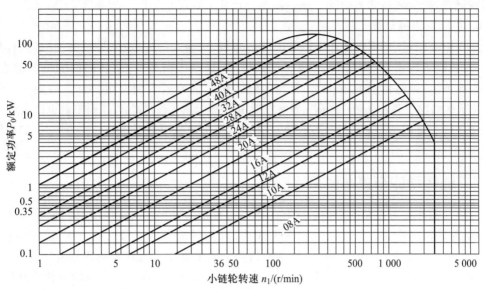

图 12.9　A 系列滚子链额定功率曲线图

12.6.2　设计计算准则

对中速、中低速链传动(v>0.6 m/s)其主要失效形式为疲劳破坏,故设计计算通常以疲劳强度为主,并综合考虑其他失效形式的影响。设计计算准则为:传递的功率(计算功率 P_c)不大于许用功率($K_z \cdot K_i \cdot K_a \cdot K_{pt} \cdot P_0$),即:$P_c = K_A P \leqslant K_z \cdot K_i \cdot K_a \cdot K_{pt} \cdot P_0$,或写为:

$$P_0 \geqslant \frac{K_A P}{K_z \cdot K_i \cdot K_a \cdot K_{pt}} \tag{12.5}$$

式中　P——名义功率,kW;

K_A——工作情况系数;

K_z——小链轮齿数系数;

K_i——传动比系数;

K_a——中心距系数;

K_{pt}——多排链系数,上述系数均可由相关机械手册及资料查得。

12.6.3　链传动主要参数的选择

1. 链的节距和排数

链节距越大,则链的零件尺寸越大,承载能力越强,但传动时的不平稳性、动载荷和噪声也越大。链的排数越多,则其承载能力增强,传动的轴向尺寸也越大。因此,选择链条时应在满足承载能力要求的前提下,尽量选用较小链节距的单排链。在高速大功率时,可选用小链节距的多排链;低速、大中心距、小传动比时,可选用大链节距的单排链。

2. 链轮齿数和传动比

为保证传动平稳,减少冲击和动载荷,小链轮齿数 z_1 不宜过小(一般应大于 17),z_1 过小,除了传动平稳性差外还会加剧链条的磨损。具体可据相关机械手册及资料选取。大链轮齿数 $z_2=iz_1$,z_2 不宜过大,齿数过大除了增大传动的尺寸和重量外,当链磨损后更易发生跳齿和脱链等现象,故通常 $z_2<120$。链传动的传动比 i 不宜大于 8,一般推荐 $i=2\sim4$。

3. 中心距和链节数

如果中心距过小,则链条在小链轮上的包角较小,啮合的齿数小,导致磨损加剧,且易产生跳齿、脱链等现象。同时链条的绕转次数增多,加剧了疲劳磨损,从而影响链条的寿命。若中心距过大,则链传动的结构大,且易因链条松边的垂度大而产生抖动。一般中心距取 $a<80p$,大多情况下取 $a=(30\sim50)p$。当中心距、链节距及链轮齿数确定后,链节数也就确定了。

链条的长度以链节数 L_p 表示,计算公式可查相关机械手册及资料。注意 L_p 值最好圆整为偶数。

12.7　链传动的布置与张紧

链传动的布置对传动的工作状况和使用寿命有较大影响。通常情况下两轮轴线平行布置,两链轮的回转平面必须在同一铅垂平面内,以免脱链和不正常磨损。应使链条的紧边(主动边)在上,松边(从动边)在下,以免松边向下的垂量过大而发生链条与链轮的干涉[见图12.10(a)]。若两链轮的中心连线不能布置在同一平面内,其与水平面的夹角应小于 45°[见图 12.10(b)]。应尽量避免中心线垂直布置,以免链条磨损后与下链轮啮合不良,如需垂直布置时,应让上下两轮错开,或用张紧轮张紧[见图12.10(c)]。

链传动需适当张紧,以免垂度过大而引起啮合不良。一般情况下链传动设计成中心距可调整的形式,通过移动链轮的位置增大两轮中心距的方法张紧。当中心距不可调整时,可用张紧轮定期或自动张紧,张紧轮应设在松边靠近小链轮外侧处,也可设在松边靠近大链轮内侧。链传动的张紧装置如图 12.11 所示。张紧轮分为有齿和无齿两种,直径与小链轮的

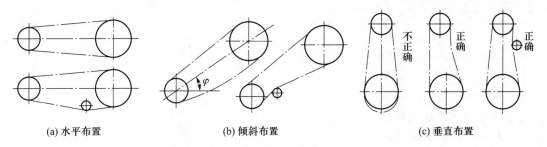

(a) 水平布置　　　　(b) 倾斜布置　　　　(c) 垂直布置

图 12.10　链传动的布置与张紧(一)

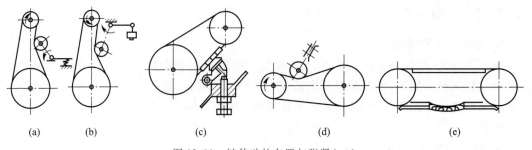

(a)　　(b)　　　　(c)　　　　(d)　　　　(e)

图 12.11　链传动的布置与张紧(二)

直径相近。定期张紧可利用螺旋、偏心等装置调整,自动张紧多用弹簧、吊重等装置。另外还可以用压板和托板张紧,特别是中心距大的链传动,用托板控制垂度更为合理。

12.8　链传动的润滑

链传动中销轴与套筒之间产生磨损,链节就会伸长,这是影响链传动寿命的最主要因素。因此,链传动的润滑是影响传动工作能力和寿命的重要因素之一,润滑良好可减少铰链磨损,延长链传动寿命,对高速重载的链传动尤为重要。

润滑方式可根据链速和链节距的大小由图 12.12 所示选择。润滑油应加于松边,以便润滑油渗入各运动接触面。

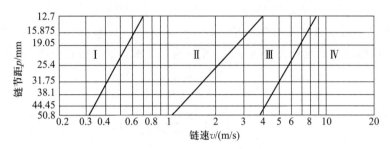

Ⅰ—人工定期润滑;Ⅱ—滴油润滑;Ⅲ—压力喷油润滑;Ⅳ—油浴或飞溅润滑

图 12.12　链传动推荐的润滑方式

链传动的润滑方式有以下 4 种:① 人工定期用油壶或油刷给油;② 用油杯通过油管向松边内、外链板间隙处滴油;③ 油浴润滑或用甩油盘将油甩起以进行飞溅润滑;④ 用油泵经油管向链条连续供油,循环供油可起润滑和冷却的作用。

润滑油推荐采用牌号为:L-AN32、L-AN46、L-AN68 等全损耗系统用油。对于开式及重载低速传动,可在润滑油中加入 MoS_2、WS_2 等添加剂。对于不便采用润滑油的场合,允许涂抹润滑脂,但应定期清洗与涂抹。

任务下达

12.9　链传动机构的设计

1. 链传动设计题型一

试设计一链式输送机中的链传动。已知传递功率 $P = 20\ kW$,主动轮的转速 $n_1 = 230\ r/min$,$i = 2.5$,电动机驱动,三班制,有中等冲击,按推荐方式润滑。

2. 链传动设计题型二

已知一型号为 16A 的滚子链,主动轮齿数 $z_1 = 23$,转速 $n_1 = 960\ r/min$,传动比 $i = 2.8$,中心距 $a = 800\ mm$,油浴润滑,中等冲击,电动机驱动,试求该链传动所能传递的功率。

3. 链传动设计步骤参考

【例题】　试设计一链式输送机的滚子链传动。已知传递功率 $P = 10\ kW$,$n_1 = 950\ r/min$,$n_2 = 250\ r/min$,电动机驱动,载荷平稳,单班工作。

解:1. 选择链轮齿数 z_1、z_2

$$传动比\ i = n_1/n_2 = 950/250 = 3.8$$

估计链速 $v = 3 \sim 8$ m/s,根据相关机械手册及资料选取小链轮齿数 $z_1 = 25$,则大链轮齿数 $z_2 = i \cdot z_1 = 3.8 \times 25 = 95$。

2. 确定链节数 L_p

初定中心距 $a_0 = 40p$,由相关机械手册及资料查得如下公式:

$$L_p = \frac{L}{p} = 2\,\frac{a_0}{p} + \frac{z_1 + z_2}{2} + \left(\frac{z_2 - z_1}{2\pi}\right)^2 \cdot \frac{p}{a_0}$$

即:

$$L_p = \frac{2 \times 40p}{p} + \frac{25 + 95}{2} + \frac{p(95 - 25)^2}{39.5 \times 40p} \approx 143.1$$

取 $L_p = 144$。

3. 根据额定功率曲线确定链型号

由相关机械手册及资料分别查得 $K_A = 1$;$K_z = 1.35$;$K_i = 1.04$;$K_a = 1$;考虑采用单排链,故查得 $K_{pt} = 1$。根据前述的设计计算准则(亦可由相关机械手册及资料查得)进行计算:

$$\begin{aligned} P_0 &\geqslant \frac{K_A P}{K_z \cdot K_i \cdot K_a \cdot K_{pt}} \\ &= \frac{1 \times 10}{1.35 \times 1.04 \times 1 \times 1}\ \text{kW} \\ &\approx 7.12\ \text{kW} \end{aligned}$$

由此,可由额定功率曲线图选取链号为 10A,链节距 $p = 15.875$ mm。润滑方式初步考虑应该为油浴润滑或飞溅润滑。

4. 验算链速

$$v = \frac{z_1 p n_1}{60 \times 1\,000} = \frac{25 \times 15.875 \times 950}{60 \times 1\,000}\ \text{m/s} = 6.28\ \text{m/s}$$

v 值在 $3 \sim 8$ m/s 范围内,与估计相符。

5. 计算实际中心距

由相关机械手册及资料查得的公式计算:

$$\begin{aligned} a &= \frac{p}{4}\left[\left(L_p - \frac{z_1 + z_2}{2}\right) + \sqrt{\left(L_p - \frac{z_1 + z_2}{2}\right)^2 - 8\left(\frac{z_2 - z_1}{2\pi}\right)^2}\,\right] \\ &= \frac{15.875}{4}\left[\left(144 - \frac{25 + 95}{2}\right) + \sqrt{\left(144 - \frac{25 + 95}{2}\right)^2 - 8\left(\frac{95 - 25}{2\pi}\right)^2}\,\right]\ \text{mm} \\ &\approx 642.40\ \text{mm} \end{aligned}$$

若设计成可调整中心距的形式,则不必精确计算中心距,可取 $a \approx a_0 = 40p = 40 \times 15.875$ mm $= 635$ mm。

6. 确定润滑方式

查相关机械手册及资料润滑方式推荐图知应选用油浴润滑。

7. 计算对链轮轴的压力 F'

$$F' = 1.25F = 1.25 \times \frac{1\,000P}{v} = 1.25 \times \frac{1\,000 \times 10}{6.28}\ \text{N} \approx 1\,990\ \text{N}$$

8. 链轮设计(略)

9. 张紧、润滑等装置设计(略)

任务评价

链传动机构的设计任务评价表

评价内容	参与者	反馈信息
1. 对链传动机构内容的总结是否完成	小组成员	
2. 对设计工作的过程进行综合评分	小组成员	
3. 对任务中遇到的问题是否能积极解决	小组成员	
4. 在任务实施中是否有团队合作精神	小组成员	
5. 小组互评指出别组任务实施中的优缺点	全体成员	
6. 指导教师的总结和反馈	指导教师	

任务 **13**
棘轮机构的分析

任务导入

我们已经知道,自行车飞轮的内部是一个棘轮机构,该棘轮机构也称为"单向超越离合器",当骑车人停止踩动或使飞轮反向转动时棘爪便在飞轮的棘齿背上滑过,棘轮只能单向地向前传递动力,故自行车也就只能前行而不能后退。

在工程实践中,人们常常会对机器的工作提出这样的要求,即当主动件做连续运动时需要从动件产生周期性的运动和停歇,实现这种运动的机构,称为间歇运动机构。最常见的间歇运动机构有棘轮机构、槽轮机构、不完全齿轮机构和凸轮式间歇运动机构等,它们广泛应用于各种机械设备及仪器仪表中。

知识储备

棘轮机构的
分析

13.1　棘轮机构

13.1.1　棘轮机构的组成

常见的棘轮机构一般由摇杆、驱动棘爪、棘轮、制动棘爪、弹簧和机架等组成,其中,弹簧的作用是使制动棘爪和棘轮保持接触,如图 13.1 所示。

13.1.2　棘轮机构工作原理

分析图 13.1 可知,当主动件摇杆逆时针摆动时,驱动棘爪便插入棘轮的齿槽中,可推动棘轮转过一定角度,若摇杆每次摆动的角度一定,则棘轮每次转过的角度也为定值。当棘轮转动时制动棘爪在棘轮的齿上滑过;当摇杆顺时针摆动时,驱动棘爪在棘轮的齿上滑过,而制动棘爪将阻止棘轮做顺时针转动,故棘轮静止不动。因此,摇杆做连续的往复摆动时,棘轮做单向间歇转动。当棘轮为主动件,如自行车飞轮(见图 11.5)等,转动的棘轮拨动棘爪,棘爪将带动从动件一起运动。

13.1.3 棘轮机构的不同形式

如要求摇杆往复摆动时都能使棘轮向同一方向转动,则可采用图 13.2 所示的双动式棘轮机构,其驱动棘爪可制成钩头或直头。当该机构的摇杆往复摆动一次,棘轮可实现两次单向间歇运动。另外,根据需要棘轮也可以是内啮合式(如自行车飞轮)。若改变棘爪的形式,如棘爪改为扇形偏心轮,则可以得到摩擦式棘轮机构,如图 13.3 所示。图 13.4 所示为双向棘轮机构,其中图 13.4(a)所示的矩形齿双向棘轮机构,当棘爪 1 处于实线位置时,棘轮 2 做逆时针间

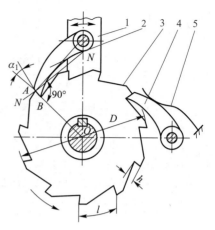

1—摇杆;2—驱动棘爪;3—棘轮;
4—制动棘爪;5—弹簧
图 13.1 棘轮机构的组成

歇转动;当棘爪处于图示虚线位置时,棘轮做顺时针间歇转动。图 13.4(b)所示的回转棘爪双向棘轮机构,若将棘爪提升并绕其本身轴线转动 90°,棘轮将静止不动。

图 13.2 双动式棘轮机构

图 13.3 摩擦式棘轮机构

13.1.4 棘轮机构的特点及应用

棘轮机构结构简单,加工容易,改变转角大小方便。其主要缺点是,在运动开始和终止时棘轮和棘爪间都产生冲击,因此不宜用在具有很大质量的轴上及高速机械中。棘轮机构能够实现进给、送料、转位、分度、成形、超越及制动等许多功能,故在各种自动机械和仪表中应用广泛。除本项目所涉的自行车飞轮外,如图 13.5 所示的棘轮机构是一种防止机械装置逆转的"停止器",这种棘轮停止器广泛应用于卷扬机、提升机及运输机等设备中;另如图 13.6 所示牛头刨床进给棘轮机构,其利用棘轮机构实现正、反间歇转动,然后通过丝杠副带动工作台做横向间歇送进运动。

13.1.5 棘轮转角的调节

上述各种棘轮机构,在原动件摇杆摆角一定的条件下,棘轮每次的转角是不变的。若要调节棘轮的转角,需改变摇杆的摆动角或改变拨过棘轮齿数的多少,如图 13.7 所示。若在

棘轮上加一遮板,变更遮板的位置,即可使棘爪行程的一部分在遮板上滑过,不与棘轮的齿接触,从而改变棘轮转角的大小,如图 13.8 所示。

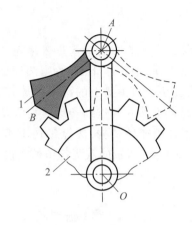

(a) 矩形齿双向棘轮机构

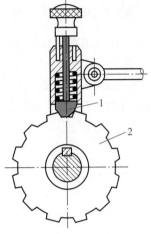

(b) 回转棘爪双向棘轮机构

1—棘爪;2—棘轮

图 13.4　双向棘轮机构

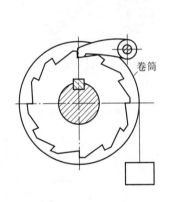

图 13.5　提升机的棘轮停止器

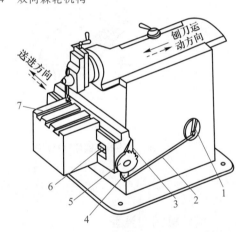

1—曲柄;2—连杆;3—棘爪;4—摆杆;5—棘轮;6—丝杆;7—工作台

图 13.6　牛头刨床进给棘轮机构

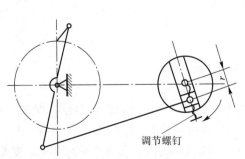

图 13.7　改变曲柄长度调节棘轮转角

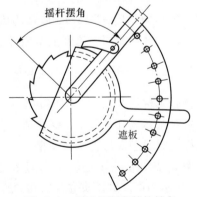

图 13.8　用遮板调节棘轮转角

13.2 槽轮机构

13.2.1 槽轮机构的工作原理

如图 13.9(a)所示的单圆柱销槽轮机构,当拨盘 1 上的圆柱销未进入槽轮 2 的径向槽时,槽轮的内凹锁止弧面被拨盘上的外凸锁止弧面卡住,槽轮静止不动;当圆柱销进入槽轮的径向槽时,锁止弧面被松开,则圆柱销驱动槽轮转动。当拨盘上的圆柱销离开径向槽时,下一个锁止弧面又被卡住,槽轮又静止不动。由此将主动件的连续转动转换为从动槽轮的间歇运动。另由分析可知,图 13.9(a)所示的单圆柱销槽轮机构,拨盘每转 1 周,圆柱销 A 进入槽轮 1 次,故拨盘每转 4 周槽轮转 1 周;而图 13.9(b)所示的双圆柱销槽轮机构,则拨盘每转 2 周槽轮转 1 周。

槽轮机构的分析

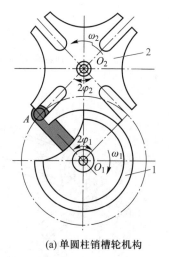
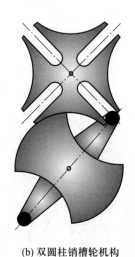

(a) 单圆柱销槽轮机构　　　　(b) 双圆柱销槽轮机构

1—拨盘;2—槽轮

图 13.9　外啮合槽轮机构

13.2.2 槽轮机构的类型

根据啮合方式的不同,槽轮机构分为外啮合和内啮合两种基本类型,图 13.9 所示即为外啮合槽轮机构,其拨盘 1 与槽轮 2 转向相反;图 13.10 所示为内啮合槽轮机构,其拨盘与槽轮的转向相同。工程上常用外啮合槽轮机构。

13.2.3 槽轮机构的特点与应用

槽轮机构结构简单、工作可靠,机械效率高,在进入和脱离接触时运动比较平稳,能准确控制转动的角度。缺点

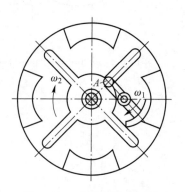

图 13.10　内啮合槽轮机构

是圆柱销突然进入与脱离径向槽,传动存在柔性冲击,不适合高速场合。此外,槽轮的转角不可调节,故只能用于定转角的间歇运动机构中,如自动机床、电影机械、包装机械等。图 13.11 所示为电影放映机卷片机构,槽轮具有 4 个径向槽,拨盘上装一个圆柱销 A。拨盘转 1

周,圆柱销拨动槽轮转过 1/4 周,胶片移动一个画格,并停留一定时间(即放映一个画格的时间)。拨盘继续转动,重复上述运动,利用人眼的视觉暂留特性,当每秒连续放映 24 幅画面时即可使人感觉看到了连续的活动场景。另如图 13.12 所示为六角车床刀架的转位槽轮机构,刀架上可装 6 把刀具并与具有相应的径向槽的槽轮固连,拨盘上装有一个圆柱销 A。拨盘每转 1 周,驱使槽轮(即刀架)转 60°,从而将下一工序的刀具转换到工作位置。

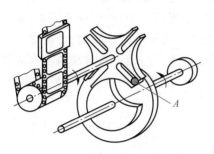

图 13.11 电影放映机卷片机构

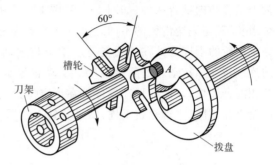

图 13.12 六角车床刀架的转位槽轮机构

13.2.4 槽轮槽数 z 和拨盘圆柱销数 k 的选择

槽轮槽数 z 和拨盘圆柱销数 k 是槽轮机构的主要参数。如图 13.9(a)所示的槽轮机构,槽轮 2 在开始和终止运动时的瞬时角速度为 0,为避免圆柱销 A 与径向槽发生撞击,通常在圆柱销进入、退出径向槽的瞬间有 $O_1A \perp O_2A$。设槽轮上均匀分布有 z 个径向槽,当槽轮 2 转过 $2\varphi_2 = 2\pi/z$ 弧度时,拨盘 1 相应转过的转角为 $2\varphi_1 = \pi - 2\varphi_2 = \pi - 2\pi/z$。在一个运动循环内,槽轮的运动时间 t_m 与拨盘的运动时间 t 之比称为运动系数,用 τ 表示。当拨盘做等速转动时,时间之比可用相应的转角之比来表示。因此,单圆柱销($k=1$)槽轮机构的运动系数 τ 为:

$$\tau = \frac{t_m}{t} = \frac{2\varphi_1}{2\pi} = \frac{\pi - \dfrac{2\pi}{z}}{2\pi} = \frac{z-2}{2z} \tag{13.1}$$

当槽轮机构的拨盘上有多个均匀分布的圆柱销($k > 1$)时,槽轮的运动时间是单圆柱销时的 k 倍,故其运动系数 τ 为:

$$\tau = \frac{k \cdot t_m}{t} = \frac{k(z-2)}{2z} \tag{13.2}$$

由此可知:

(1)由于 τ 必须大于零,所以 z 应大于或等于 3。

(2)单圆柱销槽轮机构的运动系数 τ 总小于 0.5,也就是说单圆柱销槽轮机构槽轮的运动时间总小于其静止的时间。

(3)如果要求槽轮机构的 τ 大于 0.5,则可在拨盘上安装多个圆柱销;但间歇运动要求 τ 应当小于 1(即 $\tau < 1$),故由式(13.2)可得槽轮槽数 z 和拨盘圆柱销数 k 的关系:

$$k < \frac{2z}{z-2} \tag{13.3}$$

因此,当 $z=3$ 时,可以取 $k=1 \sim 5$;当 $z=4$ 或 5 时,可以取 $k=1 \sim 3$;当 $z \geq 6$ 时,可以取 $k=1$ 或 2。如图 13.9(b)所示的双圆柱销槽轮机构中,$z=4$、$k=2$,其 $\tau = 0.5$。

13.3　不完全齿轮机构

13.3.1　不完全齿轮机构的类型和工作原理

不完全齿轮机构是由普通渐开线齿轮机构演化而成的间歇运动机构,其基本结构形式分为外啮合与内啮合两种,如图 13.13、图 13.14 所示。不完全齿轮机构中,一般主动轮为不完全齿轮,其与完全齿轮的不同之处在于轮齿不布满整个圆周,只有一个或几个齿;从动轮与完全齿轮的不同之处在于它具有若干个与主动轮相啮合的轮齿及锁止弧,故可实现主动轮的连续转动和从动轮的间歇转动。从动轮停歇时,主动轮上的锁止弧与从动轮上的锁止弧互相配合锁住,以保证从动轮停歇在预定位置上。图 13.13 所示的不完全齿轮机构中,两个齿轮直径相同,主动轮转 1 周,从动轮转 1/4 周。

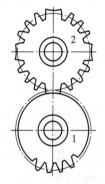
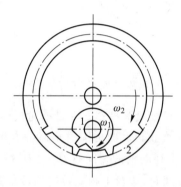

图 13.13　外啮合不完全齿轮机构　　　　图 13.14　内啮合不完全齿轮机构

13.3.2　不完全齿轮机构的特点及应用

不完全齿轮机构结构简单、制造方便,从动轮的运动时间和静止时间的比例不受机构结构的限制,从动轮每转一周的停歇时间、运动时间及每次转动的角度设计范围都较大,设计较灵活。主要缺点是从动轮在转动开始及终止时速度有突变,冲击较大,一般仅用于低速、轻载场合,如计数机构及在自动机、半自动机中用作工作台间歇转动的转位机构等。

13.4　凸轮式间歇运动机构

13.4.1　凸轮式间歇运动机构的工作原理

凸轮式间歇运动机构是利用凸轮的轮廓曲线,推动转盘上的滚子,将凸轮的连续转动变换为从动转盘的间歇转动的一种间歇运动机构,一般转盘上的滚子(或圆柱销)均匀分布,如图 13.15 所示。

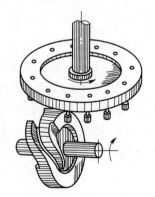

13.4.2　凸轮式间歇运动机构的特点和应用

凸轮式间歇运动机构具有结构简单、运转可靠、传动平稳、无

图 13.15　圆柱形凸轮式间歇运动机构

噪声、承载能力较强等优点。适用于高速、中载和高精度分度场合,在轻工机械、冲击机械和其他自动机械中得到了较广泛的应用。但凸轮加工复杂、精度要求高,机构的装配与调整要求也较高,因而使它的应用受到了一定的限制。凸轮式间歇运动机构主要用于垂直交错轴间的传动。

任务下达

13.5　间歇机构的创新设计

(1)在指导教师分析、讲解的基础上,同学们通过学习及自主思考,分别总结和归纳 4 种间歇运动机构:棘轮机构、槽轮机构、不完全齿轮机构和凸轮式间歇运动机构的结构、工作原理、特点和应用。

(2)在实训室分组完成棘轮机构或槽轮机构的测绘,要求完成机构装配图、主要零件的零件图的测绘。其中,零部件的技术要求可在教师指导下标注出。

(3)通过小组讨论,尝试对所测绘的棘轮机构或槽轮机构进行创新设计。

任务评价

棘轮机构的创新设计任务评价表

评价内容	参与者	反馈信息
1. 对本任务内容的总结是否完成	全班同学	
2. 对测绘工作的过程进行综合评分	小组成员	
3. 对所提交的测绘图样进行质量评分	小组成员	
4. 对任务中遇到的问题是否能积极解决	小组成员	
5. 在任务实施中是否有团队合作精神	小组成员	
6. 小组互评指出别组任务实施中的优缺点	全体成员	
7. 指导教师的总结和反馈	指导教师	

任务 14
弹簧的分析

任务导入

在自行车飞轮内部的棘轮机构中有弹簧,其作用是保持棘爪贴紧在棘轮的轮齿上。当飞轮出现故障时,可能出现尽管骑车人向前踏动脚踏,链条带动飞轮转动,但后轮却不能前行的情况。经诊断,故障往往是由于飞轮的棘轮与棘爪不能正常啮合而产生的,而弹簧的损坏失效是常见的原因之一,这时需要对飞轮进行修配。

知识储备

14.1　弹簧的功用和类型

14.1.1　弹簧的功用

弹簧具有刚性小、弹性大、容易产生弹性变形等特点,它在各种机器、仪表及日常用品中被广泛用作弹性元件。弹簧具有如下主要用途:

弹簧

（1）缓冲和吸振,如汽车的减振簧和各种缓冲器中的弹簧。

（2）储存及输出能量,如钟表的发条等。

（3）测量载荷（力和力矩）,如弹簧秤、测力器中的弹簧。

（4）控制机构的位置和运动,如自行车飞轮中的弹簧、内燃机中的阀门弹簧等。

14.1.2　弹簧的常见类型

根据受力与变形的性质不同,弹簧可分为压缩弹簧、拉伸弹簧、扭转弹簧和弯曲弹簧。根据外形不同弹簧又可分为螺旋弹簧、环形弹簧、碟形弹簧、盘形弹簧和板弹簧等。如图 14.1 所示为圆柱螺旋拉伸弹簧、圆柱螺旋压缩弹簧、圆锥螺旋压缩弹簧和圆柱螺旋扭转弹簧。如图 14.2 所示为环形压缩弹簧、碟形压缩弹簧、平面涡卷扭转弹簧和弯曲板弹簧。工程上圆柱螺旋弹簧应用最为广泛,本任务主要对其进行分析。

(a) 圆柱螺旋拉伸弹簧　　(b) 圆柱螺旋压缩弹簧　　(c) 圆锥螺旋压缩弹簧　　(d) 圆柱螺旋扭转弹簧

图 14.1　常见的螺旋弹簧

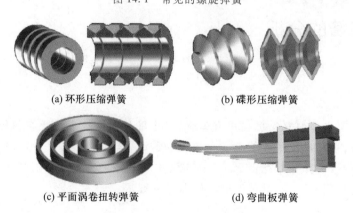

(a) 环形压缩弹簧　　　　　　　(b) 碟形压缩弹簧

(c) 平面涡卷扭转弹簧　　　　　(d) 弯曲板弹簧

图 14.2　常见的非螺旋弹簧

14.2 圆柱螺旋弹簧的几何参数和结构

如图 14.3 所示,圆柱螺旋弹簧的几何参数主要有外径 D、中径 D_2、内径 D_1、簧丝直径 d、节距 t、有效圈数 n_1、支承圈数 n_2、总圈数 n（$n=n_1+n_2$）、自由高度 H_0［对压缩弹簧:$H_0 = nt+(n_2-0.5)d$］、簧丝展开长度 L、螺旋方向（常用右旋）及螺旋升角 α。另外,还有弹簧指数 C（又称旋绕比）,$C=D_2/d$。

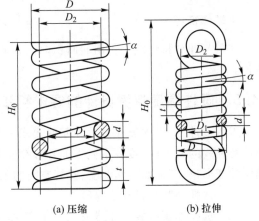

在结构方面,压缩弹簧的两端有 3/4、5/4 圈并紧,不参与弹簧变形,只起支承作用以使弹簧站立平直,此即为支承圈。对于重要弹簧,为使载荷沿弹簧轴线传递,两端端部须磨平,而一般用途的弹簧端部可不磨平。压缩弹簧在最大工作载荷的作用下被压缩后各圈间仍应有一定的间隙;拉伸弹簧在自由状态下各圈应并紧,其端部制有挂钩,利于安装及加载,如图 14.3 所示。

(a) 压缩　　　　(b) 拉伸

图 14.3　圆柱螺旋弹簧的几何参数

14.3 圆柱螺旋弹簧的材料及制造

1. 弹簧的材料

弹簧材料应具有高的弹性极限和疲劳强度,足够的韧性和塑性,以及良好的热处理性能。

常用的弹簧材料有:非合金中碳钢(如 60、75、65Mn 等)、硅锰弹簧钢(如 60Si2MnA)、铬钒弹簧钢(如 50CrVA)、不锈钢(如 1Cr18Ni9)及青铜(如 QBe2)等。

2. 弹簧的制造

圆柱螺旋弹簧一般的制造过程和方法为:卷绕、端面加工(压缩弹簧)或拉钩制作(拉伸弹簧或扭转弹簧)、热处理和工艺性试验。卷绕有冷卷法和热卷法之分。

14.4 弹簧的特性参数

1. 弹簧特性线和刚度

表示弹簧载荷 F 与变形量 λ 之间的关系曲线称为弹簧特性线,如图 14.4 所示。

弹簧的载荷变化量与变形变化量之比称为弹簧的刚度,以 k 表示。

拉、压弹簧:
$$k = \frac{\mathrm{d}F}{\mathrm{d}\lambda}$$

扭转弹簧:
$$k_\varphi = \frac{\mathrm{d}T}{\mathrm{d}\varphi}$$

弹簧特性线呈直线的,其刚度为一常数,称为定刚度弹簧;当特性线呈折线或曲线时,其刚度是变化的,称为变刚度弹簧。

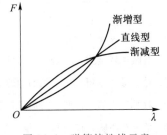

图 14.4　弹簧特性线示意

2. 变形能

加载过程中弹簧所吸收的能量称为变形能。

拉、压弹簧：
$$U = \int_0^\lambda F(\lambda)\, \mathrm{d}\lambda$$

扭转弹簧：
$$U = \int_0^\varphi T(\varphi)\, \mathrm{d}\varphi$$

加载与卸载特性线所包围的面积即代表消耗的能量，该能量越大，说明弹簧的吸振能力越强。

14.5　圆柱螺旋弹簧设计的要求和步骤

工程设计中，对弹簧在力学方面的要求一般有三个方面：一是有足够的强度，二是符合弹簧特性线的要求（刚度要求），三是不发生侧弯（不失稳）。已知条件包括最大工作载荷及相应的变形量，其他如工作温度、安装空间的限制等。弹簧设计的大致步骤是：

（1）选择弹簧材料及结构形式。

（2）选择弹簧指数 C，根据强度条件计算簧丝直径 d。

（3）根据变形条件确定弹簧的圈数 n。

（4）求出弹簧的尺寸 D_2、D、D_1、H_0。

（5）验算弹簧的稳定性。

任务下达

14.6　弹簧的分析

（1）在指导教师分析、讲解的基础上，同学们通过学习及自主思考，总结和归纳弹簧的功用、类型、结构、工作特性和应用。

（2）通过查阅资料、收集信息及走访企业、拆解相关设备等途径，撰写一篇有关弹簧的调查报告（不少于 2 000 字）。

（3）对一个给定的压缩弹簧进行测绘，要求完成一张完整的零件图。其中的技术要求可在老师指导下标注出。

任务评价

弹簧的分析任务评价表

评价内容	参与者	反馈信息
1. 学习态度是否端正	全班成员	
2. 对圆柱螺旋弹簧是否了解和认识	全班成员	
3. 对撰写调查报告中遇到的问题是否能积极解决	全班成员	
4. 对所完成的零件图进行质量评分	全班成员	
5. 是否有团队合作精神，互帮互学	全班成员	
6. 指导教师的总结和反馈	指导教师	

项目4自测

一、填空题

1. 链传动和 V 带传动相比,在工况相同的条件下,作用在轴上的压力_____,其原因是链传动不需要_____。

2. 链传动张紧的目的是_____。当采用张紧轮张紧时,张紧轮应布置在_____边,靠近_____,从外向里张紧。

3. 链传动不适合用于高速传动的主要原因是_____。

4. 链条因为静强度不够而被拉断的现象,多发生在_____的情况下。

5. 棘轮机构主要由_____、_____、_____和机架组成;槽轮机构主要由_____、_____和机架等构件组成。

6. 双圆柱销外啮合槽轮机构,槽轮有 6 条径向槽,要使槽轮转两圈,拨盘应转_____圈。

7. 摩擦式棘轮机构是通过棘轮与所谓棘爪的摩擦块之间的_____而工作的。

8. 在起重设备中,可以使用棘轮机构_____鼓轮反转。

9. 槽轮机构能把主动轴的等速连续_____转换成从动轴的周期性的_____运动。

二、判断题

1. 棘轮机构只能用在要求间歇运动的场合。 (   )

2. 槽轮机构的主动件是槽轮。 (   )

3. 棘轮机构和不完全齿轮机构,在运行中都会出现严重的冲击现象。 (   )

4. 因为不完全齿轮机构是齿轮传动,所以在工作中是不会出现冲击现象的。 (   )

5. 槽轮的转向与主动件的转向相反。 (   )

6. 锯形齿棘轮的转动方向必定是单一的。 (   )

7. 利用调位遮板,既可以调节棘轮的转向,又可以调节棘轮转角的大小。 (   )

8. 摩擦式棘轮机构可以做双向运动。 (   )

9. 间歇运动机构的主动件和从动件是可以互相调换的。 (   )

10. 齿式棘轮机构的转角比较准确,而且转角大小可以调整。 (   )

三、简答题

1. 试分析说明自行车、摩托车中采用链传动的原因。

2. 套筒滚子链的链号为 08B、20A 的链节距 p 等于多少? 滚子链的规定标记有哪些内容?

3. 链传动中,大、小链轮在选择材料、热处理等方面有何不同?

4. 齿形链有什么特点? 套筒滚子链链号和链节距 p 的关系如何?

5. 试分析说明自行车飞轮中棘轮机构的工作原理。

6. 弹簧有哪些类型? 其对材料的力学性能有哪些要求?

减速器的分析与设计

 能力目标

1. 认识减速器的各组成部分。
2. 能够根据实践需要选择合适的齿轮传动。
3. 能够合理设计齿轮零件并进行校核。
4. 能够进行轴系零件的设计与选用。
5. 能够根据实践需要选择合适的电动机。
6. 能够根据实践需要选择密封和润滑装置。

知识目标

1. 掌握渐开线齿轮啮合的特点和正确啮合的条件。
2. 掌握齿轮基本参数和几何尺寸的计算方法。
3. 掌握轴结构的设计。
4. 掌握轴承的特点与选用方法。
5. 掌握密封与润滑装置的特点与选择方法。

任务 **15**

减速器的拆装与分析

任务导入

减速器(又称减速机、减速箱)是一种独立的传动装置。它由密闭的箱体、相互啮合的一对或几对齿轮(或蜗杆传动)、传动轴及轴承等组成。常安装在电动机(或其他原动机)与工作机之间,起降低转速和相应增大转矩的作用。

减速器由于结构紧凑、传递功率范围大、工作可靠、寿命长、效率较高、使用和维护简单等特点而应用广泛。它的主要参数已经标准化,并由专门工厂进行生产。一般情况下,按工作要求,根据传动比、输入轴功率和转速、载荷工况等,可选用标准减速器;必要时也可自行设计制造。

知识储备

15.1　减速器的功用和分类

减速器是一种在刚性壳体内的独立传动装置,其功用是降低原动机转速,增大扭矩,实现定传动比的传动。由于传动件的种类、数量和相对位置的多样性,减速器有以下分类方式:

(1) 按传动件类型可分为圆柱齿轮减速器、圆锥齿轮减速器、蜗杆减速器、行星齿轮减速器和谐波齿轮减速器。

(2) 按传动比级数可分为单级减速器和多级减速器。其中两级减速器按齿轮在箱体内的布置方式不同又分为展开式、分流式、同轴线式和中心驱动式。

(3) 按轴在空间的相对位置可分为卧式减速器和立式减速器。

15.2　圆柱齿轮减速器的结构

圆柱齿轮减速器的结构如图 15.1 所示,一台完整的减速器主要由传动件、箱体、轴系零件、减速器附件 4 个部分组成。

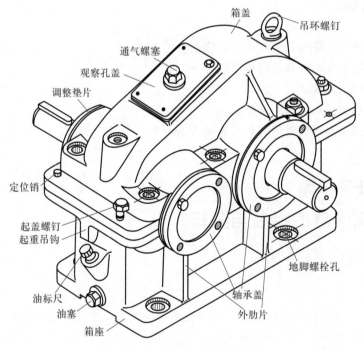

图 15.1　圆柱齿轮减速器的结构

15.2.1　传动件

传动件是减速器的核心零件,它直接决定了减速器的使用性能和寿命,常用的传动件有齿轮、蜗轮、蜗杆等。

15.2.2 箱体

减速器的箱体用来支承和固定轴系零件,应保证传动件轴线和互相位置的正确性。为了便于零件的拆卸和安装,箱体通常制成剖分式。剖分面一般取在轴线所在的水平面内(水平剖分),分为箱盖和箱座两个零件。

箱体通常用灰铸铁(牌号 HT150 或 HT200)铸造而成。

15.2.3 轴系零件

圆柱齿轮减速器的轴系零件包括传动件齿轮(大、小齿轮配对使用)、轴、轴承等多个零件。

通常情况下,可将动力输入轴和小齿轮制成一体式齿轮轴。大齿轮与轴分开制造,用普通平键进行周向定位。

轴上零件用轴肩、轴套、封油环与轴承盖进行轴向固定。轴和箱体之间均采用轴承零件来进行配合,承受径向载荷和轴向载荷的联合作用。轴承端盖与箱体间有调整垫片,以调整轴承游隙,保证轴承正常工作。

15.2.4 减速器附件

圆柱齿轮减速器附件包括观察孔盖、通气螺塞、轴承盖、轴承挡油环、定位销、起盖螺钉、油面指示器、油塞、油杯、起吊装置等。

(1)观察孔盖:为了检查传动零件的啮合情况、接触斑点、侧隙,并向箱体内注入润滑油,应在箱体的上部适当位置设置观察孔。观察孔设在上箱顶盖能够直接观察到齿轮啮合部位的地方。平时,观察孔盖用螺钉固定在箱盖上,其大小应允许将手伸入箱内以便检查齿轮啮合情况。

(2)通气螺塞:减速机工作时,箱体内温度升高,气体膨胀,压力增大,为使箱内受热膨胀的空气能自由地排出以保证箱体内外压力平衡,不致使润滑油沿分箱面和轴伸出段或其他缝隙渗漏,通常在箱体顶部装设通气螺塞。

(3)轴承盖和密封装置:为了固定轴系部件的轴向位置并承受轴向载荷,轴承座孔两端用轴承盖密封。轴承盖有凸缘式和嵌入式两种。图 15.1 中采用的是凸缘式轴承盖,利用六角螺钉固定在箱体上。在轴伸处的轴承盖是透盖,透盖中装有密封装置。凸缘式轴承盖的优点是拆装、调整轴承比较方便,但和嵌入式轴承盖相比,零件数目较多,尺寸较大,外观不够平整。

(4)轴承挡油环:轴承稀油润滑时和干油润滑时挡油环的功能和结构是不同的。轴承稀油润滑时,挡油环只安装在高速齿轮轴上,其功能是防止齿轮齿侧喷出的热油进入轴承,影响轴承寿命。当齿根圆直径大于轴承座孔径时,也可不必安装挡油环。当轴承干油(润滑脂)润滑时,在每个轴承的靠近箱体内壁一侧都应安装挡油环,其作用是阻止箱体内的液体润滑油稀释轴承中的润滑脂。

(5)定位销:为了精确地加工轴承座孔,并保证每次拆装后轴承座的上下半孔始终保持加工时的位置精度,应在精加工轴承座孔前,在上箱盖和下箱座的连接凸缘上配装定位销。图 15.1 采用两个定位圆锥销安置在箱体纵向两侧连接凸缘上,并呈非对称布置以加强定位效果。

（6）起盖螺钉：为了加强密封效果，通常在装配时于箱体剖分面上涂以水玻璃或密封胶，因而在拆卸时往往因胶结紧而使分开困难。为此常在箱盖连接凸缘的适当位置，加工出1～2个螺孔，旋入起盖用的圆柱端或平端的起盖螺钉，起盖时旋动起盖螺钉便可将上箱盖顶起。

（7）油面指示器：为了检查减速机内油池油面的高度，以便保证油池内有适当的油量，一般在箱体便于观察、油面较稳定的部位，装设油面指示器。图15.1采用的油面指示器是油标尺。

（8）油塞：换油时，为了排出污油和清洗剂，应在箱体底部、油池的最低位置处开设放油孔。平时放油孔用带有细牙螺纹的油塞堵住。油塞和箱体接合面间装有防漏用的垫圈。

（9）油杯：滚动轴承采用润滑脂润滑时，应经常补充润滑脂。因此箱盖轴承座上应加油杯，供注润滑脂用。

（10）起吊装置：为了便于搬运，常需在箱体上设置起吊装置，如在箱盖上铸出起重吊环、在箱座上设置起重吊钩等。

15.3　减速器的特点

15.3.1　齿轮减速器的特点

齿轮减速器的传动件是齿轮，所以只用于平行轴间的传动。特点是：结构简单、传递功率大、效率高。一般来说，单级减速器的传动比 $i \leqslant 8$。

15.3.2　单级蜗杆减速器的特点

单级蜗杆减速器有蜗杆下置式、蜗杆上置式两种。下置式适用于蜗杆圆周速度较小（$v \leqslant 4 \text{ m/s}$）的场合，有利于啮合处的润滑与冷却；当蜗杆圆周速度较大时，应采用蜗杆上置式，以减少搅油损耗。

15.3.3　蜗杆、齿轮减速器

当要求传动比较大时，可采用两级蜗杆减速器或齿轮、蜗杆减速器。

任务实施

15.4　减速器的拆装

减速器的拆装

1. 拆装减速器任务目的

（1）掌握减速器的组成，各个零件的特征和功能。

（2）初步掌握减速器的分解及装复方法。

2. 减速器的拆装

拆卸前，先观察减速器的外貌，记住各附件的位置。在分解的过程中，应逐一仔细观察和分析其结构特点。观察仔细后在指导老师的指导下进行装复。

使用设备及工具：圆柱齿轮减速器一台、拆装工具。由实验室及指导教师协同准备工具并清点后交给学生。以单级圆柱齿轮减速器为例，减速器通常按以下的方法拆装：

（1）放油：把油塞拧开，油放干净；

（2）拆左、右轴承端盖；

（3）拆上、下箱体连接螺栓；

（4）吊开箱盖；

（5）将齿轮轴（带轴承）与箱体分离；

（6）拆主、被动齿轮轴上零件（轴承、轴套、齿轮等）。

（7）按拆卸顺序反向装复。

3. 减速器拆装的注意事项

拆装减速器的过程中，为了保证操作人员的安全，避免设备的损坏，需要遵循以下几点：

（1）拆装时应该轻拿轻放，避免损坏减速器各零件；

（2）测量工具不要碰撞其他物品，以保持其精度要求；

（3）减速器在安装前要将有关配合表面擦拭干净，并涂以机油；

（4）拆装时要注意安全，以防手碰伤。

任务评价

减速拆装任务评价表

评价内容	参与者	反馈信息
1. 工具的使用是否正确	小组成员	
2. 减速器拆装的顺序是否正确	小组成员	
3. 对减速器的各组成部分是否了解和认识	小组成员	
4. 对任务中遇到的问题是否能积极解决	小组成员	
5. 在任务实施中是否有团队合作精神	小组成员	
6. 小组互评指出别组任务实施中的优缺点	全体成员	
7. 指导教师的总结和反馈	指导教师	

任务 16

直齿圆柱齿轮传动的分析与设计

任务导入

齿轮传动是一种重要的机械传动，应用非常广泛，几乎所有的减速器都以齿轮传动作为核心传动部件，用来传递运动和扭矩。

齿轮传动具有传递动力大、效率高、寿命长、工作平稳、可靠性高等特点，同时能够保证恒定的传动比，能传递成任意夹角两轴间的运动。同时，齿轮传动的制造和安装精度要求较高，运动过程中对冲击非常敏感，而且不适宜进行远距离的传动。

掌握齿轮传动的工作原理和设计方法，对减速器的设计有着非常重要的意义。

知识储备

16.1　齿轮传动的分类

常见的齿轮传动机构如图16.1所示。

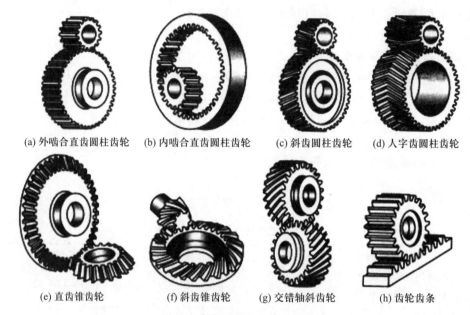

(a) 外啮合直齿圆柱齿轮　(b) 内啮合直齿圆柱齿轮　(c) 斜齿圆柱齿轮　(d) 人字齿圆柱齿轮

(e) 直齿锥齿轮　　(f) 斜齿锥齿轮　　(g) 交错轴斜齿轮　　(h) 齿轮齿条

图16.1　常见的齿轮传动机构

（1）根据相互配合的两个齿轮轴的位置关系，可以分为平面齿轮机构（两轴平行）和空间齿轮机构（两轴不平行）。平面齿轮机构又分为直齿圆柱齿轮、斜齿圆柱齿轮和人字齿圆柱齿轮。

空间齿轮机构又可分为两轴相交的齿轮传动和两轴相错的齿轮传动，其中两轴相交的齿轮传动主要包括直齿锥齿轮和斜齿锥齿轮，两轴相错的齿轮传动主要包括交错轴斜齿轮、螺旋齿轮、蜗杆传动和准双曲面齿轮等。

（2）按照轮齿齿廓曲线的不同，齿轮又可分为渐开线齿轮、圆弧齿轮、摆线齿轮等，本任务重点介绍制造、安装方便且应用广泛的渐开线齿轮。

（3）按照工作条件的不同，齿轮传动又可分为开式齿轮传动和闭式齿轮传动。前者轮齿外露，灰尘易于落于齿面，后者轮齿封闭在箱体内。

（4）按照齿廓表面的硬度可分为软齿面（硬度≤350 HBW）齿轮传动和硬齿面（硬度>350 HBW）齿轮传动。

（5）按照齿轮啮合方式不同，齿轮传动分为外啮合、内啮合和齿轮齿条啮合等。

16.2　渐开线的形成及性质

16.2.1　渐开线的形成

如图16.2所示，一条直线沿一个半径为 r_b 的圆周做纯滚动，该直线上任一点 K 的轨迹称为该圆的渐开线,该圆称为基圆,该直线称为渐开线的发生线。

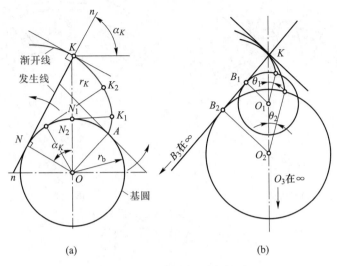

(a)   (b)

图 16.2 渐开线的形成与性质

16.2.2 渐开线的性质

(1)发生线在基圆上滚过的长度等于基圆上被滚过的弧长,如图16.2所示,即

$$\overline{NK} = \widehat{NA} \tag{16.1}$$

(2)渐开线上任意一点法线必然与基圆相切。换言之,基圆的切线必为渐开线上某点的法线。

(3)渐开线齿廓上某点的法线与该点的速度方向所夹的锐角称为该点的压力角。如渐开线上 K 点的压力角 α_K,由图 16.2(a)可推出 $\cos \alpha_K = \dfrac{r_b}{r_K}$。

(4)渐开线的形状取决于基圆的大小。基圆越大,渐开线越平直,当基圆半径无穷大时,渐开线为直线,圆柱齿轮即演变为齿条。

(5)基圆内无渐开线。

16.3 标准直齿圆柱齿轮的几何尺寸及基本参数

16.3.1 标准直齿圆柱齿轮的几何尺寸

以直齿圆柱齿轮为例,齿轮的重要几何参数包括齿距、齿厚、齿槽宽、分度圆、齿顶圆、齿根圆等,各参数关系如图 16.3 所示。

(1)齿距(周节):任意圆周上相邻两齿同侧齿廓间的弧线长度称为该圆上的齿距(或称周节),用 p_K 表示。分度圆上的齿距用 p 表示。

(2)齿厚:任意圆周上一个轮齿的两侧齿廓间的弧线长度称为该圆上的齿厚,用 s_K 表示。分度圆上的齿厚用 s 表示。

(3)齿槽宽:相邻两齿间的空间称为齿槽,任意圆周上齿槽两侧齿廓间的弧线长度称为该圆上的齿槽宽,用 e_K 表示。分度圆上的齿槽宽用 e 表示。

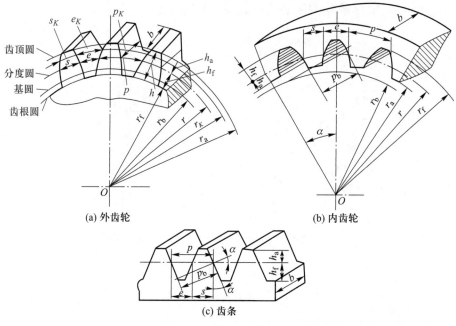

图 16.3　齿轮的几何参数

（4）齿顶圆：与齿轮各轮齿齿顶端相切的圆,其直径用 d_a、半径用 r_a 表示。

（5）齿根圆：与齿轮各轮齿齿槽底部相切的圆,直径用 d_f、半径用 r_f 表示。

（6）分度圆：为设计和制造的方便而规定的一个参考圆,用它作为度量齿轮尺寸的基准圆,其直径用 d、半径用 r 表示。规定标准齿轮分度圆上的齿厚 s 与齿槽宽 e 相等。

（7）齿顶高：位于齿顶圆与分度圆之间的轮齿部分称为齿顶。齿顶部分的径向高度称为齿顶高,用 h_a 表示。

（8）齿根高：位于齿根圆与分度圆之间的轮齿部分称为齿根。齿根部分的径向高度称为齿根高用 h_f 表示。

（9）齿高：齿顶圆与齿根圆之间的径向距离称为齿高,用 h 表示。

（10）齿宽：齿轮两侧面间的距离称为齿宽,用 b 表示。

16.3.2　标准直齿圆柱齿轮的基本参数

为了方便对一个齿轮进行描述,给标准直齿圆柱齿轮定义了 5 个基本参数：z、m、α、h_a^*、c^*,这 5 个基本参数决定了齿轮的几何尺寸。

（1）齿数：齿轮在整个圆周上轮齿的总数,用 z 表示。齿数的多少影响着齿廓的形状,其关系如图 16.4 所示。

（2）模数：根据圆的周长和齿距的定义可知

$$\pi d_K = z p_K, \qquad d_K = \frac{z p_K}{\pi} \qquad (16.2)$$

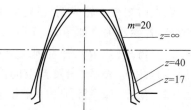

图 16.4　相同模数不同齿数的齿廓形状

齿轮的分度圆是计算各部分尺寸的基准,其周长为 $\pi d = zp$,分度圆直径为 $d = zp/\pi$。式中无理数 π 对设计、制造和测量均不方便。为此,取

p/π 为一个有理数列,称为模数,并用 m 表示,即 $m=p/\pi$。模数 m 是齿轮的一个基本参数,其单位为 mm。模数已经标准化(见表 16.1),只有分度圆上的模数为标准值。因此,分度圆的直径为:

$$d=\frac{pz}{\pi}=mz \qquad (16.3)$$

表 16.1　齿轮模数的标准系列　　　　　　　　　　　　　　　　　　　　mm

第一系列	1　1.25　1.5　2　2.5　3　4　5　6　8　10　12　16　20　25　32　40　50
第二系列	1.75　2.25　2.75　(3.25)　3.5　(3.75)　4.5　5.5　(6.5)

注:1. 本表适用于渐开线齿轮。对于斜齿圆柱齿轮是指法向模数;对于直齿圆锥齿轮是指大端模数。

　　2. 优先采用第一系列,括号内的模数尽可能不采用。

不同的模数对轮齿大小有着直接的影响,影响关系如图 16.5 所示。

(3)压力角:渐开线上各点的压力角是不同的,通常所说的压力角是指分度圆上的压力角,用 α 表示。国家标准规定,齿轮分度圆的压力角为标准值,即 $\alpha=20°$。当压力角改变时,轮齿形状也会发生变化,相互关系如图 16.6 所示。

(4)齿顶高系数:国家标准规定,齿顶高可以用模数乘齿顶高系数来表示:$h_a=h_a^*m$。对于标准直齿圆柱齿轮,齿顶高系数 $h_a^*=1$。

(5)顶隙系数:和齿顶高系数类似,国家标准规定,用顶隙系数来描述齿轮的顶隙 c,即 $c=c^*m$,其中标准齿轮的顶隙系数 $c^*=0.25$。

如果一个直齿圆柱齿轮的模数、压力角、齿顶高系数和顶隙系数均为标准值,且分度圆上的齿厚等于齿槽宽,我们就把它称为标准直齿圆柱齿轮。

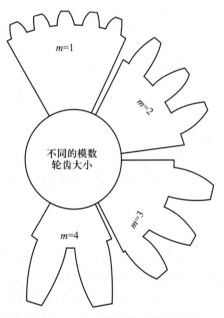

图 16.5　不同的模数对轮齿大小影响关系

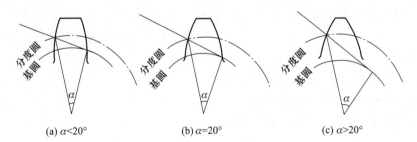

(a) $\alpha<20°$　　　　　　(b) $\alpha=20°$　　　　　　(c) $\alpha>20°$

图 16.6　不同压力角对应的轮齿形状

16.3.3　渐开线直齿圆柱齿轮的主要几何尺寸计算

渐开线直齿圆柱齿轮的主要几何尺寸可以用上述 5 个基本参数来进行计算,计算公式见表 16.2。

表 16.2　渐开线直齿圆柱齿轮主要几何参数计算公式

名称	符号	计算公式
齿顶高	h_a	$h_a = h_a^* m$
齿根高	h_f	$h_f = (h_a^* + c^*) m$
全齿高	h	$h = h_a + h_f = (2h_a^* + c^*)$
顶隙	c	$c = c^* m$
分度圆直径	d	$d = mz$
基圆直径	d_b	$d_b = d\cos\alpha$
齿顶圆直径	d_a	$d_a = d \pm 2h_a = m(z \pm 2h_a^*)$
齿根圆直径	d_f	$d_f = d \mp 2h_f = m(z \mp 2h_a^* \mp 2c^*)$
齿距	p	$p = \pi m$
齿槽宽	e	$e = \dfrac{p}{2} = \dfrac{\pi m}{2}$
齿厚	s	$s = \dfrac{p}{2} = \dfrac{\pi m}{2}$
标准中心距	a	$a = \dfrac{1}{2}(d_2 \pm d_1) = \dfrac{1}{2}m(z_2 \pm z_1)$

16.4　渐开线直齿圆柱齿轮的正确啮合条件

16.4.1　渐开线齿廓的啮合特点

一对齿轮传动是靠主动轮齿廓依次推动从动轮齿廓来实现的。两轮的瞬时角速度之比称为传动比。在工程中要求传动比是定值。

用渐开线作为齿廓,由于渐开线的性质及渐开线共轭齿廓的啮合特点,它能使齿轮传动保持定传动比。渐开线齿廓的啮合主要有以下 4 个特点。

1. 四线合一

四线合一是指啮合线、过啮合点的公法线、基圆的内公切线和正压力作用线重合为一条线。该线与连心线 O_1O_2 的交点 P 是一固定点,该点称为节点。

2. 中心距可分性

如图 16.7 所示,以 O_1、O_2 为圆心,$r_1' = \overline{O_1P}$ 与 $r_2' = \overline{O_2P}$ 为半径所作的圆,称为两齿轮的节圆。一对渐开线齿轮的啮合传动可以看作两个节圆的纯滚动,则有:

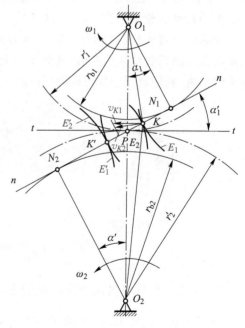

图 16.7　中心距可分性

$$\omega_1 \cdot \overline{O_1 P} = \omega_2 \cdot \overline{O_2 P} \tag{16.4}$$

又因为 $\triangle O_1 P N_1 \backsim \triangle O_2 P N_2$，所以两轮的传动比为：

$$i_{12} = \omega_1 / \omega_2 = \overline{O_2 P} / \overline{O_1 P} = r_2' / r_1' = r_{b2} / r_{b1} \tag{16.5}$$

由此可知，当齿轮制成以后，基圆半径便已确定，因此，传动比也确定了。所以，即使两轮的中心距有点偏差，也不会改变其传动比的大小，这种性质称为中心距可分性。

中心距可分性是渐开线齿廓啮合的优点，主要体现在：① 给齿轮安装、制造带来很大的方便；② 可以设计变位齿轮传动；而缺点是会使传动不稳，给传动带来冲击。

3. 啮合角不变

啮合线 nn 与两节圆的公切线所夹的锐角称为啮合角 α'。很显然，一旦齿轮中心距确定，则 α' 为一定值。啮合角不变，力作用线方向不变，若传递的扭矩不变，其压力大小也保持不变，因而传动较平稳。

4. 齿面的滑动

一对渐开线齿廓在节点啮合时，两个节圆做纯滚动，齿面上无滑动存在。在任意点 K 啮合时，由于两轮在 K 点的线速度（v_{K1}、v_{K2}）不重合，必会产生沿着齿面方向的相对滑动，造成齿面的磨损等。

16.4.2　正确啮合条件

如图 16.8 所示，一对渐开线齿轮齿廓的啮合点都应在理论啮合线上，为使每对轮齿都能正确地进入啮合，即在交替啮合时，轮齿既不脱开又不相互嵌入，要求前一对轮齿在啮合线上 K 点啮合时（尚未脱离啮合），后一对轮齿就在啮合线上的另一点 B_2 接触，只有这样，才不致出现卡死或冲击。

如图 16.9 所示，要使前、后两对轮齿能够同时在啮合线上接触，则两齿轮上相邻两齿同向齿廓在啮合线上的长度（称为法向齿距）应相等，否则就会出现两轮齿廓分离或重叠的情况。

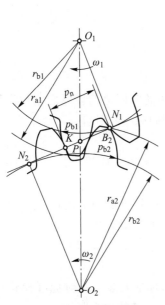

图 16.8　齿轮啮合情况

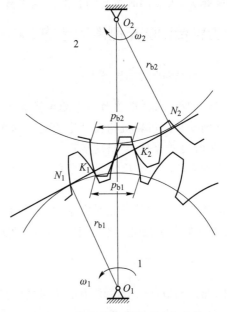

图 16.9　渐开线齿轮正确啮合条件

由渐开线的性质可知,齿轮的法向齿距 p_n 等于两轮基圆齿距 p_b,因此,要使两轮正确啮合,其条件应满足

$$p_{b1} = p_{b2} \tag{16.6}$$

基圆齿距:
$$p_b = \pi d_b/z = \pi mz\cos \alpha/z = \pi m\cos \alpha \tag{16.7}$$

$$p_{b1} = \pi m_1\cos \alpha_1, \quad p_{b2} = \pi m_2\cos \alpha_2 \tag{16.8}$$

则一对齿轮的正确啮合条件为:

$$m_1\cos \alpha_1 = m_2\cos \alpha_2 \tag{16.9}$$

由于模数 m 和分度圆压力角 α 均已标准化了,不能任意选取,因此,一对齿轮正确啮合条件是:两齿轮的模数和分度圆压力角分别相等,即

$$m_1 = m_2, \alpha_1 = \alpha_2 \tag{16.10}$$

16.5   渐开线齿轮连续传动条件

图 16.8 中主动轮 1 推动前一对轮齿在 K 点啮合尚未脱开时,后一对轮齿即在 B_2 点开始啮合,即线段 B_2K 长度等于齿轮的基圆齿距:

$$\overline{B_2K} = p_{b1} = p_{b2} \tag{16.11}$$

前一对轮齿继续转动到 B_1 点(齿轮 1 的齿顶圆与啮合线交点)时,即脱开啮合。线段 B_1B_2 称为实际啮合线,实际啮合线不能超过极限啮合点 N_1、N_2,故称 N_1N_2 为理论啮合线。

为保证齿轮传动的连续性,B_1B_2 线长度应大于其基圆齿距 p_b,若 $\overline{B_1B_2} < p_b$,其前一对轮齿在 B_1 点处脱开啮合时,后一对轮齿尚未进入 B_2 点啮合,前后两对轮齿交替啮合时必然造成冲击,无法保证传动的平稳性。

实际啮合线 B_1B_2 的长度与基圆齿距 p_b 的比值称为重合度,用 ε 表示,即:

$$\varepsilon = \frac{\overline{B_1B_2}}{p_b} \geq 1 \tag{16.12}$$

重合度越大,表面同时参与啮合的齿轮对数越多,传动越平稳。

16.6   齿轮传动的无侧隙啮合的条件

16.6.1   无侧隙啮合的条件

一对啮合的齿轮,一齿轮节圆上的齿槽宽与另一齿轮节圆上的齿厚之差称齿侧间隙,简称侧隙。正确安装的齿轮机构在理论上应达到无齿侧间隙,否则啮合过程中会产生冲击和噪声;并且在反向啮合时,会出现空程。

实现这种无侧隙啮合应满足的条件是:一齿轮的节圆齿厚应等于另一齿轮的节圆齿槽宽,即 $s_1' = e_2'$、$s_2' = e_1'$。

一对正确啮合的渐开线标准齿轮,其模数相等,两齿轮分度圆上的齿厚与齿槽宽相等。显然,当标准齿轮的分度圆与节圆重合时,即可实现无侧隙啮合。

16.6.2   标准中心距

一对标准齿轮节圆与分度圆相重合时的安装称为标准安装。一对标准齿轮传动,分度圆相切的中心距称为标准中心距,以 a 表示。齿轮实际安装的中心距用 a' 表示。必需指出,

为了保证齿面润滑,避免齿轮因摩擦而产生卡死现象,以及为了补偿加工误差等,齿轮传动应留有很小的侧隙。此侧隙一般在制造齿轮时由齿厚的负偏差来保证,而设计计算齿轮尺寸时仍按无侧隙计算,所以 $a' \geqslant a$。

16.7 渐开线直齿圆柱齿轮的加工方法

渐开线齿轮加工原理有两大类,一个是仿形法,用成形铣刀铣出齿轮的齿槽;另一个是范成法(展成法)。

常见的加工方法有:

(1)滚齿机滚齿:可以加工模数为 8 以下的斜齿。

(2)铣床铣齿:可以加工直齿条。

(3)插齿机插齿:可以加工内齿。

(4)冷打机打齿:可以无屑加工。

(5)刨齿机刨齿:可以加工模数为 16 的大齿轮。

(6)精密铸齿:可以大批量加工低成本小齿轮。

(7)磨齿机磨齿:可以加工精密母机上的齿轮。

(8)压铸机铸齿:多数加工有色金属齿轮。

(9)剃齿机剃齿:可用于齿轮精加工。

渐开线直齿圆柱齿轮的加工方法

16.7.1 仿形法加工

仿形法是在普通铣床上用轴向剖面形状与被切齿轮齿槽形状完全相同的铣刀切制齿轮的方法,如图 16.10 所示。

由于渐开线齿廓形状取决于基圆,基圆半径 $r_b = \dfrac{mz\cos\alpha}{2}$,所以,齿廓形状与齿轮的模数、压力角和齿数有关。仅当压力角为标准值时,铣刀形状与模数和齿数有关。对于同一模数和标准压力角的铣刀,一般采用 8 把为一套,每把铣刀铣削一定范围齿数的齿轮。换句话说,在用仿形法加工齿轮时,可以用同一把刀具来加工模数相同且齿数相近的齿轮。

铣完一个齿槽后,分度头将齿坯转过 $360°/z(z$ 为齿轮的齿数)再铣下一个齿槽,直到铣出所有的齿槽。仿形法加工齿轮,常用的刀具有盘状铣刀、指状铣刀、拉刀等。

仿形法加工具有以下特点:

(1)因刀具误差和分度误差使加工精度低。

(2)加工不连续,生产效率低。

(3)可在普通铣床上加工,常用于修配和小批量生产。

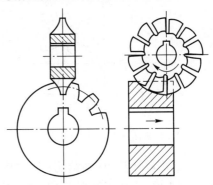

图 16.10 仿形法加工齿轮

16.7.2 范成法(展成法)

范成法是利用一对齿轮无侧隙啮合时两轮的齿廓互为包络线的原理来加工齿轮的。加工时刀具与齿坯的运动就像一对互相啮合的齿轮,最后刀具将齿坯切出渐开线齿廓,如

图 16.11 所示。

使用范成法加工齿轮,常用的刀具有:齿轮插刀、齿条插刀、齿轮滚刀等。

范成法加工齿轮具有以下特点:

(1)用一把刀具,可加工同样模数和压力角而不同齿数的各种齿轮,且加工精度较高。

(2)生产效率较高。

(3)需用专用设备。

在使用范成法加工齿轮时,只要刀具

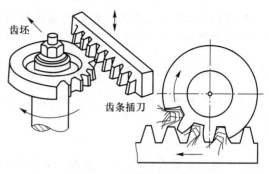

图 16.11 范成法加工齿轮

与被切齿轮的模数和压力角相同,不论被加工齿轮的齿数是多少,都可以用同一把刀具来加工,这给生产带来了很大的方便,因此范成法得到了广泛的应用。

16.8 根切现象与最少齿数

16.8.1 根切现象

用范成法加工齿轮时,若刀具的齿顶线(或齿顶圆)超过理论啮合线极限点 N 时(见图 16.12),被加工齿轮齿根附近的渐开线齿廓将被切去一部分,这种现象称为根切,如图 16.13 所示。

根切将削弱齿根强度,甚至可能降低传动的重合度,影响传动质量,应尽量避免。

16.8.2 标准齿轮的最少齿数

如图 16.14 所示为齿条插刀加工标准外齿轮的情况,齿条插刀的分度线与齿轮的分度圆相切。要使被切齿轮不产生根切,刀具的齿顶线不得超过 N 点。

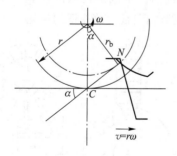

图 16.12 根切的原因

图 16.13 根切

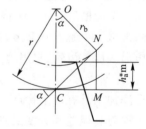

图 16.14 避免根切的条件

经过几何计算,得到结论:为了避免根切现象的发生,对于标准外啮合直齿轮,当 $\alpha = 20°$、$h_a^* = 1$ 时,齿数不能少于 17,这一数字也被称作标准外啮合直齿轮的最少齿数。

16.8.3 齿轮传动的精度等级及其选择

制造和安装齿轮传动装置时,不可避免地会产生误差(如齿形误差、齿距误差、齿向误差、两轴线不平行等)。误差对齿轮传动可能会造成以下三个方面的影响。

（1）相啮合齿轮在一转范围内实际转角与理论值不一致,影响运动传递的准确性。

（2）瞬时传动比不能保持恒定不变,齿轮在一转范围内会出现多次重复的转速波动,特别在高速传动中引起振动、冲击和噪声,即影响传动的平稳性。

（3）齿向误差会使齿轮的载荷分布不均匀,当传递较大转矩时,易引起早期损坏,即影响载荷分布的均匀性。

在国家标准 GB/T 10095—2008《圆柱齿轮精度制》中,对齿轮精度规定了 12 个精度等级,其中 1 级的精度最高,12 级的精度最低,常用的是 6～9 级精度。

按照误差的特性及其对传动性能的主要影响,将齿轮的各项公差分成三个组,分别反映运动的准确性、传动的平稳性和载荷分布的均匀性。

此外考虑到齿轮制造误差及工作时齿轮变形和受热膨胀,同时为了便于润滑,需要一定的齿侧间隙,为此该标准中还规定了 14 种齿厚偏差。

16.9 齿轮传动的失效形式与设计准则

16.9.1 齿轮传动的失效形式

齿轮传动常见的失效形式有轮齿折断和齿面损伤。齿面损伤又有齿面点蚀、磨损、胶合和塑性变形等。

1. 轮齿折断

齿轮折断（见图 16.15）一般出现在齿根部位。折断方式包轮括齿疲劳折断和过载折断。两种折断均发生在轮齿受拉应力的一侧。

避免轮齿折断的措施有减小应力集中、降低齿面的粗糙度、对齿根处进行强化处理工艺等。

2. 齿面点蚀

齿面点蚀主要因为轮齿在啮合过程中承受的交变接触应力,主要现象表现为麻点状凹坑,一般发生在节线附近靠近齿根部分,如图 16.16 所示。避免齿面点蚀的措施主要包括提高齿面硬度和润滑油的黏度等。

3. 齿面磨损

齿面磨损的原因主要包括开式传动、相对滑动。较软的齿表面易被划伤也可能产生齿面磨料磨损。表现为齿厚减薄,轮齿因强度不足而折断（见图 16.17）。

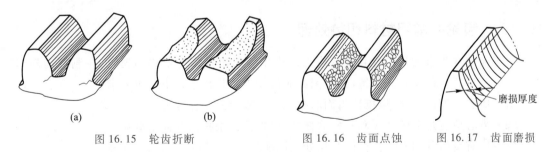

(a)　　　　　　(b)

图 16.15 轮齿折断　　　　图 16.16 齿面点蚀　　图 16.17 齿面磨损

避免齿面磨损的措施主要包括改善润滑、密封条件,提高齿面硬度等。

4. 齿面胶合

齿面胶合可以分为热胶合和冷胶合,热胶合一般是高速重载下的油膜破裂;冷胶合一般是低速重载出现的冷焊黏着。具体现象表现为撕脱、黏着、齿廓形状改变等,如图16.18所示。

提高齿面硬度,降低齿面粗糙度,限制油温等措施可以减缓或防止齿面胶合。

5. 齿面塑性变形

齿面塑性变形的原因一般是齿轮的材料较软,表现为齿形破坏,在节线附近形成凸脊,如图16.19所示。

适当提高齿面硬度,采用黏度较大的润滑油,可以减轻或防止齿面塑性变形。这种失效常在低速重载、频繁起动和过载传动中出现。

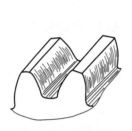

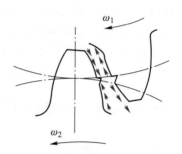

图16.18 齿面胶合   图16.19 齿面塑性变形

16.9.2 齿轮的设计准则

1. 闭式传动

闭式传动的主要失效形式为齿面点蚀和轮齿的弯曲疲劳折断。

当采用软齿面(硬度≤350 HBW)时,其齿面接触疲劳强度相对较低,因此首先按齿面接触疲劳强度条件进行设计计算,并确定齿轮的主要参数和尺寸,然后再按轮齿的弯曲疲劳强度进行校核。

当采用硬齿面(硬度>350 HBW)时,一般首先按轮齿的弯曲疲劳强度条件进行设计计算,确定齿轮的模数及其主要几何尺寸,然后再校核其齿面接触疲劳强度。

2. 开式传动

开式传动的主要失效形式为齿面磨损。通常按照齿根弯曲疲劳强度进行设计计算,确定齿轮的模数及其他参数,但考虑磨粒磨损的影响再将模数增大10%～20%,无须校核接触强度。

16.10 齿轮的常用材料和热处理

由于齿轮在啮合过程中受到交变应力的作用容易出现多种形式的失效,在制造齿轮时需要严格挑选适合的材料来制造齿轮,因此对齿轮材料提出了以下基本要求:

(1)应有足够的硬度,以抵抗齿面磨损、点蚀、胶合及塑性变形等。

(2)齿心应有足够的强度和较好的韧性,以抵抗齿根折断和冲击载荷。

(3)应有良好的加工工艺性能及热处理性能。

满足这些条件的材料主要有锻钢、铸钢和铸铁,不同材料往往用于不同的生产场合。

1. 锻钢

(1)软齿面齿轮:软齿面齿轮的齿面硬度<350 HBW,常用中碳钢和中碳合金钢,如45

钢、40Cr、35SiMn 等材料,进行调质或正火处理。

（2）硬齿面齿轮:硬齿面齿轮的齿面硬度大于 350 HBW,常用的材料为中碳钢或中碳合金钢,应经表面淬火处理。

2. 铸钢

当齿轮的尺寸较大（大于 400~600 mm）而不便于锻造时,可用铸造方法制成铸钢齿坯,再进行正火处理以细化晶粒。

3. 铸铁

低速、轻载场合的齿轮可以制成铸铁齿坯。当尺寸大于 500 mm 时可制成大齿圈,或制成轮辐式齿轮。

常用齿轮材料及其力学性能见表 16.3。

表 16.3　常用齿轮材料及其力学性能

材料	牌号	热处理	硬度	抗拉强度 R_m/MPa	屈服强度 R_e/MPa	应用范围
优质碳素钢	45	正火 调质 表面淬火	169~217 HBW 217~255 HBW 40~50 HRC	580 650 750	290 360 450	低速轻载 低速中载 高速中载或低速重载,冲击很小
	50	正火	180~220 HBW	620	320	低速轻载
合金钢	40Cr	调质 表面淬火	240~260 HBW 48~55 HRC	700 900	550 650	中速中载 高速中载,无剧烈冲击
	42SiMn	调质 表面淬火	217~269 HBW 45~55 HRC	750	470	高速中载,无剧烈冲击
	20Cr	渗碳淬火	56~62 HRC	650	400	高速中载,承受冲击
	20CrMnTi	渗碳淬火	56~62 HRC	1 100	850	
铸钢	ZG310~570	正火 表面淬火	160~210 HBW 40~50 HRC	570	320	中速、中载、大直径
	ZG340~640	正火 调质	170~230 HBW 240~270 HBW	650 700	350 380	
球墨铸铁	QT600-2 QT500-5	正火	220~280 HBW 147~241 HBW	600 500		低中速轻载,有小的冲击
灰铸铁	HT200 HT300	人工时效 （低温退火）	170~230 HBW 187~235 HBW	200 300		低速轻载,冲击很小

16.11　直齿圆柱齿轮的设计与校核

16.11.1　许用应力

齿轮的许用应力 $[R]$ 是指在特定的条件下经疲劳试验测得的试验齿轮的疲劳强度 R_{-1},

并对其进行适当的修正而得出。修正时主要考虑应力循环次数的影响和可靠度。

直齿圆柱齿轮的结构设计

直齿圆柱齿轮的传动设计

1. 接触许用应力

齿轮的接触许用应力,可根据材料和齿面硬度由表 16.4 查得。

2. 弯曲许用应力

齿轮的弯曲许用应力,与材料、热处理、齿面硬度有关,可由表 16.5 查得。

表 16.4　齿轮的接触许用应力$[R_H]$

材料	热处理方法	齿面硬度	$[R_H]$/MPa
普通碳钢	正火	150~210 HBW	240+0.8 HBW
碳素钢	调质、正火	170~270 HBW	380+0.7 HBW
合金钢	调质	200~350 HBW	380+HBW
铸钢	—	150~200 HBW	180+0.8 HBW
碳素铸钢	调质、正火	170~230 HBW	310+0.7 HBW
合金铸钢	调质	200~350 HBW	340+HBW
碳素钢、合金钢	表面淬火	45~58 HRC	500+11 HRC
合金钢	渗碳淬火	54~64 HRC	23 HRC
灰铸铁	—	150~250 HBW	120+HBW
球墨铸铁	—	200~300 HBW	170+1.4 HBW

表 16.5　齿轮的弯曲许用应力$[R_F]$

材料	热处理方法	齿面硬度	$[R_F]$/MPa
普通碳钢	正火	150~210 HBW	130+0.15 HBW
碳素钢	调质、正火	170~270 HBW	140+0.2 HBW
合金钢	调质	200~350 HBW	155+0.3 HBW
铸钢	—	150~200 HBW	100+0.15 HBW
碳素铸钢	调质、正火	170~230 HBW	120+0.2 HBW
合金铸钢	调质	200~350 HBW	125+0.25 HBW
碳素钢、合金钢	表面淬火	45~58 HRC	160+2.5 HRC
合金钢	表面淬火	54~63 HRC	5.8 HRC
灰铸铁	—	150~250 HBW	30+0.1 HBW
球墨铸铁	—	200~300 HBW	130+0.2 HBW

16.11.2　齿轮的受力分析

如图 16.20 所示,以主动轮 O_1 为受力体,受 F_n、T_1 的作用。F_n 可分为圆周力 F_t 和径向力 F_r。根据力的平衡,可以得到:

$$F_t = 2T_1/d_1 \qquad (16.13)$$
$$F_r = F_t \tan\alpha \qquad (16.14)$$
$$F_n = F_t/\cos\alpha = 2T_1/(d_1\cos\alpha)$$

式中　T_1——小齿轮上转矩，$T_1 = 9.55 \times 10^6 \times P/n_1$，$N \cdot mm$；

　　　　P——传递功率，kW；

　　　　n_1——小齿轮转速，r/min。

大、小齿轮所受的 F_t 和 F_r 分别大小相等，方向相反。即：

$$F_{t1} = -F_{t2}，\ F_{r1} = -F_{r2} \qquad (16.15)$$

F_t 的方向符合"主反从同"的特点，即主动轮 F_t 方向与其转向相反；从动轮 F_t 方向与其转向相同。而外啮合齿轮 F_r 的方向为主动轮和从动轮皆由作用点指向各自轮心，内啮合齿轮 F_r 的方向皆由作用点背离各自轮心。

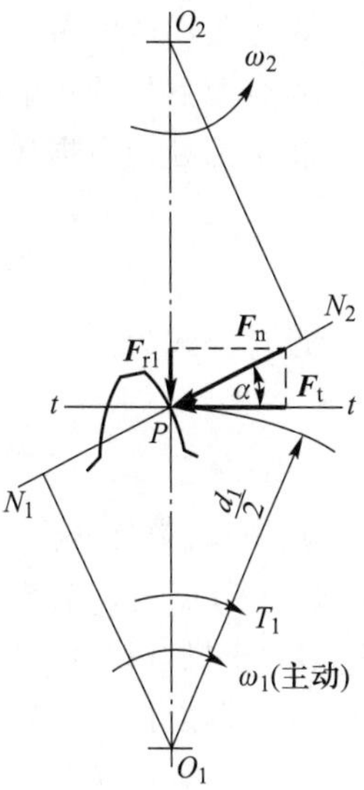

16.11.3　齿轮的载荷计算

齿轮传动在实际工作时，由于原动机和工作机的工作特性不同，会产生附加的动载荷。齿轮、轴、轴承的加工、安装误差及弹性变形都会引起载荷集中，使实际载荷增加。

因此，考虑各种实际情况，通常用计算载荷 KF_n 取代名义载荷 F_n，计算载荷用符号 F_{nc} 表示，即

$$F_{nc} = KF_n \qquad (16.16)$$

式中　K——齿轮载荷系数，由表 16.6 查取。

图 16.20　齿轮的
受力分析

表 16.6　齿轮载荷系数 K

工作机械	载荷特性	原动机		
		电动机	多缸内燃机	单缸内燃机
均匀加料的运输机和加料机、发电机、机床辅助传动	均匀、轻微冲击	1～1.2	1.2～1.6	1.6～1.8
不均匀加料的运输机和加料机、重型卷扬机、球磨机、机床主传动	中等冲击	1.2～1.6	1.6～1.8	1.8～2.0
冲床、钻床、轧机、破碎机、挖掘机	大的冲击	1.6～1.8	1.9～2.1	2.2～2.4

16.11.4　齿面接触疲劳强度计算

齿面接触疲劳强度计算是为避免齿面点蚀失效（见图 16.21），应使 $R_H \leqslant [R_H]$。

轮齿接触表面的最大接触应力可用赫兹（Hertz）公式计算，即

$$R_H = \sqrt{\dfrac{F_n}{\pi b} \cdot \dfrac{\dfrac{1}{\rho_1} \pm \dfrac{1}{\rho_2}}{\dfrac{1-\mu_1^2}{E_1} + \dfrac{1-\mu_2^2}{E_2}}} \qquad (16.17)$$

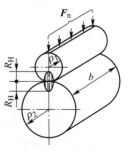

图 16.21　齿面接触
疲劳强度计算

齿轮传动的疲劳点蚀一般出现在靠近节线的齿根,因此齿面的接触疲劳强度以单对齿轮在啮合节点处的接触应力为计算依据。

将节点处的数据代入赫兹公式,经整理得校核公式为:

$$R_H = Z_E Z_H \sqrt{\frac{2KT_1}{bd_1^2}\frac{u\pm 1}{u}} = Z_E Z_H \sqrt{\frac{2KT_1}{\psi_d d_1^3}\frac{u\pm 1}{u}} \leqslant [R_H] \qquad (16.18)$$

设计公式为:

$$d_1 \geqslant \sqrt[3]{\frac{2KT_1}{\psi_d}\left(\frac{Z_E Z_H}{[R_H]}\right)^2 \frac{u\pm 1}{u}} \qquad (16.19)$$

式中:齿数比 $u = i = z_2/z_1 = d_2/d_1$;齿宽系数 $\psi_d = b/d_1$;"+"号用于外啮合;"–"号用于内啮合;Z_H 为节点啮合系数,反映节点处齿廓形状对接触应力的影响;Z_E 为配对齿轮的材料系数(Z_H、Z_E 查机械设计手册可得)。

在计算齿根弯曲疲劳强度时,应注意以下要点:

(1)计算得 d_1,选定 z_1 后,可得模数 m。

(2)d_1 对 R_H 影响较大,d_1 增大、R_H 减小,齿轮接触强度提高。

(3)$R_{H1} = R_{H2}$,大、小齿轮的齿面接触应力一样。从校核公式看,K、b、u 都是大、小齿轮的综合值,且大、小齿轮受同样的力 F_n(以 T_1、d_1 表示)。

(4)设计公式中应代入 $[R_H]_1$、$[R_H]_2$ 中较小者,一般为 $[R_H]_2$。

16.11.5 齿根弯曲疲劳强度计算

齿根弯曲疲劳强度计算是为防止轮齿折断(见图16.22),应使 $R_F \leqslant [R_F]$。

为简化计算,假定:

(1)全部载荷由一对齿承担。

(2)载荷作用于齿顶(轮齿看作悬臂梁)。

(3)齿根危险截面厚度 s_F 可用切线法确定。

以轮齿受拉边为计算依据。考虑齿形对齿根弯曲应力的影响,引入齿形系数 Y_F;考虑齿根应力集中和危险截面上的正压力及剪切力的影响,引入应力修正系数 Y_s,可由表16.7查取。按材料力学计算弯曲应力的方法,经整理得校核公式为:

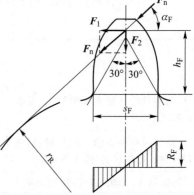

图16.22 齿根弯曲疲劳强度计算

$$R_F = \frac{2KT_1}{bd_1 m}Y_F Y_S = \frac{2KT_1}{bz_1 m^2}Y_F Y_S \leqslant [R_F] \quad (16.20)$$

引入齿宽系数 $\psi_d = b/d_1$ 代入式(16.20),得设计公式为:

$$m \geqslant \sqrt[3]{\frac{2KT_1}{\psi_d z_1^2}\frac{Y_F Y_S}{[R_F]}} \qquad (16.21)$$

在计算齿根弯曲疲劳强度时,应注意以下要点:

(1)R_F 和模数的倒数正相关,m 越大,R_F 越小,弯曲强度越高。

(2)计算得的模数 m 要取为标准值,传动齿轮 m 不宜小于1.5。

(3)$Y_{F1} \neq Y_{F2}$,$Y_{S1} \neq Y_{S2}$,所以 $R_{F1} \neq R_{F2}$。而且,$[R_F]_1$ 与 $[R_F]_2$ 也不一定相等,故大、小齿轮的弯曲疲劳强度要分别校核。

表 16.7　齿形系数和应力系数

z_v	17	18	19	20	21	22	23	24	25	26	27	28	29
Y_F	2.97	2.91	2.85	2.80	2.76	2.72	2.69	2.65	2.62	2.60	2.57	2.55	2.53
Y_S	1.52	1.53	1.54	1.55	1.56	1.57	1.575	1.58	1.59	1.595	1.60	1.61	1.62
z_v	30	35	40	45	50	60	70	80	90	100	150	200	1 000
Y_F	2.52	2.45	2.40	2.35	2.32	2.28	2.24	2.22	2.20	2.18	2.14	2.12	2.06
Y_S	1.625	1.65	1.67	1.68	1.70	1.73	1.75	1.77	1.78	1.79	1.83	1.865	1.97

（4）设计公式中应代入 $Y_{F1}Y_{S1}/[R_F]_1$、$Y_{F2}Y_{S2}/[R_F]_2$ 两者中较大者。

16.11.6　直齿圆柱齿轮的设计实例

【例题】　设计一单级闭式直齿圆柱齿轮减速器中的齿轮传动。已知：传递功率 $P=4\ kW$，电动机驱动，小齿轮转速 $n_1=1\ 450\ r/min$，传动比 $i=3.5$，单向运转，载荷平稳。使用寿命 5 年，两班制工作（每年 250 天）。

解：1. 选择齿轮材料及精度等级

根据工作条件，小齿轮选用 45 钢调质处理，由表 16.3 得硬度为 217 ～ 255 HBW，取硬度值 240 HBW 进行计算；大齿轮选用 45 钢正火处理，由表 16.3 得硬度为 169～217 HBW，取硬度值 200 HBW 进行计算。因为是普通减速器，选用 8 级精度，要求齿面表面粗糙度 $Ra\leqslant 3.2\mu m$，直齿圆柱齿轮 $v\leqslant 6m/s$。

该齿轮为闭式软齿面齿轮传动。

2. 按齿面接触疲劳强度设计

因两齿轮均为钢质的齿轮，可采用公式（16.19）求出 d_1 值，确定有关参数与系数。

（1）转矩 T_1：$T_1=9.55\times10^6\dfrac{P}{n_1}=9.55\times10^6\times\dfrac{4\ kW}{1\ 450\ r/min}\approx26\ 344.8\ N\cdot mm$。

（2）由表 16.6 查得，试选齿轮载荷系数 $K=1.4$。

（3）根据机械设计手册，因单级齿轮传动对称布置，齿轮齿面为软齿面，取齿宽系数 $\psi_d=1$。

（4）根据机械设计手册，查得配对齿轮材料系数 $Z_E=189.8\sqrt{MPa}$。

（5）对于标准直齿轮，节点啮合系数 $Z_H=2.5$。

（6）齿数比 $u=i_2=3.5$。

（7）确定齿轮齿数。初选小齿轮齿数 $z_1=23$，则 $z_2=uz_1=23\times3.5=80.5$，取 $z_2=81$。

（8）确定许用接触应力 $[R_H]$。由表 16.4 查得接触许用应力，$[R_H]_1=548$ MPa，取 $[R_H]_2=520$ MPa。

（9）初算小齿轮的分度圆直径 d_1，有

$$d_1\geqslant\sqrt[3]{\frac{2KT_1}{\psi_d}\left(\frac{Z_E Z_H}{[R_H]}\right)^2\frac{u+1}{u}}$$

$$=\sqrt[3]{\frac{2\times1.4\times26\ 344.8}{1}\times\left(\frac{189.8\times2.5}{520}\right)^2\frac{3.5+1}{3.5}}\ mm$$

$$\approx42.9\ mm$$

（10）确定模数 m 得：

$$m = \frac{d_1}{z_1} = \frac{42.9}{23} \text{ mm} \approx 1.87 \text{ mm}$$

按表 16.1 取标准模数 $m = 2$ mm。

3. 主要尺寸计算

参考表 16.2，得主要尺寸为

$$d_1 = mz_1 = 2 \times 23 \text{ mm} = 46 \text{ mm}$$
$$d_2 = mz_2 = 2 \times 81 \text{ mm} = 162 \text{ mm}$$
$$b_2 = \psi_d d_1 = 1 \times 46 \text{ mm} = 46 \text{ mm}$$

齿宽 b_2 圆整为 50 mm，取 $b_1 = b_2 + (5 \sim 10) \text{ mm} = 55 \text{ mm}$。

中心距 $a = \dfrac{m(z_1 + z_2)}{2} = \dfrac{2 \times (23 + 81)}{2} \text{mm} = 104 \text{ mm}$。

4. 按齿根弯曲疲劳强度校核

$$R_F = \frac{2KT_1}{bd_1 m} Y_F Y_S = \frac{2KT_1}{bz_1 m^2} Y_F Y_S \leqslant [R_F]$$

（1）K、T_1、m 和 d_1 同前。

（2）齿宽 $b = b_2 = 50$ mm。

（3）由表 16.7 查得齿形系数 Y_F 和应力修正系数 Y_S。

由 $z_1 = 23$ 查表 16.7 得 $Y_{F1} = 2.69$，$Y_{S1} = 1.575$；

由 $z_2 = 81$ 采用插值法查表 16.7 得 $Y_{F2} = 2.218$，$Y_{S2} = 1.771$。

（4）由表 16.5 查得 $[R_{F1}] = 188$ MPa，$[R_{F2}] = 180$ MPa。

（5）分别校核两齿轮齿根弯曲疲劳强度：

$$R_{F1} = \frac{2KT_1}{bd_1 m} Y_{F1} Y_{S1} = \frac{2 \times 1.4 \times 26\,344.8}{50 \times 46 \times 2} \times 2.69 \times 1.575 \text{ MPa}$$
$$\approx 67.94 \text{ MPa} < [R_{F1}]$$
$$R_{F2} = \frac{2KT_1}{bd_1 m} Y_{F2} Y_{S2} = \frac{2 \times 1.4 \times 26\,344.8}{50 \times 46 \times 2} \times 2.218 \times 1.771 \text{ MPa}$$
$$\approx 62.99 \text{ MPa} < [R_{F2}]$$

两齿轮设计合理。

16.12   斜齿圆柱齿轮的基本参数和几何尺寸计算

16.12.1   齿廓曲面的形成及其啮合特点

可以通过一个平面来分析直齿圆柱齿轮的几何参数，而实际生活中，圆柱齿轮都具有一定的宽度，轮齿的齿廓沿轴线方向形成一曲面。

斜齿圆柱齿轮的基本参数分析

直齿圆柱齿轮轮齿渐开线曲面的形成如图 16.23 所示。平面与基圆柱相切于母线，当平面沿基圆柱做纯滚动时，其上与母线平行的直线 KK 在空间所走过的轨迹即为渐开线曲面，平面称为发生面，形成的曲面即为直齿圆柱齿轮的齿廓曲面。

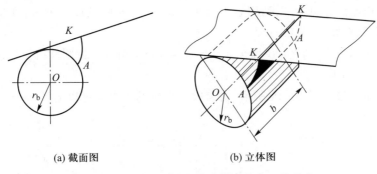

(a) 截面图　　　　(b) 立体图

图 16.23　直齿圆柱齿轮轮齿渐开线曲面的形成

当轮齿的齿廓和基圆柱的轴线不再平行,就形成了斜齿圆柱齿轮,斜齿圆柱齿轮轮齿渐开线曲面的形成如图 16.24 所示,当平面沿基圆柱做纯滚动时,其上与母线成一倾斜角 β_b 的斜直线 KK 在空间所走过的轨迹为渐开线螺旋面,该螺旋面即为斜齿圆柱齿轮的齿廓曲面,β_b 称为基圆柱上的螺旋角。

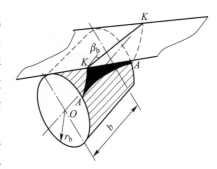

图 16.24　斜齿圆柱齿轮
轮齿渐开线曲面的形成

直齿圆柱齿轮啮合时,齿面的接触线均平行于齿轮轴线。因此轮齿是沿整个齿宽同时进入啮合、同时脱离啮合的,载荷沿齿宽突然加上及卸下。因此直齿轮传动的平稳性较差,容易产生冲击和噪声,不适用于高速和重载的传动。

一对平行轴斜齿圆柱齿轮啮合时,斜齿轮的齿廓是逐渐进入啮合、逐渐脱离啮合的。如图 16.25 所示,斜齿轮齿廓接触线的长度由零逐渐增加,又逐渐缩短,直至脱离接触,载荷也不是突然加上或卸下的,因此斜齿轮传动工作较平稳。

(a) 直齿圆柱齿轮啮合的接触线　　(b) 斜齿圆柱齿轮啮合的接触线

图 16.25　直齿圆柱齿轮和斜齿圆柱齿轮的接触线

16.12.2　斜齿圆柱齿轮的基本参数和几何尺寸计算

斜齿圆柱齿轮与直齿圆柱齿轮主要不同点是:斜齿圆柱齿轮的轮齿是倾斜的,有端面和法面之分。端面 t 是指垂直于齿轮轴线的平面,斜齿圆柱齿轮的端面是标准的渐开线。法面 n 是指垂直于轮齿螺旋线方向的剖面,斜齿圆柱齿轮的法面参数应为标准值。

(1)螺旋角。螺旋角 β 是指螺旋线的切线与平行于轴线的母线之间的夹角,通常是指分度圆上的螺旋角,如图 16.26 所示。β 一般为 $8° \sim 20°$。

斜齿圆柱齿轮按其齿廓渐开螺旋面的旋向,可分为右旋和左旋两种,如图 16.27 所示。

判断斜齿圆柱齿轮的方向,可以利用以下简单方法:将齿轮的端面向下时,观察齿线是左高还是右高,左高就左旋,右高就右旋。

（2）模数。因为 $p_n = p_t \cos\beta$ 且 $p_n = \pi m_n$、$p_t = \pi m_t$,所以斜齿圆柱齿轮的模数可以通过公式 $m_n = m_t \cos\beta$ 计算。

（3）压力角。根据图 16.28 所示,斜齿圆柱齿轮的压力角可以通过 $\tan\alpha_n = \tan\alpha_t^* \cos\beta$ 计算得到。

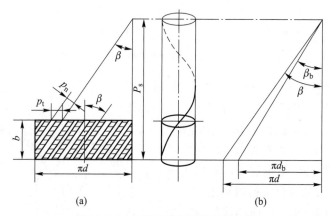

图 16.26　斜齿圆柱齿轮的基本参数

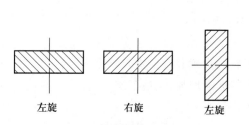

图 16.27　斜齿圆柱齿轮的方向

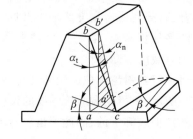

图 16.28　斜齿圆柱齿轮压力角计算

（4）齿顶高系数及顶隙系数。不论从端面或法面看,斜齿圆柱齿轮的齿顶高是相同的,齿根高也是相同的。

因此　　　　　　　$h_a = h_{an}^* m_n = h_{at}^* m_t$,$h_f = (h_{an}^* + c_n^*) m_n = (h_{at}^* + c_t^*) m_t$　　　　（16.22）

由于　　　　　　　　　　　$m_n = m_t \cos\beta$

可以得到　　　　　　　$h_{at}^* = h_{an}^* \cos\beta$,　　$c_t^* = c_n^* \cos\beta$　　　　　　　（16.23）

（5）斜齿圆柱齿轮的几何尺寸计算。因一对斜齿圆柱齿轮传动在端面上相当于一对直齿圆柱齿轮传动,故可将直齿圆柱齿轮的几何尺寸计算公式用于斜齿圆柱齿轮的端面。其计算见表 16.8。

表 16.8　斜齿圆柱齿轮的几何尺寸计算公式

名称	代号	计算公式	备注
端面模数	m_t	$m_t = \dfrac{m_n}{\cos\beta}$（$m_n$ 为法面模数）	m_n 由强度计算决定,并为标准值
端面压力角	α_t	$\alpha_t = \arctan\dfrac{\tan\alpha_n}{\cos\beta}$	α_n 为标准值

续表

名称	代号	计算公式	备注
螺旋角	β	一般取 $\beta = 8° \sim 25°$	
分度圆直径	d_1, d_2	$d_1 = m_t z_1 = \dfrac{m_n z_1}{\cos\beta}, d_2 = m_t z_2 = \dfrac{m_n z_2}{\cos\beta}$	
齿顶高	h_a	$h_a = h_{an}^* m_n = m_n$	h_{an}^* 为标准值 1
齿根高	h_f	$h_f = (h_{an}^* + c_n^*) m_n = 1.25 m_n$	c_n^* 为标准值 0.25
全齿高	h	$h = h_a + h_f = 2.25 m_n$	
顶隙	c	$c = h_f - h_a = 0.25 m_n$	
齿顶圆直径	d_{a1}, d_{a2}	$d_{a1} = d_1 + 2m_n, d_{a2} = d_2 + 2m_n$	
齿根圆直径	d_{f1}, d_{f2}	$d_{f1} = d_1 - 2.5 m_n, d_{f2} = d_2 - 2.5 m_n$	
中心距	a	$a = \dfrac{d_1 + d_2}{2} = \dfrac{m_t}{2}(z_1 + z_2) = \dfrac{m_t(z_1 + z_2)}{2\cos\beta}$	

斜齿圆柱齿轮传动的中心距与螺旋角 β 有关。当一对斜齿圆柱齿轮的模数、齿数一定时,可以通过改变其螺旋角 β 的大小来圆整中心距。

斜齿圆柱齿轮最少齿数 $z_{min} = 2h_{at}^* / \sin^2\alpha_t = 2h_{an}^* \cos\beta / \sin^2\alpha_t$,由于 $\cos\beta < 1$,$\alpha_t > \alpha_n$,所以斜齿圆柱齿轮的最少齿数比直齿圆柱齿轮要少,因而斜齿圆柱齿轮机构更加紧凑。

16.12.3　斜齿圆柱齿轮正确啮合的条件和重合度

1. 正确啮合条件

从端面看,斜齿圆柱齿轮的齿廓曲线为渐开线,一对斜齿圆柱齿轮传动在端面上相当于一对渐开线直齿圆柱齿轮传动,故斜齿圆柱齿轮传动能满足定传动比的要求。

斜齿圆柱齿轮的正确啮合条件和直齿轮类似,可以归纳为以下三点:

（1）模数相等:
$$m_{t1} = m_{t2} = m_t \ (\text{或} \ m_{n1} = m_{n2} = m_n) \qquad (16.24)$$

（2）压力角相等:
$$\alpha_{t1} = \alpha_{t2} = \alpha_t \ (\text{或} \ \alpha_{n1} = \alpha_{n2} = \alpha_n) \qquad (16.25)$$

（3）螺旋角相等: $\beta_1 = \beta_2$,且外啮合时斜齿圆柱齿轮旋向相反;内啮合时旋向相同。

2. 斜齿圆柱齿轮传动的重合度

分析斜齿圆柱齿轮传动的重合度时,可以作从动齿条分度面的俯视图（见图 16.29）。

故斜齿圆柱齿轮传动的啮合弧 $F_H = F_G + G_H$,所以
$$\varepsilon = F_H / P_t = F_G / P_t + G_H / P_t = \varepsilon_t + b\tan\beta / P_t$$
$$(16.26)$$

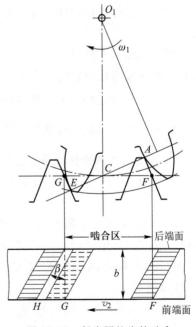

图 16.29　斜齿圆柱齿轮啮合

式中　ε_t——端面重合度,其值等于与斜齿圆柱齿轮端面齿廓相同的直齿圆柱齿轮传动的重合度;

$b\tan\beta/P_t$——附加重合度,是由于轮齿的倾斜而产生,它随齿宽 b 和 β 的增大而增大,这是斜齿圆柱齿轮传动平稳、承载能力较高的原因之一。

16.12.4　斜齿圆柱齿轮的当量齿数

在进行强度计算和用成形法加工齿轮选择铣刀时,应知道斜齿圆柱齿轮的法向齿形。

如图16.30所示,过斜齿圆柱齿轮分度圆柱上齿廓的任一点 C 作轮齿螺旋线的法面 n,在 C 点附近的齿形就是斜齿圆柱齿轮法面上的齿形。

图16.30中该法面与分度圆柱的交线为一椭圆,其长半轴 $a=d/(2\cos\beta)$、短半轴 $b=d/2$,计算得到 C 点的曲率半径为:

$$\rho = a_2/b = d/(2\cos 2\beta) \tag{16.27}$$

现以 ρ 为分度圆半径,以 m_n 为模数,以 α_n 为压力角作一直齿圆柱齿轮,该直齿圆柱齿轮的齿形可近似认为是斜齿圆柱齿轮的法向齿形,该直齿圆柱齿轮称为斜齿圆柱齿轮的当量齿轮,其齿数称为当量齿数,用 z_v 表示:

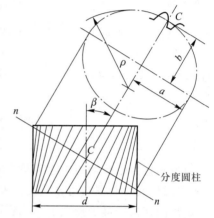

图16.30　斜齿圆柱齿轮法向齿形

$$z_v = 2\rho/m_n = d/(m_n\cos^2\beta) = m_n z/(m_n\cos^3\beta) = z/\cos^3\beta \tag{16.28}$$

式中　z——斜齿圆柱齿轮的实际齿数(注:计算中当量齿数不取整)。

计算当量齿数,对斜齿圆柱齿轮的设计及强度计算具有重大的意义:

(1) 根据当量齿数 z_v,可以选择成形铣刀的刀号;

(2) 在计算齿轮弯曲疲劳强度时,以 z_v 决定齿形系数 Y_F。

(3) 标准斜齿圆柱齿轮不发生根切的最少齿数可由其当量直齿圆柱齿轮的最少齿数 z_{vmin} 计算出来。

$$z_{min} = z_{vmin}\cos^3\beta = 17\cos^3\beta \tag{16.29}$$

16.12.5　斜齿圆柱齿轮的强度计算

1. 斜齿圆柱齿轮传动受力分析

如图16.31所示,以主动轮1为受力体,受 F_n、T_1 的作用。

F_n 可分解为三个相互垂直的力 F_r、F_t、F_a,即在法平面($abcP$)内分解成径向力 F_r 和 F',F' 又在切向平面($a'aeP$)内分解为圆周力 F_t 和轴向力 F_a,根据力的平衡,可以得到

$$F_t = 2T_1/d_1 \tag{16.30}$$

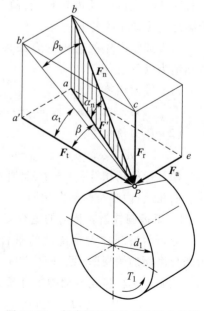

图16.31　斜齿圆柱齿轮传动受力分析

$$F_r = F/\tan \alpha_n = F_t \tan \alpha_n / \cos \beta = F_t \tan \alpha_t \qquad (16.31)$$

$$F_a = F_t \tan \beta \qquad (16.32)$$

得到：
$$F_n = F_t /(\cos \alpha_n \cos \beta) \qquad (16.33)$$

主从动齿轮所受的 F_t、F_r、F_a 分别大小相等,方向相反。即 $F_{t1} = -F_{t2}$；$F_{r1} = -F_{r2}$；$F_{a1} = -F_{a2}$。

各力的方向可以按照以下方法判断：

（1）F_t：按照"主反从同"的原则判断,即主动轮 F_t 方向与其转向相反；从动轮 F_t 方向与其转向相同。

（2）F_r：方向外啮合皆由作用点指向各自轮心,内啮合皆由作用点背离各自轮心。

（3）F_a：主动轮由"左右手定则"判别。即当主动轮是左（右）旋时,用左（右）手,弯曲的四指表示主动轮的回转方向,而大拇指的指向即为主动轮的轴向力方向。从动轮的轴向力则与主动轮的轴向力方向相反。

2. 斜齿圆柱齿轮传动的强度计算

斜齿圆柱齿轮的强度计算是按当量直齿圆柱齿轮传动进行的,沿用直齿圆柱齿轮的强度计算公式,用法面参数计算。

（1）齿面接触疲劳强度计算。

校核公式：
$$R_H = 3.17 Z_E \sqrt{\frac{KT_1}{bd_1^2} \times \frac{u \pm 1}{u}} \leq [R_H] \qquad (16.34)$$

设计公式：
$$d_1 \geq \sqrt[3]{\left(\frac{3.17 Z_E}{[R_H]}\right)^2 \cdot \frac{KT_1}{\psi_d} \cdot \frac{u \pm 1}{u}} \qquad (16.35)$$

（2）齿根弯曲疲劳强度计算。

校核公式：
$$R_F = \frac{1.6 KT_1}{bd_1 m_n} Y_F Y_S \leq [R_F] \qquad (16.36)$$

设计公式：
$$m_n \geq 1.17 \sqrt[3]{\frac{KT_1 \cos^2 \beta Y_F Y_S}{\psi_d z_1^2 [R_F]}} \qquad (16.37)$$

注:有关直齿圆柱齿轮齿根弯曲疲劳强度计算公式应用的说明对斜齿圆柱齿轮同样适用。

16.13 锥齿轮传动

16.13.1 锥齿轮传动概述

锥齿轮的基本参数分析

直齿圆柱齿轮和斜齿圆柱齿轮的基圆形状都是规则的圆柱体,如果将基圆的形状从圆柱体变为圆锥,就可以得到一种新的齿轮传动,即锥齿轮传动。

锥齿轮用于两相交轴之间的传动。锥齿轮的齿分布在圆锥体上,其齿形从大端到小端逐渐减小。

和圆柱齿轮传动相似,一对锥齿轮的运动相当于一对节圆锥做纯滚动,如图 16.32 所示。对于单个锥齿轮而言有分度圆锥、齿顶圆锥、齿根圆锥和基圆锥等概念。

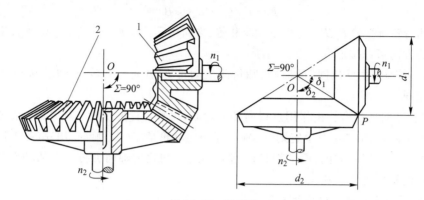

图 16.32　锥齿轮

标准锥齿轮其节圆锥与分度圆锥重合。设 δ_1、δ_2 分别为两锥齿轮的分度圆锥角,Σ 为两轴线的交角,通常 $\Sigma = \delta_1 + \delta_2 = 90°$。 　　　　　　　　　　　　　　　　(16.38)

两锥齿轮的大端分度圆半径分别为

$$r_1 = \overline{OP}\sin\delta_1, r_2 = \overline{OP}\sin\delta_2 \tag{16.39}$$

因此

$$i = \omega_1/\omega_2 = z_2/z_1 = r_2/r_1 = \sin\delta_2/\sin\delta_1 = \cot\delta_1 = \tan\delta_2 \tag{16.40}$$

在设计锥齿轮传动时,可以根据给定的传动比 i,按式(16.40)分别确定两轮分度圆锥角 δ_1 和 δ_2。

16.13.2　锥齿轮的齿廓曲线、背锥和当量齿数

1. 锥齿轮的齿廓曲线

直齿锥齿轮大端的齿廓曲线理论上应在以锥顶 O 为中心、锥距 R 为半径的球面上。此渐开线称为球面渐开线。

2. 背锥

直齿锥齿轮齿廓曲线为球面曲线,但由于球面无法展成平面,给锥齿轮的设计和制造产生困难,因此,常采用下述近似方法加以研究。

如图 16.33 所示,过大端上的 A 点作球面的切线 $O_1A(O_1A \perp OA)$ 与轴线相交于 O_1,设想以 OO_1 为轴,O_1A 为母线作一圆锥,把这个圆锥称为该锥齿轮的背锥(辅助圆锥)。

在背锥上取齿顶高 $b'A$ 和齿根高 $a'A$,在 A 和 B 点附近,背锥上和球面上的齿形非常接近,可以近似地用背锥上的齿形代替球面上的齿形。

3. 当量齿数

如图 16.34 所示,图的上部为一对相互啮合的直齿锥齿轮,两圆锥 O_1CA 和 O_2CB 称为背锥。图的下部是将两轮的背锥展成平面,形成了两个扇形齿轮。

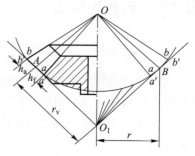

图 16.33　背锥

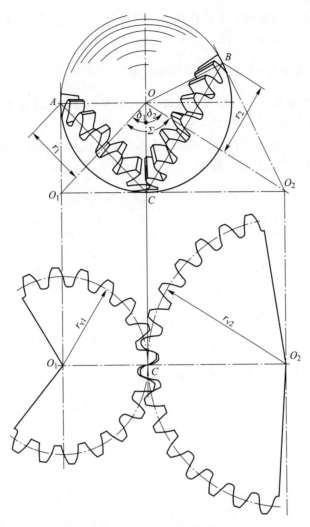

图 16.34 锥齿轮的当量齿数

该扇形齿轮的模数、压力角、齿顶高、齿根高及齿数,就是锥齿轮大端的模数、压力角、齿顶高、齿根高及齿数。而扇形齿轮的分度圆半径分别为两轮的背锥距 O_1C 和 O_2C。

若将扇形补充为完整的圆柱齿轮,则该齿轮称为锥齿轮的当量齿轮,其齿数称为锥齿轮的当量齿数,齿的数量则分别增加到 z_{v1}、z_{v2}。

因为当量齿轮的分度圆半径为

$$r_{v1} = \overline{O_1C} = r_1/\cos \delta_1 = mz_1/2\cos \delta_1 \text{ 且 } r_{v1} = mz_{v1}/2 \qquad (16.41)$$

可得到:

$$z_{v1} = z_1/\cos \delta_1, z_{v2} = z_2/\cos \delta_2 \qquad (16.42)$$

式中 z_1、z_2——圆锥齿轮的真实齿数(注:z_{v1}、z_{v2} 不一定为整数)。

在锥齿轮的啮合传动和加工中,研究当量齿轮有如下的意义:

(1)用仿形法加工锥齿轮时,根据当量齿轮来选择铣刀;

(2)直齿锥齿轮的重合度可按当量齿轮的重合度计算;

(3)用范成法加工时,可根据当量齿数来计算直齿锥齿轮不发生根切的最少齿数。

根据一对直齿圆柱齿轮的正确啮合的条件可知,一对直齿锥齿轮的正确啮合条件应为两轮大端模数和压力分别相等,即 $m_1 = m_2 = m$,$\alpha_1 = \alpha_2 = \alpha$。

16.13.3　直齿锥齿轮传动的几何尺寸计算

由于直齿锥齿轮的基圆形状是一个圆锥,其大端和小端的几何尺寸是有着明显差异的,在国家标准中,以锥齿轮大端的参数为标准值进行计算。

标准的直齿锥齿轮的压力角、齿顶高系数和顶隙系数都是标准值:$\alpha = 20°$、$h_a^* = 1$、$c^* = 0.2$,锥齿轮的模数按表16.9进行圆整。

表 16.9　标准锥齿轮的模数系列　　　　　　　　　　　　mm

0.1	0.35	0.9	1.75	3.25	5.5	10	20	36
0.12	0.4	1	2	3.5	6	11	22	40
0.15	0.5	1.125	2.25	3.75	6.5	12	25	45
0.2	0.6	1.25	2.5	4	7	14	28	50
0.25	0.7	1.375	2.75	4.5	8	16	30	—
0.3	0.8	1.5	3	5	9	18	32	—

标准锥齿轮的几何尺寸计算公式见表16.10。

表 16.10　标准锥齿轮的几何尺寸计算公式

名称代号	符号	计算公式
分度圆锥角	δ	$\delta_1 = \operatorname{arccot} \dfrac{z_2}{z_1}, \delta_2 = 90° - \delta_1$
分度圆直径	d	$d_1 = mz_1, d_2 = mz_2$
齿顶高	h_a	$h_{a1} = h_{a2} = h_a^* m$
齿根高	h_f	$h_{f1} = h_{f2} = (h_a^* + c^*) m$
齿顶圆直径	d_a	$d_{a1} = d_1 + 2h_a \cos \delta_1, d_{a2} = d_2 + 2h_a \cos \delta_2$
齿根圆直径	d_f	$d_{f1} = d_1 - 2h_f \cos \delta_1, d_{f2} = d_2 - 2h_f \cos \delta_2$
锥距	R	$R = \dfrac{1}{2}\sqrt{d_1^2 + d_2^2}$
齿宽	b	$b \leqslant \dfrac{1}{3} R$
齿顶角	θ_a	$\theta_{a1} = \theta_{a2} = \arctan \dfrac{h_a}{R}$
齿根角	θ_f	$\theta_{f1} = \theta_{f2} = \arctan \dfrac{h_f}{R}$
齿顶圆锥角	δ_a	$\delta_{a1} = \delta_1 + \theta_{a1}, \delta_{a2} = \delta_2 + \theta_{a2}$

名称代号	符号	计算公式
齿根圆锥角	δ_f	$\delta_{f1}=\delta_1-\theta_{f1},\delta_{f2}=\delta_2-\theta_{f2}$
当量齿数	z_v	$z_{v1}=\dfrac{z_1}{\cos\delta_1},z_{v2}=\dfrac{z_2}{\cos\delta_2}$

16.13.4　直齿锥齿轮的强度计算

1. 直齿锥齿轮传动受力分析

如图 16.35 所示,以主动轮 1 为受力体,受 F_n、T_1 的作用。F_n 可分解为三个相互垂直的力 F_t、F_r、F_a,即在法平面($abcP$)内分解成圆周力 F_t 和 F'(注:法平面与垂直于齿轮轴线的平面之间的夹角等于锥角 δ),F' 又在轴向平面($ecc'P$)内分解为径向力 F_r 和轴向力 F_a。

根据力的平衡,可以得到:

$$F_t\times d_{m1}/2=T_1,\text{即 } F_t=2T_1/d_{m1};F_r=F'\cos\delta=F_t\tan\alpha\cdot\cos\delta;F_a=F'\sin\delta=F_t\tan\alpha\cdot\sin\delta \tag{16.43}$$

得到结论:

$$F_n=F_t/\cos\alpha \tag{16.44}$$

式中　d_{m1}——主动小齿轮齿宽中点分度圆直径,且 $d_{m1}=(1-0.5\psi_R)d_1$,如图 16.36 所示。

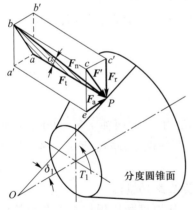
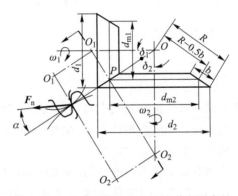

图 16.35　直齿锥齿轮传动受力分析　　图 16.36　主动小齿轮齿宽中点分度圆直径

直齿锥齿轮所受各力的方向如下:

F_t:按照"主反从同"的原则判断,即主动轮 F_t 方向与其转向相反;从动轮 F_t 方向与其转向相同。$F_{t1}=-F_{t2}$

F_r:由作用点垂直指向各自轴线。$F_{r1}=-F_{a2}$

F_a:由小端指向大端。$F_{a1}=-F_{r2}$

主、从动轮各力关系如图 16.37 所示。

2. 直齿锥齿轮传动的强度计算

计算直齿锥齿轮的强度时,可按齿宽中点处当量直齿圆柱齿轮并按直齿圆柱齿轮推导方式做近似计算,且最终

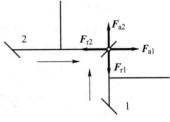

图 16.37　锥齿轮主从动轮各力关系

用大端的基本参数表示。

锥齿轮的齿宽系数取 $\psi_R = b/R$。

（1）齿面接触疲劳强度计算。

校核公式：

$$R_H = \frac{4.98 Z_E}{1-0.5\psi_R}\sqrt{\frac{KT_1}{\psi_R d_1^3 u}} \leq [R_H] \tag{16.45}$$

设计公式：

$$d_1 \geq \sqrt[3]{\frac{KT_1}{\psi_R u}\left[\frac{4.98 Z_E}{(1-0.5\psi_R)[R_H]}\right]^2} \tag{16.46}$$

式中 Z_E、K、$[R_H]$ 的计算同直齿圆柱齿轮。

注：有关直齿轮齿面接触疲劳强度计算公式应用的说明对锥齿轮同样适用。

（2）齿根弯曲疲劳强度计算。

校核公式：

$$R_F = \frac{4KT_1 Y_F Y_S}{\psi_R (1-0.5\psi_R)^2 m^3 z_1^2 \sqrt{1+u^2}} \leq [R_F] \tag{16.47}$$

设计公式：

$$m \geq \sqrt[3]{\frac{4KT_1 Y_F Y_S}{\psi_R (1-0.5\psi_R)^2 z_1^2 [R_F] \sqrt{1+u^2}}} \tag{16.48}$$

注：有关直齿轮齿根弯曲疲劳强度计算公式应用的说明对锥齿轮同样适用。

16.14 蜗杆传动

16.14.1 蜗杆传动的类型和特点

蜗杆传动用来传递空间两交错轴之间的运动和动力，一般两轴交角为 90°。蜗杆传动由蜗杆与蜗轮组成。一般为蜗杆主动、蜗轮从动，具有自锁性，做减速运动。蜗杆传动广泛应用于各种机械和仪器设备之中。

蜗杆传动有很多种不同的结构，常见的蜗杆传动见表 16.11。

蜗杆传动可以看作齿轮传动的一种演变，其在工作原理和适用情景上和齿轮传动有一定的相似也有所不同，其工作特点主要有：

（1）蜗杆传动的最大特点是结构紧凑、传动比大。一般传动比 $i = 10 \sim 40$，最大可达 80。若只传递运动（如分度运动），其传动比可达 1 000。

（2）传动平稳、噪声小。

（3）可制成具有自锁性的蜗杆。

（4）蜗杆传动的主要缺点是效率较低。

（5）蜗轮的造价较高。

16.14.2 蜗杆传动的主要几何参数

由于蜗杆传动是一个空间机构，在分析其主要几何参数时，需要选择一个平面来进行分

表 16.11　常见的蜗杆传动

圆柱蜗杆传动					环面蜗杆传动	锥蜗杆传动
普通圆柱蜗杆传动				圆弧圆柱蜗杆传动		
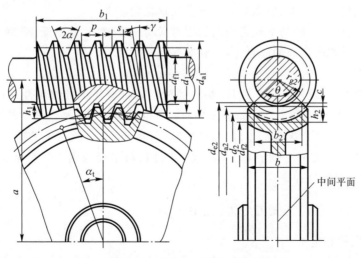						
阿基米德蜗杆（ZA蜗杆）	渐开线蜗杆（ZI蜗杆）	法向直廓蜗杆（ZN蜗杆）	锥面包络蜗杆（ZK蜗杆）			

析,国家标准规定,通过蜗杆轴线并垂直于蜗轮轴线的平面为中间平面。如图 16.38 所示,中间平面上蜗杆轴向模数 m_{a1} 和压力角 α_1 规定为标准值。与齿条齿轮啮合传动相似,蜗杆与蜗轮啮合时的正确啮合条件为:

$$
\left.
\begin{aligned}
m_{a1} &= m_{t2} = m \\
\alpha_{a1} &= \alpha_{t2} = \alpha \\
\gamma_1 &= \beta_2
\end{aligned}
\right\}
\tag{16.49}
$$

式中　m_{t2}——蜗轮端面模数;

　　　α_{t2}——蜗轮端面压力角;

　　　β_2——蜗轮螺旋角;

　　　γ_1——蜗杆的导程角。

图 16.38　蜗杆传动的几何参数

蜗杆传动的几何参数包括：

（1）模数 m。在中间平面上的模数为标准值，即蜗杆的轴向模数 m_{a1} 和蜗轮的端面模数 m_{t2} 为标准值，见表 16.12。

表 16.12　蜗杆传动的标准模数　　　　　　　　　　　　　　　　　　　mm

第一系列	1,1.25,1.6,2,2.5,3.15,4,5,6.3,8,10,12.5,16,20,25,31.5,40
第二系列	1.5,3,3.5,4.5,5.5,6,7,12,14

（2）蜗杆分度圆直径 d_1。要保证蜗杆与蜗轮的正确啮合，蜗轮加工时用和与该蜗轮相啮合的蜗杆的直径、齿形参数完全相同的滚刀进行切削。为了减少加工蜗轮的滚刀的规格数量，利于蜗轮滚刀的标准化和系列化，国家标准规定，d_1 为标准值，且与 m 有一定的搭配关系。

（3）蜗杆直径特性系数 q。由于蜗杆分度圆直径 d_1 和蜗杆模数 m 均为标准值，它们的比值定义为蜗杆直径特性系数 q，即 $d_1 = mq$。

（4）蜗杆头数 z_1 和蜗轮齿数 z_2。蜗杆头数 z_1 是指蜗杆圆柱面上连续齿的个数，也就是螺旋线的线数。常用取值为 1、2、4、6。z_1 过大，加工制造的难度增加，精度不易保证；z_1 减小，传动效率降低，传动比较大或要求自锁时取 $z_1 = 1$。蜗轮齿数 z_2 根据传动比 i 和 z_1 确定：$z_2 = iz_1$。

为避免蜗轮轮齿发生根切和保证传动的平稳性，一般取蜗轮齿数 $z_2 > 27$；同时为避免结构尺寸一定时，模数过小而导致弯曲强度不足，或模数一定时，蜗轮直径过大而导致蜗杆轴支承跨距过大从而刚度降低，蜗轮齿数也不宜过大，一般取 $z_2 < 80$。

蜗杆的几何尺寸众多，但一般都可以根据基本尺寸进行计算，本书中不详细介绍，有兴趣的同学可以查找相关的文献进行自学。

16.14.3　蜗杆传动的失效形式及材料选择

1. 蜗杆传动的失效形式

蜗杆传动的失效形式和齿轮传动相类似。由于材料和结构的原因，蜗杆螺旋部分的强度总是高于蜗轮轮齿的强度，所以失效常发生在蜗轮轮齿上。

蜗轮传动中，由于蜗杆与蜗轮齿面间的相对滑动速度较大，效率低，摩擦生热量大，因此其主要失效形式是蜗轮齿面的胶合、点蚀和磨损。

2. 常用材料

由蜗杆传动的失效分析可知，蜗杆、蜗轮的材料要具有优良的减摩性、耐磨性和抗胶合性能，并具有足够的强度。常用的蜗轮材料有：铸锡青铜适用于滑动速度较高的重要传动；铸铝青铜抗胶合能力虽比锡青铜差，但强度较高，价格便宜，一般用于滑动速度小于 10 m/s 的场合；滑动速度小于 2 m/s 时，可用灰铸铁。蜗杆材料主要为碳钢和合金钢。为了防止变形，常对蜗轮进行时效处理。

16.14.4　蜗杆传动的受力分析和强度计算

1. 蜗轮转向的确定

当蜗杆为右旋时，右手四指顺着蜗杆转向握起来，大拇指沿蜗杆轴线所指的相反方向即为蜗轮上节点速度方向,因此蜗轮逆时针方向旋转;当蜗杆为左旋时,则用左手按相同方法判定蜗轮转向。

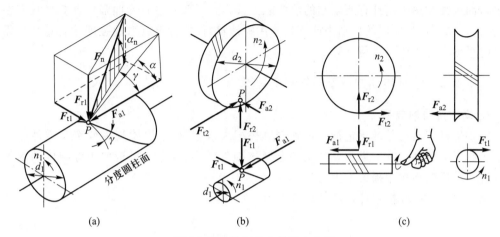

图 16.39 蜗杆传动的受力分析

2. 轮齿上的作用力

蜗杆传动轮齿上的作用力和斜齿轮相似。为简化计算,通常不考虑摩擦力的影响,蜗杆传动的受力情况如图 16.39 所示。图中 F_n 分解为三个相互垂直的分力:圆周力 F_t、径向力 F_r、轴向力 F_a。由于蜗杆与蜗轮轴交角为 90°,因此根据作用力与反作用力原理,蜗杆切向力 F_{t1} 与蜗轮轴向力 F_{a2}、蜗轮切向力 F_{t2} 与蜗杆轴向力 F_{a1}、蜗杆径向力 F_{r1} 与蜗轮径向力 F_{r2} 各为一对大小相等、方向相反的作用力与反作用力。

蜗杆蜗轮受力方向的判定规律与斜齿圆柱齿轮相同。主动蜗杆上的切向力 F_{t1} 是阻力,其方向与蜗杆转动方向相反,从动蜗轮切向力 F_{t2} 与其回转方向相同;两径向力 F_{r1} 和 F_{r2} 分别指向各自的轮心;轴向力 F_{a1} 的方向根据蜗杆的螺旋线旋向和回转方向,应用左、右手定则来确定。

3. 强度计算

（1）蜗轮齿面接触强度的计算。蜗杆传动可以近似地看作齿条与斜齿轮的啮合传动,因此以赫兹应力公式为基础,考虑蜗杆和蜗轮齿廓特点,可推导出齿面接触疲劳强度的校核公式和设计公式。

校核公式:

$$R_H = 500\sqrt{\frac{KT_2}{d_1 d_2^2}} = 500\sqrt{\frac{KT_2}{m^2 d_1 d_2^2}} \leqslant [R_H] \tag{16.50}$$

设计公式:

$$m^2 d_1 \geqslant \left(\frac{500}{z_2 [R_H]}\right)^2 KT_2 \tag{16.51}$$

式中 K——载荷系数,$K=(1.1\sim1.4)$,载荷平稳、滑动速度 $v_s \leqslant 3$ m/s、传动精度高时取小值;

$[R_H]$——蜗轮许用接触应力,MPa;

m——模数,mm;

z_2——蜗轮齿数。

（2）蜗轮轮齿弯曲疲劳强度的计算。蜗轮轮齿弯曲疲劳强度所限定的承载能力，大都超过齿面点蚀和热平衡计算所限制的承载能力，因此，一般不进行弯曲强度计算。只有在少数情况下，如在强烈冲击的传动中或蜗轮采用脆性材料时，计算其弯曲强度才有意义。需要计算时可参考有关资料进行计算。

16.14.5 蜗杆传动的效率与热平衡计算

1. 蜗杆传动的效率

闭式蜗杆传动的总效率包括轮齿啮合摩擦损失效率、轴承摩擦损失效率及零件搅动润滑油飞溅损失效率。其中最主要的是啮合摩擦损失效率，其大小可近似用螺旋传动的效率公式计算。后两项功率损失不大，其效率一般为 0.95 ~ 0.97。

因此，蜗杆主动时，蜗杆传动的总效率为：

$$\eta = (0.95 \sim 0.97)\frac{\tan\gamma}{\tan(\gamma + \rho_v)} \tag{16.52}$$

式中　γ——蜗杆导程角；

ρ_v——当量摩擦角，可根据滑动速度 v_s 查取。

2. 蜗杆传动的热平衡计算

由于蜗杆传动相对滑动速度大，发热量大，若不及时散热，会导致润滑不良而使轮齿磨损加剧，甚至产生胶合，因此，对闭式蜗杆传动应进行热平衡计算。

蜗杆传动转化为热能所消耗的功率 P_s 为：

$$P_s = 1\,000(1 - \eta)P_1 \tag{16.53}$$

经箱体散发热量的相当功率 P_c 为：

$$P_c = k_s A(t_1 - t_0) \tag{16.54}$$

达到平衡时，$P_s = P_c$，因此可得到热平衡时润滑油的工作温度 t_s 的计算公式为：

$$t_s = \frac{1\,000P_1(1 - \eta)}{k_s A} + t_0 \leqslant [t_1] \tag{16.55}$$

普通蜗杆传动的箱体散热面积 A 估算式为：

$$A = 0.33\left(\frac{a}{100}\right)^{1.75} \tag{16.56}$$

式中　a——中心距，mm。

3. 散热措施

如果润滑油的工作温度超过许用值，则可采用下述冷却措施。

（1）增加散热面积。合理设计箱体结构，在箱体上铸出或焊上散热片。

（2）提高表面传热系数。在蜗杆轴上装置风扇，或在箱体池内装设蛇形冷却水管，或用循环油冷却，蜗杆传动的散热方法如图 16.40 所示。

16.15　轮系传动比的计算及应用

轮系早已经广泛应用于生活和工业生产中，如古代出现的记里鼓车、指南车，以及如今广泛使用的手表、齿轮变速箱、自动进刀读数装置等。

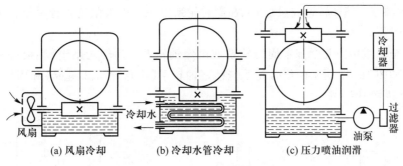

图 16.40 蜗杆传动的散热方法

16.15.1 轮系的定义及分类

在机械设备中,为了满足不同的工作需要,如获取较大的传动比,或者为了变速、换向,常使用一系列齿轮所组成的齿轮机构来传动,这种由一系列的齿轮组成的齿轮传动系统称为齿轮系,简称轮系。

按照轮系传动时,各齿轮轴线位置是否固定,轮系分为定轴轮系、周转轮系。

轮系

如果在轮系运动时,所有齿轮的几何轴线均固定,则这种轮系称为定轴轮系,如图 16.41 所示。定轴轮系根据轴线是否平行又可分为平面定轴轮系和空间定轴轮系。全部齿轮为圆柱齿轮,各轮的轴线相互平行,如图 16.41(a)所示,这种定轴轮系为平面定轴轮系;轮系中包含锥齿轮、蜗轮蜗杆等空间齿轮,如图 16.41(b)所示,这种定轴轮系称为空间定轴轮系。

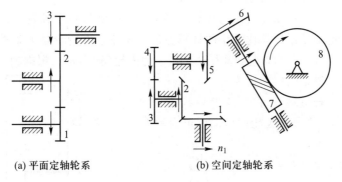

(a) 平面定轴轮系   (b) 空间定轴轮系

图 16.41 定轴轮系

如果在轮系运动时,其中至少有一个齿轮轴线的位置并不固定,而是绕着其他齿轮的固定轴线回转,则这种轮系称为周转轮系。周转轮系还可以根据自由度数进一步划分,若自由度为 1,如图 16.42(a)所示,则称为行星轮系;若自由度为 2,如图 16.42(b)所示,则称为差动轮系。

如图 16.42(a)所示,在周转轮系中,齿轮 1 和内齿轮 3 都围绕着固定轴线 O_1 旋转,称为太阳轮。齿轮 2 用回转副与构件 H 相连,它一方面绕着自己的轴线 O_2 做自转运动,另一方面绕着构件 H 的固定轴线 O_H 做公转,就像行星的运动规律一样,故将齿轮 2 称之为行星轮,构件 H 称为行星架(转臂或系杆)。在周转轮系中一般以太阳轮和行星架作为输入和输出构件。

如果一个轮系中由几个基本周转轮系或由定轴轮系和周转轮系组成,则这种轮系称为组合轮系。如图 16.43 所示的组合轮系包括定轴轮系(由齿轮 1、2 组成)和周转轮系(由齿轮 2′、3、4 及转臂 H 组成)。

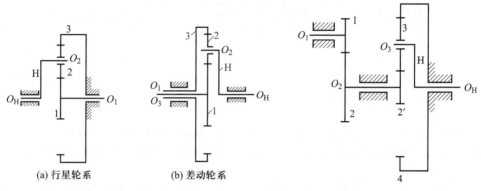

(a) 行星轮系　　(b) 差动轮系

图 16.42　周转轮系　　　　　　　　图 16.43　组合轮系

16.15.2　轮系传动比的计算

轮系中,输入轴(轮)与输出轴(轮)的转速或角速度之比,称为轮系的传动比,通常用 i 表示。因为转速或角速度是矢量,所以,计算轮系传动比时,不仅要计算它的大小,而且还要确定输出轴(轮)的转动方向。

轮系传动比的计算

1. 定轴轮系传动比的计算

(1) 传动比大小的计算。图 16.44 所示为一定轴轮系,现以此图为例介绍定轴轮系传动比大小的计算方法。该轮系由齿轮对 1、2,2′、3,3′、4,4、5 组成。若轮 1 为首轮(输入轮),轮 5 为末轮(输出轮),根据轮系传动比的定义,则此轮系的传动比为 $i_{15} = n_1/n_5$。

若上述轮系中各齿轮齿数分别为 z_1、z_2、$z_{2'}$、z_3、$z_{3'}$、z_4、z_5,则各对齿轮的传动比可表示为

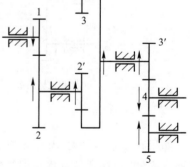

$$i_{12} = \frac{n_1}{n_2} = \frac{z_2}{z_1}, \quad i_{2'3} = \frac{n_{2'}}{n_3} = \frac{z_3}{z_{2'}}, \quad i_{3'4} = \frac{n_{3'}}{n_4} = \frac{z_4}{z_{3'}}, \quad i_{45} = \frac{n_4}{n_5} = \frac{z_5}{z_4}$$

$$(16.57)$$

注意到图 16.44 所示轮系中齿轮 2 和 2′ 是固定在同一根轴上的,即有 $n_2 = n_{2'}$,齿轮 3 和 3′ 是固定在同一根轴上的,即有 $n_3 = n_{3'}$。由此分析可知,主动输入轮 1 到从动输出轮 5 之间的传动,是通过上述各对齿轮的依

图 16.44　定轴轮系

次传动来实现的。因此,将以上各对齿轮的传动比连乘起来,可得轮系的传动比为:

$$i_{15} = i_{12}i_{2'3}i_{3'4}i_{45} = \frac{n_1}{n_2} \cdot \frac{n_{2'}}{n_3} \cdot \frac{n_{3'}}{n_4} \cdot \frac{n_4}{n_5} = \frac{z_2}{z_1} \cdot \frac{z_3}{z_{2'}} \cdot \frac{z_4}{z_{3'}} \cdot \frac{z_5}{z_4} \quad (16.58)$$

式(16.58)说明,定轴轮系的传动比等于组成该轮系的各对啮合齿轮传动比的连乘积;

也等于各对啮合齿轮中所有从动轮齿数的连乘积与所有主动轮齿数的连乘积之比。

若轮系中首轮轮1的转速为n_1,末轮轮K转速为n_K,则该轮系的传动比为:

$$i_{1K} = \frac{n_1}{n_K} = \frac{\text{从轮 1 到轮 } K \text{ 之间所有从动轮齿数的连乘积}}{\text{从轮 1 到轮 } K \text{ 之间所有主动轮齿数的连乘积}} \qquad (16.59)$$

图16.44所示轮系中,轮4对轮3′为从动轮,但对轮5又为主动轮,其齿数的多少并不影响传动比的大小,而仅起到中间过渡和改变从动轮转向的作用,故称之为惰轮或介轮。

(2)首末轮转向关系的确定。图16.44所示轮系中,首轮1的转向已知,其可见侧圆周速度的方向如箭头所示,则各齿轮对的转向关系可以用标注箭头的方法确定。外啮合传动的两圆柱齿轮转向相反,用反向箭头表示;内啮合传动的两圆柱齿轮转向相同,用同向箭头表示。

对于锥齿轮传动,如图16.45所示,根据主动齿轮和从动齿轮的受力分析可知,表示两轮转向的箭头应同时指向节点,或同时背离节点。

对于蜗杆传动,如图16.46所示,从动蜗轮转向判定方法用蜗杆"左、右手法则":对右旋蜗杆,用右手法则,即用右手握住蜗杆的轴线,使四指弯曲方向与蜗杆转动方向一致,则与拇指的指向相反的方向就是蜗轮在节点处圆周速度的方向。对左旋蜗杆,用左手法则,方法同上。

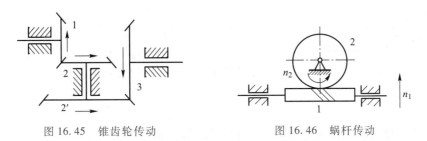

图16.45　锥齿轮传动　　　　　　图16.46　蜗杆传动

(3)传动比符号的确定。当轮系中所有齿轮的几何轴线均平行时,首、末两轮转向关系可用"+""-"号表示,它取决于$(-1)^m$,m表示外啮齿轮的对数。

若轮系中,所有齿轮的几何轴线并非完全平行时,可用箭头标注,如图16.47所示。

若轮系中,只有首、末两轮轴线平行,再用箭头逐对标注转向,若首、末两轮的转向相同,传动比为正,反之为负,如图16.47所示。

2. 周转轮系传动比的计算

周转轮系由行星轮、太阳轮、行星架组成。周转轮系与定轴轮系的根本区别在于周转轮系中具有转动的行星架,从而使行星轮既要自转又要公转,故其传动比不能直接用定轴轮系传动比的计算方法来求解。如果能设法使行星架固定不动,那么周转轮系就可转化成一个定轴轮系。现假设给图16.48(a)所示的整个周转轮系,加上一个与行星架的转速n_H大小相等方向相反的

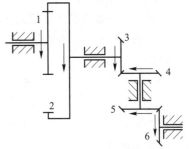

图16.47　空间定轴轮系传动

公共转速"$-n_H$",则行星架H的转速从n_H变为$n_H + (-n_H)$,即变为静止,而各构件间的相对运动关系并不变化,此时行星轮的公转速度等于零,即得到假想的定轴轮系,如图16.48(b)所示。这种假想的定轴轮系称为原周转轮系的转化轮系。

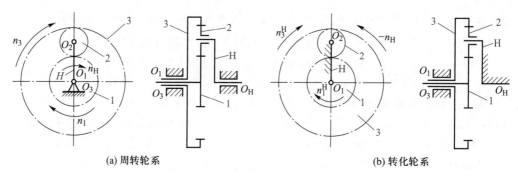

(a) 周转轮系　　　　　　　　　　　　　　　(b) 转化轮系

图 16.48　周转轮系及其传动比的计算

转化轮系中各构件的转速见表 16.13。

表 16.13　转化轮系中各构件的转速

构件	行星齿轮系中的转速	转化齿轮系中的转速
太阳轮 1	n_1	$n_1^H = n_1 - n_H$
行星轮 2	n_2	$n_2^H = n_2 - n_H$
太阳轮 3	n_3	$n_3^H = n_3 - n_H$
行星架 H	n_H	$n_H^H = n_H - n_H = 0$
机架 4	$n_4 = 0$	$n_4^H = -n_H$

转化轮系中 1、3 两轮的传动比可根据定轴轮系传动比的计算方法得

$$i_{13}^H = \frac{n_1^H}{n_3^H} = \frac{n_1 - n_H}{n_3 - n_H} = (-1)^1 \frac{z_2 z_3}{z_1 z_2} = -\frac{z_3}{z_1} \qquad (16.60)$$

式中，"–"号表示在转化轮系中轮 1 与轮 3 的转向相反。

若将以上分析归纳为一般情况，可得到转化轮系传动比的计算公式为：

$$i_{GK}^H = \frac{n_G - n_H}{n_K - n_H} = \pm \frac{\text{从轮 } G \text{ 到轮 } K \text{ 之间所有从动轮齿数的连乘积}}{\text{从轮 } G \text{ 到轮 } K \text{ 之间所有主动轮齿数的连乘积}} \qquad (16.61)$$

式中　　G——主动轮；

　　　　K——从动轮。

应用式(16.61)求周转轮系传动比时需注意：

(1) 将 n_G、n_K、n_H 的值代入式中时，应连同转速的正负号代入。若假设某一转向为正，则与其反向为负。

(2) 公式右边的正负号按转化轮系中轮 G 与轮 K 的转向关系确定。对于由锥齿轮组成的周转轮系，应根据转化轮系中各轮的转向关系，在齿数连乘积比之前冠以正负号。

(3) 在 n_G、n_K、n_H 三个参数中，已知任意两个，就可确定第三个，从而求出该周转轮系中任意两轮的传动比。$i_{GK}^H \neq i_{GK}$；$i_{GK}^H = n_G^H/n_K^H$ 为转化轮系中轮 G 与轮 K 转速之比，其大小及正负按定轴轮系传动比的计算方法确定。$i_{GK} = n_G/n_K$ 是周转轮系中轮 G 与轮 K 的绝对速度之比，其大小及正负由计算结果确定。

(4) 组合轮系传动比的计算。在实际生产生活中，除广泛采用定轴轮系和周转轮系外，还大量应用组合轮系。求解组合轮系的传动比时，首先应正确地把组合轮系划分为定轴轮

系和周转轮系,并分别写出它们的传动比计算公式,然后联立求解。

划分周转轮系的方法是,先找出具有动轴线的行星轮,再找出支持该行星轮的转臂,最后确定与行星轮直接啮合的一个或几个中心轮。每一简单的周转轮系中,都应有中心轮、行星轮和转臂,而且中心轮的几何轴线与转臂的轴线是重合的。在划出周转轮系后,剩下的就是一个或多个定轴轮系。

16.15.3　轮系的应用

在实际机械传动中,轮系的应用非常广泛,其功能主要有以下方面。

1. 传递相距较远的两轴间的运动和动力

当两轴间的距离较大时,若仅用一对齿轮来传动,则齿轮尺寸过大,既占空间,又浪费材料(如图16.49中双点画线所示)。如果改用轮系传动,则可克服上述缺点(如图16.49中实线所示)。

2. 实现变速、变向传动

在金属切削机床、起重设备机械、汽车等中,在主轴转速不变的情况下,输出轴需要有多种转速(变速传动),以适应不同工作条件的需要。如图16.50所示汽车变速器,输入轴Ⅰ与发动机相连,输出轴Ⅳ与传动轴相连,Ⅰ轴与Ⅳ轴之间采用了定轴轮系。当操纵杆移动齿轮4或6,使其处于啮合状态时,可改变输出轴的转速及方向。低速挡(一挡):离合器A、B分离,齿轮5、6相啮合,3、4脱开;中速挡(二挡):离合器A、B分离,齿轮3、4相啮合,5、6脱开;高速挡(三挡):离合器A、B相嵌合,齿轮3、4和5、6均脱开;倒车挡:离合器A、B分离,齿轮6、8相啮合,3、4和5、6脱开。

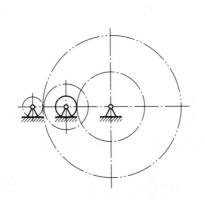

图16.49　远距离两轴间的传动

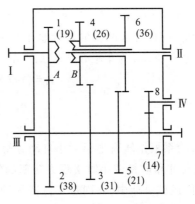

图16.50　汽车变速器

3. 获得大的传动比

当两轴间的传动比要求较大而结构尺寸要求较小时,也可采用轮系来达到目的。如图16.51所示渐开线少齿差行星减速器,若已知各轮齿数$z_1 = 100$,$z_2 = 99$,$z_{2'} = 100$,$z_3 = 101$,可得

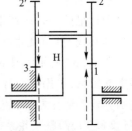

$$i_{13}^{H} = \frac{n_1 - n_H}{n_3 - n_H} = \frac{n_1 - n_H}{0 - n_H} = \frac{z_2 z_3}{z_1 z_{2'}} = \frac{99 \times 101}{100 \times 100} \qquad (16.62)$$

求出$i_{H1} = 10\,000$,为正,说明行星架的转向与齿轮1的相同。由此例可知,行星架H转10 000圈太阳轮1只转一圈,表明机构的

图16.51　渐开线少齿
差行星减速器

传动比很大。

4. 用于运动的合成分解

如图 16.52 所示滚齿机周转轮系中,$z_1 = z_3$,分齿运动由轮 1 传入,附加运动由行星架 H 传入,合成运动由齿轮 3 传出,有:

$$i_{13}^{H} = \frac{n_1 - n_H}{n_3 - n_H} = -\frac{z_3}{z_1} = -1 \tag{16.63}$$

解式(16.63)得 $n_3 = 2n_H - n_1$。可见该轮系将两个输入运动合成一个输出运动。

如图 16.53 所示的汽车后桥差速器是运动分解的实例,当汽车直线行驶时,左、右两后轮转速相同,行星轮不自转,齿轮 1、2、3、2′ 如同一个整体,一起随齿轮 4 转动,此时 $n_3 = n_4 = n_1$,差速器起到联轴器的作用。

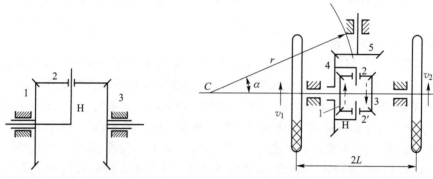

图 16.52　滚齿机周转轮系　　　　图 16.53　汽车后桥差速器

当汽车转弯时,由于左、右两轮的转弯半径不同,两轮行走的距离也不相同,为保证两轮与地面做纯滚动,要求两轮的转速也不相同。车体以角速度 ω 绕点 C 旋转,如图 16.53 所示,r 为转弯半径,$2L$ 为车距,$z_1 = z_3$,$n_4 = n_H$。

则

$$v_1 = (r - L)\omega,\ v_2 = (r + L)\omega \tag{16.64}$$

$$\frac{n_1}{n_3} = \frac{v_1}{v_2} = \frac{(r - L)}{(r + L)} \tag{16.65}$$

因此,轮系根据转弯半径大小自动分解,n_H 使 n_1、n_3 符合转弯的要求。

5. 在尺寸和质量较小时实现大功率的传递

在现代机械设计中,特别是飞行器等的设计中,设计者总是希望在尺寸小、质量轻的条件下实现大功率传递,而采用周转轮系可以较好地满足这一要求。因此,作为动力传动的周转轮系常采用多个均布的行星轮,这样它们可以共同分担载荷,又可以平衡各啮合处的径向分力和行星轮公转所产生的离心惯性力。而在行星减速器中,几乎都有内啮合,兼之输入、输出轴共线,径向尺寸也非常紧凑。

图 16.54 所示为某涡轮螺旋桨发动机主减速器的传动简图。其右部是差动轮系,左部是定轴轮系,采用 4 个行星轮和 6 个中间轮。动力自太阳轮 1 输入后,分两路从行星架 H 和内啮合轮 3 输往左部,最后汇合到一起输往螺旋桨。该装置的外廓尺寸:$\phi 430\ \text{mm}$,而传递功率达 2 850 kW,整个轮系的传动比为 $i_{1H} = 11.45$。

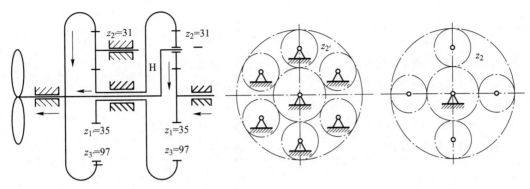

图 16.54　某涡轮螺旋桨发动机主减速器传动简图

任务下达

16.16　齿轮传动设计

　　设计一单级直齿圆柱齿轮减速器中的齿轮传动。已知传递功率 $P = 10$ kW，电动机驱动，小齿轮转速 $n_1 = 955$ r/min，传动比 $i = 4$，单向运转，载荷平稳。使用寿命 10 年，单班工作。

　　齿轮传动设计步骤见表 16.14。

表 16.14　齿轮传动设计步骤

计算项目	计算内容	计算结果
1. 选择齿轮材料及精度	（1）小齿轮。 （2）大齿轮。	
2. 按齿面接触疲劳强度设计	（1）求出 d_1。 （2）载荷系数 K（查表）。 （3）齿数 z_1 和尺宽系数（查表）。 （4）许用应力计算。	
3. 主要参数计算	（1）模数计算。 （2）基本参数 d_1、d_2、b、a。	
4. 按齿根弯曲疲劳强度校核	许用弯曲应力或者接触应力校核。	
5. 验算齿轮圆周速度	速度 v。	
6. 几何参数计算	见表 16.2。	
7. 绘制齿轮零件	A4 图纸绘制	

任务评价

齿轮传动设计任务评价表

评价内容	参与者	反馈信息
1. 齿轮基本参数认识是否正确	小组成员	
2. 齿轮设计校核方法是否正确	小组成员	

续表

评价内容	参与者	反馈信息
3. 齿轮各几何尺寸是否了解和认识	小组成员	
4. 对任务中遇到的问题是否能积极解决	小组成员	
5. 在任务实施中是否有团队合作精神	小组成员	
6. 小组互评指出别组任务实施中的优缺点	全体成员	
7. 指导教师的总结和反馈	指导教师	

任务 **17**

轴系零部件的设计

任务导入

　　轴系是由轴、轴承和安装于轴上的零部件等组成的工作部件的总称,它是机器中的重要组成部分,其零部件包括轴、轴承、联轴器和离合器以及使轴运转减速或停止的制动器等。轴系按其在传动链中所处的地位的不同可分为传动轴轴系和主轴轴系,一般对传动轴的要求不高,而作为执行件的主轴与保证机械功能、完成机械主要运动有着直接的关系,因此对主轴有较高的要求。

　　减速器常用于原动机和工作机或执行机构之间,起到降低转速、增加转矩的作用。减速器中通过单级或多级齿轮啮合,实现传动比的转换,而齿轮等做回转运动的传动零件,都必须安装在轴上才能进行运动及动力的传递。减速器中包括高速轴、低速轴,对于不同工作载荷下的传动轴,其结构及轴上零件等选用均不相同。本任务将对部分重要的轴系零部件进行讲解、分析,以使对轴系零部件有基本的认识和掌握。

知识储备

17.1　轴的类型及材料

17.1.1　常用轴的类型

1. 按所受载荷分类

根据轴在工作中承受载荷的不同,轴分为转轴、心轴和传动轴。

　　(1) 转轴。既承受弯矩又承受转矩的轴,如图 17.1(a)所示。

　　(2) 心轴。只承受弯矩的轴。按其是否与轴上零件一起转动,又可分为转动心轴[见图 17.1(b)]、固定心轴[见图 17.1(c)]。

　　(3) 传动轴。只承受转矩而不承受弯矩或同时承受很小的弯矩的轴。如图 17.1(d)所示汽车变速器与后桥间的轴,即为传动轴。

2. 按形状分类

（1）直轴。轴线在一条直线上的轴,如图 17.1（a）～（c）所示。

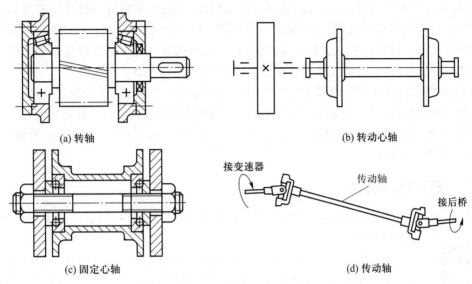

(a) 转轴

(b) 转动心轴

(c) 固定心轴

接变速器   传动轴   接后桥

(d) 传动轴

图 17.1　承受不同载荷的轴

（2）曲轴。通过连杆可以把旋转运动改变为直线往复运动,或做相反运动变换的轴,如图 17.2(a)所示。

（3）挠性轴。可将旋转运动灵活地传到所需要位置的轴。常用于医疗设备中,如图17.2(b)所示。

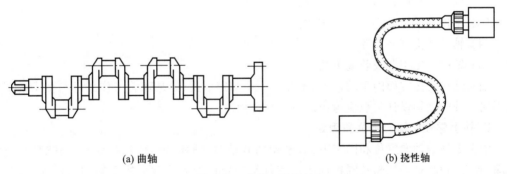

(a) 曲轴

(b) 挠性轴

图 17.2　曲轴和挠性轴

17.1.2　轴的材料

轴工作时主要承受弯矩和转矩,且多为交变应力作用,其主要失效形式为疲劳破坏。因此,轴的材料应满足强度、刚度、耐磨性、耐腐蚀性等方面的要求,且对应力集中的敏感性小。另外,选择轴的材料还应考虑易于加工和经济性等因素。

轴的常用材料主要有碳素钢和合金钢。碳素钢对应力集中的敏感性较低且价格低廉,经热处理后可改善其综合力学性能,因此应用广泛。常用的优质碳素钢有 35、40、45 钢,以 45 钢应用最多。碳素钢一般通过调质或正火等热处理方法改善和提高其力学性能,普通碳素钢如 Q235、Q275 等,用于不重要或承受载荷较小的轴。

合金钢具有较高的综合力学性能和较好的热处理性能,常用于重要性很高、承受载荷很大而重量尺寸受限或有较高耐磨性、防腐性要求的轴。例如,采用滑动轴承的高速轴,常用 20Cr、20CrMnTi 等低碳合金钢,经渗碳淬火后可提高轴颈耐磨性等。但合金钢对应力集中敏感性较高,且价格较高。需要注意的是,钢材的种类和热处理对其弹性模量影响甚小,如欲采用合金钢代替碳素钢或通过热处理来提高轴的刚度,收效甚微。

球墨铸铁和高强度铸铁的强度比碳素钢低,但因铸造工艺性好,适于制造外形复杂的轴(如曲轴、凸轮轴等),其价格低廉、强度较高、具有良好的吸振性、耐磨性和易切削性好,对应力集中敏感性低,故应用日趋增多。但铸件质量不易控制,可靠性差。表 17.1 为轴的常用材料及其主要力学性能。

17.2　轴的结构设计

轴的结构设计就是要确定轴的合理外形,包括各轴段长度、直径及其他细小尺寸在内的全部结构尺寸。

轴的结构设计

轴的结构如图 17.3 所示,轴和轴承配合的部分称为轴颈,其直径应符合轴承内径的标准;轴上安装轮毂的部分称为轴头,其直径应与相配零件的轮毂内径一致,并采用标准直径见表 17.2。为了便于装配,轴颈和轴头的端部均应有倒角;连接轴颈和轴头的部分称为轴身;用于零件轴向固定的台阶称为轴肩;环形部分称为轴环。

轴的结构主要与下列因素有关:

(1)载荷的性质、大小、方向及分布情况;

(2)轴上零件的数目和布置情况;

(3)零件在轴上的定位及固定方法;

(4)轴承的类型及尺寸;

(5)轴的加工工艺及装配方法等。

轴的结构受多方面因素的影响,不存在一个固定形式,而是随着工作条件与要求的不同而不同。轴的结构设计一般应考虑以下三个方面。

1. 轴上零件的轴向定位和固定

轴上零件的轴向定位和固定方式,常用的有轴肩、轴环、锁紧挡圈、套筒、圆螺母和止动垫圈、弹性挡圈、轴端挡圈及圆锥面等。零件轴向定位的方式常取决于轴向力的大小,常用的轴向定位和固定方式及其特点和应用见表 17.3。

在轴上零件轴向定位和固定的方法确定后,轴的各段直径和长度才能被最终确定。

2. 轴上零件的周向固定

轴上零件周向固定的目的是防止零件与轴之间的相对转动。常用的固定方式有键连接、花键连接和过盈配合等。对于传力不大的场合,也可用紧定螺钉或圆锥销进行轴向和周向固定,见表 17.4。

3. 轴结构的工艺要求

(1)加工工艺性要求。

1)磨削段要有砂轮越程槽,如图 17.4(a)所示。

表 17.1　轴的常用材料及其力学性能

材料	牌号	热处理类型	毛坯直径/mm	硬度 HBW	硬度 HRC（表面淬火）	力学性能/MPa 抗拉强度 R_m	力学性能/MPa 屈服点 R_{eH}	力学性能/MPa 弯曲疲劳强度 R_{-1}	备注
碳素结构钢	Q235					440	240	200	用于承受载荷较小或不重要的轴
	Q275					580	280	230	
优质碳素结构钢	45	正火	25	≤241		600	360	260	应用最广泛。用于要求强度中等、韧性均较高，通常经调质或正火后使用
		正火	≤100	170~217	55~61	600	300	275	
		回火	100~300	162~217		580	290	270	
		调质	≤200	217~255		650	360	300	
合金钢	20Cr	渗碳	15		表面 56~62	835	540	375	用于要求强度和韧性均较高的轴
		淬火	≤60		56~62	650	400	280	
	20CrMnTi	回火	15		表面 56~62	1 080	835	525	
	35SiMn	调质	25		45~55	885	735	460	性能接近 40Cr，用作中小型轴类
			≤100	229~286		800	520	400	
			100~300	217~269		750	450	350	
	40Cr	调质	25		48~55	980	780	500	用于承受载荷较大且无很大冲击的重要的轴
			≤100	241~266		750	550	350	
			100~300	241~266		700	550	340	
球墨铸铁	QT400-18			130~180		400	250	145	用于制造形状复杂的轴
	QT600-3			190~270		600	370	215	

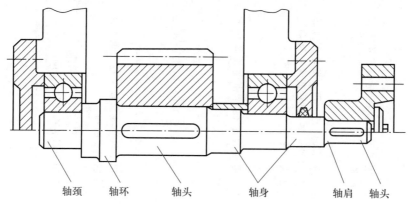

图 17.3　轴的结构

表 17.2　轴的标准直径（GB/T 2822—2005）　　　　　　　　　　　　mm

| 10 | 11 | 12 | 14 | 16 | 18 | 20 | 22 | 25 | 28 | 30 | 32 | 36 |
| 40 | 45 | 50 | 56 | 60 | 63 | 71 | 75 | 80 | 85 | 90 | 95 | 100 |

表 17.3　常用的轴向定位和固定方式及其特点和应用

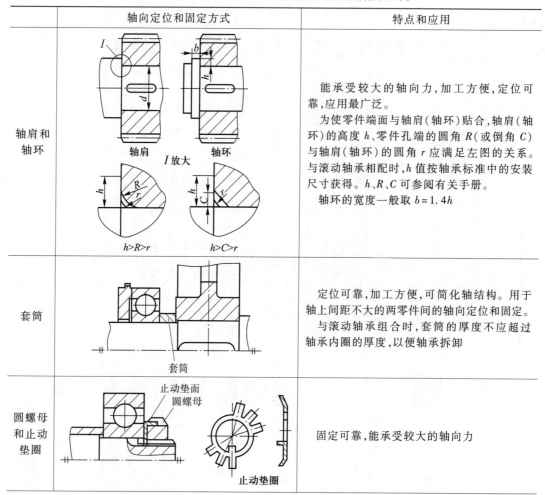

轴向定位和固定方式		特点和应用
轴肩和 轴环	轴肩　　轴环 *I* 放大 h>R>r　　h>C>r	能承受较大的轴向力,加工方便,定位可靠,应用最广泛。 　为使零件端面与轴肩(轴环)贴合,轴肩(轴环)的高度 h、零件孔端的圆角 R(或倒角 C)与轴肩(轴环)的圆角 r 应满足左图的关系。与滚动轴承相配时,h 值按轴承标准中的安装尺寸获得。h、R、C 可参阅有关手册。 　轴环的宽度一般取 b=1.4h
套筒	套筒	定位可靠,加工方便,可简化轴结构。用于轴上间距不大的两零件间的轴向定位和固定。 　与滚动轴承组合时,套筒的厚度不应超过轴承内圈的厚度,以便轴承拆卸
圆螺母 和止动 垫圈	止动垫面 圆螺母 止动垫圈	固定可靠,能承受较大的轴向力

续表

轴向定位和固定方式		特点和应用
轴端挡圈	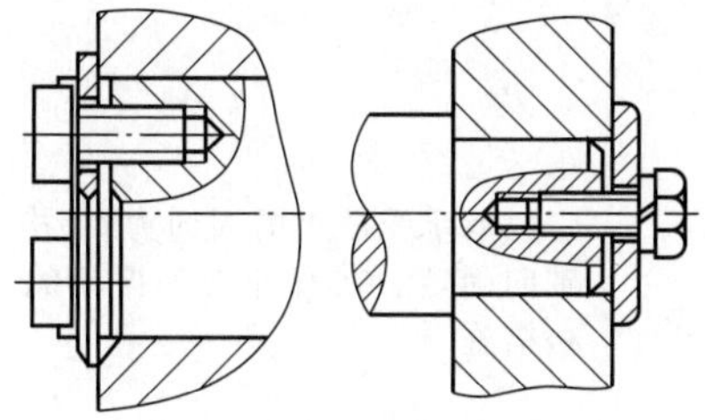	能承受较大的轴向力及冲击载荷,需采用防松措施。常用于轴端零件的固定
圈锥面	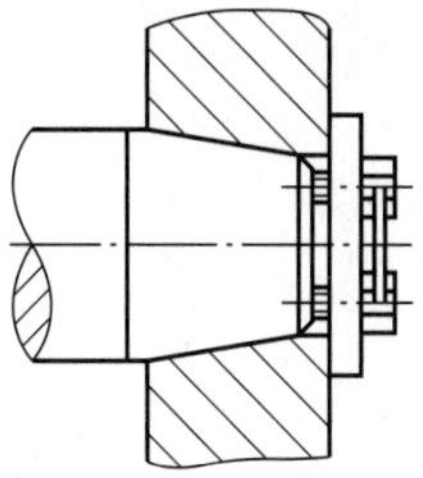	能承受冲击载荷,装拆方便,常用于轴端零件的定位和固定。但配合面加工比较困难
弹性挡圈	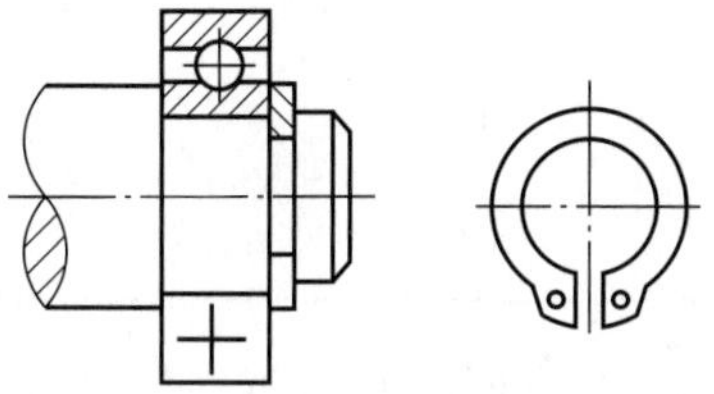	能承受较小的轴向力,结构简单,装拆方便,但可靠性差。常用于固定滚动轴承和滑移齿轮的限位

表 17.4 轴上零件的周向固定方式

周向固定方式		特点和应用
过盈配合	过盈配合	对中性好,承受载荷能力高,适用于不常拆卸的部位。可与平键联合使用,能承受较大的交变载荷
键	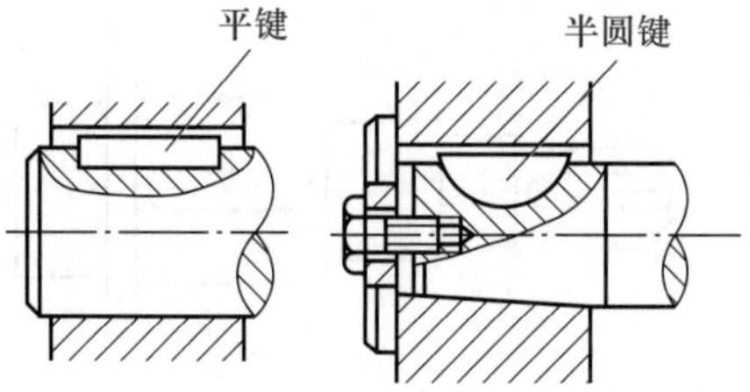 平键 半圆键	平键对中性好,可用于较高精度、高转速及受冲击或交变载荷作用的场合。 半圆键装配方便,特别适合锥形轴端的连接。但对轴的削弱较大,只适于载荷较轻的场合
花键	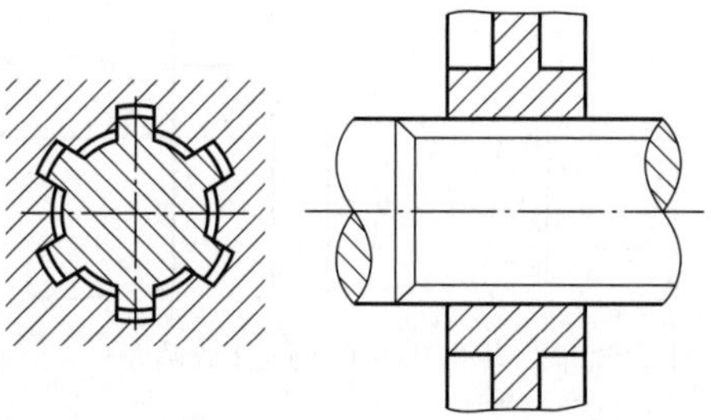	承受载荷能力强,定心精度高,导向性好。但制造成本较高

续表

周向固定方式		特点和应用
紧定螺钉	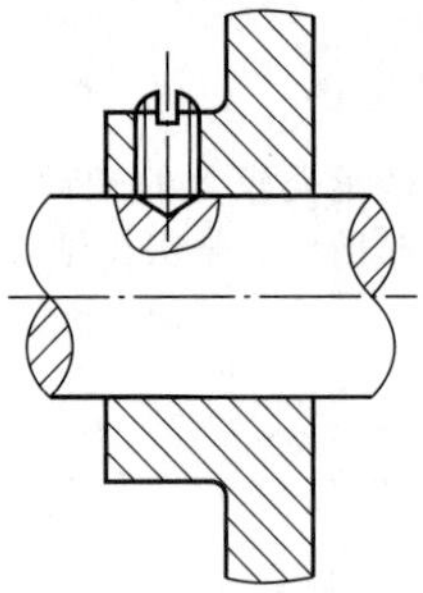	只能承受较小的周向力,结构简单,可兼作轴向固定。在有冲击和振动的场合,应有防松措施
圆锥销	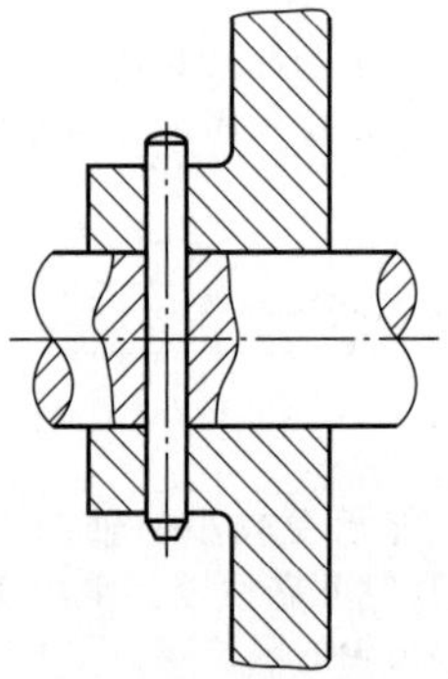	用于受力不大的场合,可做安全销使用

2)螺纹轴段要有退刀槽,如图17.4(b)所示,退刀槽和砂轮越程槽尽可能采用同一尺寸,以便于加工和检验。

3)若不同轴段均有键槽时,应布置在同一母线上,以便于装夹和铣削,如图17.5所示。

4)轴端应有倒角,轴上圆角半径应小于零件孔的倒角,如图17.6所示;同时圆角和倒角也尽可能采用同一尺寸,如图17.7所示。

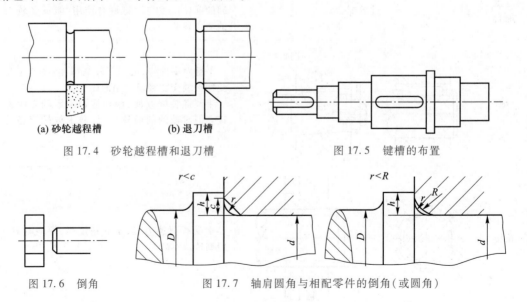

(a) 砂轮越程槽　　　(b) 退刀槽

图17.4　砂轮越程槽和退刀槽　　　　图17.5　键槽的布置

图17.6　倒角　　　　图17.7　轴肩圆角与相配零件的倒角(或圆角)

（2）装配工艺性。为了便于轴上零件的装配,常采用直径从两端向中间逐渐增大的阶梯轴,使轴上零件通过轴的轴段直径小于轴上零件的孔径。轴上的各阶梯,除轴上零件轴向固定的可按表 17.3 确定轴肩高度外,其余仅为便于安装而设置的轴肩,轴肩高度可取 0.5 ~ 3 mm。

轴端应倒角,并去掉毛刺,以便于装配。

固定滚动轴承的轴肩高度应符合轴承的安装尺寸要求,以便于轴承的拆卸。

在用套筒、圆螺母、挡圈等定位时,轴段长度应小于相配零件的宽度,以保证定位和固定可靠。如图 17.8 所示,齿轮宽度应大于相配轴段长度 1 ~ 3 mm。另外,应考虑在旋转零件与箱体或支架等固定件之间留出适当距离,以免旋转时相碰。

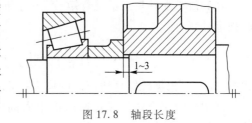

图 17.8 轴段长度

17.3 轴的强度校核计算

轴的强度计算主要有三种方法:许用切应力计算、许用弯曲应力计算、安全系数校核计算。一般转轴按许用弯曲应力计算已足够可靠,不一定再采用安全系数法校核。要用安全系数法校核的轴,不一定要再用许用弯曲应力法计算。强度计算不能满足要求时,应修改结构设计,两者常相互配合、交叉进行。

1. 传动轴的强度计算

传动轴以传递转矩为主要任务,工作时横截面上承受扭矩。

圆轴扭转时,为保证轴能正常工作,应保证轴上危险截面的最大切应力不超过材料的许用切应力,即:

$$\tau_{\max} = \frac{T}{W_T} \leqslant [\tau]$$

$$d \geqslant \sqrt[3]{\frac{9.55 \times 10^6}{0.2[\tau]} \frac{P}{n}} \tag{17.1}$$

式中 W_T——轴的抗扭截面系数,mm³;

   T——轴传递的转矩,N·mm;

   $[\tau]$——材料的许用切应力,MPa;

   P——轴的传输功率,kW;

   n——轴的转速,r/min;

   d——轴径,mm。

传动轴的许用切应力计算主要用于:

（1）以传递转矩为主的传动轴;

（2）初步估算轴径以便进行结构设计;

（3）不重要的轴。

2. 心轴的强度计算

心轴主要是承受弯矩。心轴弯曲变形时,产生最大应力的截面为危险截面。心轴的弯曲强度条件为:

$$R_{\max} = \frac{M}{W_z} \leqslant [R] \tag{17.2}$$

式中　M——危险截面上的弯矩；

　　　W_z——危险截面的抗弯截面系数；

　　　$[R]$——轴材料的许用应力。

3. 转轴的强度计算

转轴既承受转矩又承受弯矩，产生弯扭组合变形。按许用弯曲应力计算公式进行转轴的强度计算，即

$$R_b = \sqrt{\left(\frac{M}{W_z}\right)^2 + 4\left(\frac{\alpha T}{W_T}\right)^2} = \frac{\sqrt{M^2 + (\alpha T)^2}}{W_z} \leqslant [R_{-1b}] \tag{17.3}$$

式中　α——根据转矩性质而定的应力校正系数。

许用弯曲应力计算应先知道作用力的大小和作用点的位置、轴承跨距、各段轴径等参数。具体计算顺序如下。

（1）画出轴的空间受力简图，将轴上作用力分解为水平面受力图和垂直面受力图，求出水平面上和垂直面上的支承点反作用力。

（2）分别作出水平面上的弯矩图 M_{CH} 和垂直面上的弯矩图 M_{CV}。

（3）作出合成弯矩图 $M_C = \sqrt{M_{CH}^2 + M_{CV}^2}$。

（4）作出转矩图。

（5）应用弯曲应力计算公式。对于不变的转矩，取 $\alpha = \dfrac{[R_{-1b}]}{[R_{+1b}]} \approx 0.3$；对于脉动循环的转矩，取 $\alpha = \dfrac{[R_{-1b}]}{[R_{0b}]} \approx 0.6$；对于对称循环的转矩，取 $\alpha = \dfrac{[R_{-1b}]}{[R_{-1b}]} = 1$。其中 $[R_{+1b}]$、$[R_{0b}]$、$[R_{-1b}]$ 分别是材料在静应力、脉动循环和对称循环应力状态下的许用弯曲应力，其值见表17.5。

表 17.5　轴的许用弯曲正应力　　　　　　　　MPa

材料	R_b	$[R_{+1b}]$	$[R_{0b}]$	$[R_{-1b}]$
碳素钢	400	130	70	40
	500	170	75	45
	600	200	95	55
	700	230	110	65
合金钢	800	270	130	75
	900	300	140	80
	1 000	330	150	90
铸钢	400	100	50	30
	500	120	70	40

17.4　轴的设计计算

17.4.1　轴的设计基本要求

轴在设计时应满足合理的结构和足够的强度要求。如果轴的结构设计不合理，则会影

响轴的加工和装配工艺,增加制造成本,甚至影响轴的强度和刚度。足够的强度是轴承载能力的基本保证。如果轴的强度不足,则易发生塑性变形或断裂失效,使其不能正常工作。

不同的机器对轴的设计要求不同。如机床主轴、电动机轴要求有足够的刚度;对于一些高速机械的轴,如高速磨床主轴、汽轮机主轴等,要考虑振动稳定性问题。

轴的设计计算

17.4.2　轴设计的步骤

(1)按工作要求选择轴的材料,确定许用应力。许用切应力见表 17.6,许用弯曲正应力见表 17.5。

(2)估算轴的基本直径。一般按扭转强度估算轴的最小直径。

$$d \geqslant \sqrt[3]{\frac{9.55 \times 10^6}{0.2[\tau]} \cdot \frac{P}{n}} = C\sqrt[3]{\frac{P}{n}}$$

$C = \sqrt[3]{9.55 \times 10^6 / 0.2[\tau]}$,查表 17.6。应当指出,当轴截面上开有键槽时,应增大轴颈以考虑键槽对轴的强度的削弱。对于直径 $d > 100$ mm 的轴,同一轴段上有一个键槽时,计算出的轴颈应增大 3%;有两个键槽时,应增大 7%。对于直径 $d \leqslant 100$ mm 的轴,有一个键槽时,轴颈增大 5%~7%;有两个键槽时,应增大 10%~15%,然后将轴颈圆整为标准直径。应当注意,这样求出的直径,只能作为承受转矩作用的轴段的最小直径。

表 17.6　轴常用材料的许用切应力和 C 值

常用材料	Q235、20	35	45	40Cr、35SiMn、2Cr13
$[\tau]$/MPa	12~20	20~30	30~40	40~52
C	160~135	135~118	118~106	106~97

注:当作用在轴上的弯矩比传递的转矩小或只传递转矩时,C 取较小值,否则取较大值。

(3)轴的结构设计。轴的结构初步确定后,应画出轴的受力简图。

(4)轴的强度校核计算。确定轴的受力情况后,作出水平面弯矩图、垂直面弯矩图、合成弯矩图、转矩图,按弯扭组合强度校核轴的强度。

(5)必要时进行刚度或振动稳定性等校核计算。

计算出的轴颈还应与结构设计中初步确定的轴颈进行比较,若小于或等于原定的轴颈,说明原定结构强度足够;反之,表示原定结构强度不够,需要重新设计轴段尺寸。

【例题 17.1】　设计带式输送机所用的单级斜齿圆柱齿轮减速器的低速轴。轴输出端与联轴器相接。已知:该轴传递功率 $P = 4$ kW,转速 $n = 130$ r/min,轴上齿轮分度圆直径 $d = 300$ mm,齿宽 $b = 90$ mm,螺旋角 $\beta = 12°$,法向压力角 $\alpha = 20°$。载荷基本平稳,工作时单向运转。

解:具体设计过程见表 17.7。

表 17.7　设 计 过 程

计算及说明	主要结果
1. 选择轴的材料,确定许用应力 　选用轴的材料为 45 钢,调质处理,查表 17.1 可知 　　　　$R_m = 650$ MPa,$R_{eH} = 360$ MPa 　查表 17.5 可知 $[R_{+1b}] = 215$ MPa,$[R_{0b}] = 102$ MPa,$[R_{-1b}] = 60$ MPa。	$R_m = 650$ MPa $[R_{-1b}] = 60$ MPa

计算及说明	主要结果
2. 按扭转强度估算轴的最小直径 　　单级齿轮减速器的低速轴为转轴,输出轴与联轴器相接,从结构要求考虑,输出端轴颈应最小。 　　查表 17.6 可得,45 钢取 $C = 118$,则最小直径为 $$d \geqslant C \sqrt[3]{\frac{P}{n}} = 118 \sqrt[3]{\frac{4}{130}} \text{ mm} \approx 36.98 \text{ mm}$$ 　　由于输出轴(轴段轴径最小)与联轴器相配合,轴段有键槽,考虑键槽的影响以及联轴器孔径系列标准,将直径增大 3%,取 $d = 38$ mm。	$d = 38$ mm
3. 齿轮上作用力的计算 　　齿轮所受的转矩为 $$T = 9.55 \times 10^6 \frac{P}{n} = \left(9.55 \times 10^6 \times \frac{4}{130}\right) \text{N} \cdot \text{m} \approx 294 \times 10^3 \text{ N} \cdot \text{mm}$$ 　　齿轮作用力为 　　圆周力 $F_t = \dfrac{2T}{d} = \left(\dfrac{2 \times 294 \times 10^3}{300}\right) \text{N} = 1\,960 \text{ N}$ 　　径向力 $F_r = F_t \tan \alpha_n / \cos \beta = (1\,960 \tan 20° / \cos 12°) \text{N} \approx 729 \text{ N}$ 　　轴向力 $F_a = F_t \tan \beta = 1\,960 \tan 12° \text{N} \approx 417 \text{ N}$	$T \approx 294 \times 10^3$ N $\cdot$ mm $F_t = 1\,960$ N $F_r \approx 729$ N $F_a \approx 417$ N
4. 轴的结构设计 　　进行轴结构设计时,需同时考虑轴系中相配零件的尺寸及轴上零件的固定方式,按比例绘制轴系结构草图。 　　(1) 联轴器的选取。可采用弹性柱销联轴器,查设计手册可得规格为 LX3 联轴器 38×82 GB/T 5014—2017 　　(2) 确定轴上零件的位置及固定方式。单级齿轮减速器中,将齿轮布置在箱体内壁的中央,轴承对称布置在齿轮两边,轴外伸端安装联轴器。 　　齿轮靠轴环和套筒实现轴向定位和固定,靠平键和过盈配合实现周向固定;两端轴承靠套筒实现轴向定位,靠过盈配合实现周向固定;轴通过两端轴承盖实现轴向定位;联轴器靠轴肩、平键和过盈配合分别实现轴向定位和轴向固定。 　　(3) 确定各段轴的直径。将估算轴径 $d = 38$ mm 作为外伸端直径 d_1,与联轴器相配,如图 17.9 所示,考虑联轴器用轴肩实现轴向定位,取第二段直径为 $d_2 = 45$ mm,齿轮和左端轴承从左侧装入,考虑装拆方便及零件固定的要求,装轴承处轴径 d_3 应大于 d_2,考虑滚动轴承直径系列,取 $d_3 = 50$ mm。为便于齿轮装拆,与齿轮配合处轴径 d_4 应大于 d_3,取 $d_4 = 52$ mm。齿轮左端用套筒固定,右端用轴环定位,轴环直径 d_5 满足齿轮定位的同时,还应满足右侧轴承的安装要求,根据选定轴承型号确定。右端轴承型号与左端轴承相同,取 $d_6 = 50$ mm。 　　(4) 选取轴承型号。初选轴承型号为深沟球轴承,代号 6310。查手册可得:轴承宽度 $B = 27$ mm,安装尺寸 $d_a = 60$ mm,故轴环直径 $d_5 = 60$ mm。 　　(5) 确定各段轴的长度。综合考虑轴上零件的尺寸及减速器箱体尺寸的关系,确定各段轴的长度。 　　L_1 段与联轴器配合,考虑安装的可靠,取 $L_1 = (82 - 2) \text{ mm} = 80$ mm。 　　L_4 段与齿轮配合,考虑齿轮安装定位的可靠,取 $L_4 = (90 - 3) \text{ mm} = 87$ mm。 　　L_6 段与轴承配合,取 $L_6 = (27 + 1) \text{ mm} = 28$ mm。 　　L_5 段是轴环,考虑转动的齿轮端面与固定的箱体的间隙,一般取 $L_5 = 15$ mm。	联轴器规格: LX3 联轴器 38×82 GB/T 5014—2017 $d_1 = 38$ mm $d_2 = 45$ mm $d_3 = 50$ mm $d_4 = 52$ mm $d_6 = 50$ mm 轴承 6310 $d_5 = 60$ mm $L_1 = 80$ mm $L_4 = 87$ mm $L_6 = 28$ mm $L_5 = 15$ mm $L_3 = 45$ mm $L_2 = 50$ mm

续表

计算及说明	主要结果
L_3 段取值,考虑轴承要对称分布在齿轮的两边,$L_3 = (27+15+3)$ mm = 45 mm。	

　　L_2 段是轴身,一般考虑箱体分箱面宽度与装拆轴承端盖的螺钉要求,取值范围为 50~65 mm,即该轴段取 $L_2 = 50$ mm。

　　(6)画出轴的结构草图。

5. 校核轴的强度

　　(1)画出轴的简图,计算反作用力和弯矩。由轴的结构简图,可确定轴承支点跨距,由此可画出轴的受力简图,如图 17.9 所示。

　　水平面反作用力 $F_{RBX} = F_{RDX} = \dfrac{1}{2}F_t = 980$ N

　　水平弯矩 $M_{CH} = F_{RBX} \times 73.5 = 980 \times 73.5$ N·mm = 72 030 N·mm

　　垂直面反作用力由静力学平衡方程可求得

$$F_{RBZ} = 790 \text{ N}, F_{RDZ} = 61 \text{ N(方向向下)}$$

　　垂直面弯矩

$$M_{CV}^- = F_{RBZ} \times 73.5 = 790 \times 73.5 \text{ N·mm} = 58\,065 \text{ N·mm}$$

$$M_{CV}^+ = -F_{RDZ} \times 73.5 = -61 \times 73.5 \text{ N·mm} \approx -4\,484 \text{ N·mm}$$

　　合成弯矩

$$M_C^- = \sqrt{M_{CH}^2 + (M_{CV}^-)^2} = \sqrt{72\,030^2 + 58\,065^2} \text{ N·mm} \approx 92\,520 \text{ N·mm}$$

$$M_C^+ = \sqrt{M_{CH}^2 + (M_{CV}^+)^2} = \sqrt{72\,030^2 + 4\,484^2} \text{ N·mm} \approx 72\,169 \text{ N·mm}$$

画出各平面弯矩图和扭矩图。

　　(2)计算合成弯矩 M。转矩按脉动循环考虑,应力折合系数为 $\alpha = \dfrac{[R_{-1b}]}{[R_{0b}]} \approx 0.6$

　　C 剖面最大当量弯矩为

$$M_{max} = \sqrt{(M_C^-)^2 + (\alpha T)^2} = \sqrt{92\,520^2 + (0.6 \times 294\,000)^2} \text{ N·mm} \approx 199\,191 \text{ N·mm}$$

画出合成弯矩图。

　　(3)校核轴颈。由合成弯矩图可知,C 剖面上合成弯矩最大,为危险截面,校核该截面直径

$$d_C = \sqrt[3]{M/(0.1[R_{-1b}])} = \sqrt[3]{199\,191/(0.1 \times 60)} \text{ mm} \approx 32 \text{ mm}$$

考虑该截面上键槽的影响,直径增加 3%。

$$d_C = (1+3\%) \times 32 \approx 33 \text{ mm}$$

结构确定的直径为 52 mm,强度足够。

6. 绘制轴的零件图(图 17.10)

主要结果:

$F_{RBX} = 980$ N

$M_{CH} = 72\,030$ N·mm

$F_{RBZ} = 790$ N

$F_{RDZ} = 61$ N(方向向下)

$M_{CV}^- = 58\,065$ N·mm

$M_{CV}^+ \approx -4\,484$ N·mm

$M_C^- \approx 92\,520$ N·mm

$M_C^+ \approx 72\,169$ N·mm

$\alpha \approx 0.6$

$M_{max} \approx 199\,191$ N·mm

$d_C \approx 33$ mm

17.5　轴承的设计与选择

17.5.1　轴承的类型与结构

　　轴承是机械工业重要基础标准件之一,广泛应用于各类机械设备。轴承分为滚动轴承和滑动轴承。滚动轴承依靠元件间的滚动接触承受载荷,与滑动轴承相比,滚动轴承具有摩擦力小、效率高、起动容易、安装与维护简便等优点。其缺点是耐冲击性能较差、高速重载时寿命短、噪声和振动较大。

轴承的设计与选择

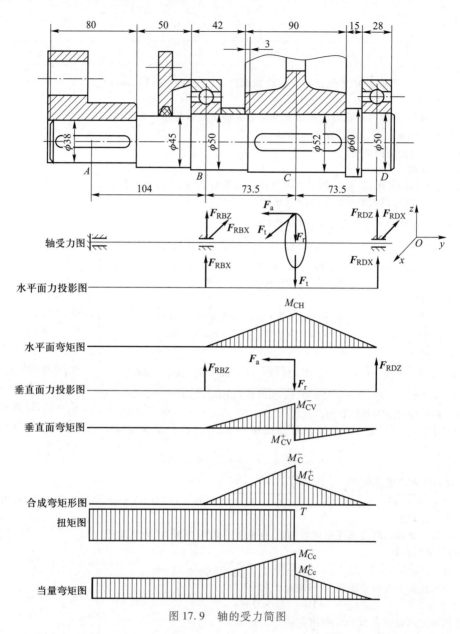

图 17.9 轴的受力简图

　　滑动轴承具有结构简单、承载能力大、抗冲击、噪声低、工作平稳、回转精度高、高速性能好等优点,缺点在于润滑不良时会迅速失效、起动摩擦力大、维修比较复杂。滑动轴承本身的独特优点使其在某些场合更有优势,在金属切削机床、汽轮机、航空发动机附件、铁路机车及车辆、雷达、卫星通信地面站等方面得到广泛的应用。

　　1. 滚动轴承的结构

　　滚动轴承一般由外圈、内圈、滚动体和保持架等组成,如图 17.11 所示。滚动体位于内外圈的滚道之间。内圈与轴颈配合,外圈和轴承座配合。当内外圈相对转动时,滚动体沿滚道滚动。为防止滚动体相互接触而增加摩擦,常用保持架将滚动体均匀隔开。滚动体的形状有球形、圆柱形、圆锥形、鼓形和针形等,如图 17.12 所示。

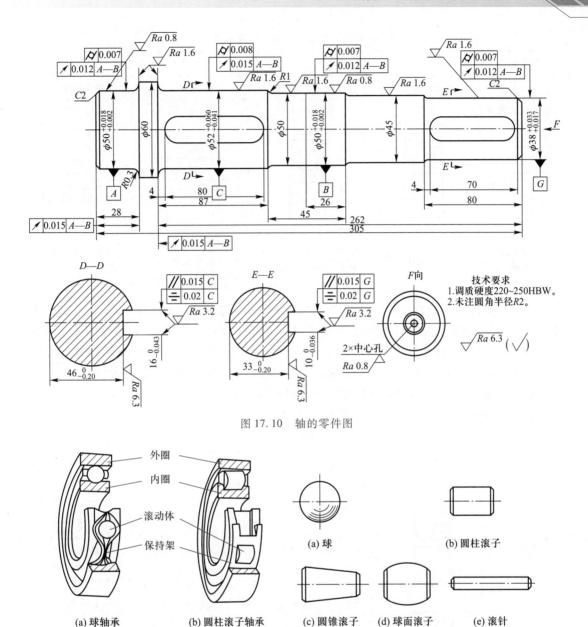

图 17.10　轴的零件图

图 17.11　滚动轴承的基本结构

图 17.12　常用的滚动体

　　滚动轴承的内、外圈和滚动体均采用强度高、耐磨性好的铬锰合金钢制造（如 GCr15、GCr15SiMn 等），热处理后，硬度可达 60HRC 以上，保持架多用低碳钢冲压经铆接而成。

2. 滚动轴承的类型

　　滚动轴承按结构特点的不同有多种分类方法，各类轴承分别用于不同载荷、转速及特殊需要的场合。

　　（1）按所能承受载荷的方向或公称接触角的不同，分为向心轴承和推力轴承（见表 17.8）。表中 α 为滚动体与套圈接触角处的公法线与轴承径向平面之间的夹角，称为公称接触角。

表 17.8　各类轴承的公称接触角

轴承类型	向心轴承		推力轴承	
	径向接触	向心角接触	推力接触	轴向接触
公称接触角 α	α = 0°	0° < α ≤ 45°	45° < α < 90°	α = 90°
图例				
所受载荷性质	主要承受径向载荷	能同时承受径向载荷和轴向载荷	主要承受轴向载荷也能承受不大的径向载荷	只能承受轴向载荷

（2）按滚动体的种类不同,分为球轴承和滚子轴承。球轴承的滚动体为球,球与滚道表面为点接触;滚子轴承的滚动体为滚子,滚子与滚道表面为线接触。因此相同外廓尺寸的条件下,滚子轴承比球轴承的承载能力要高,抗冲击性能要好,但球轴承摩擦小,极限转速高。

（3）按工作时能否调心,分为调心轴承和非调心轴承。调心轴承允许的偏角大。

（4）按安装时内、外圈能否分别安装,分为分离轴承和不可分离轴承。

常用滚动轴承的类型、特性及应用见表 17.9。

表 17.9　常用滚动轴承的类型、代号及应用

类型名称	结构简图	基本额定动载荷比	极限转速比	承受轴向载荷能力	性能特点和使用要求
调心球轴承 1000		0.6 ~ 0.9	中	少量	外圈滚道表面是以轴承中心为中心的球面,故能自动调心。内、外圈在 2° ~ 3° 范围内可自动调心正常工作。一般不宜承受纯轴向载荷
调心滚子轴承 2000		1.8 ~ 4	低	少量	性能特点与调心球轴承相同,能承受较大径向载荷,允许角偏移 2′ ~ 3′
推力调心滚子轴承 29000		1.6 ~ 2.5	低	很大	承受以轴向载荷为主的轴向、径向联合载荷,但径向载荷不得超过轴向载荷的 55%,运转中滚动体受离心力作用,滚动体与滚道间产生滑动,并导致轴圈与座圈分离。为保证正常工作,需施加一定的轴向预载荷。允许轴圈对座圈轴线偏斜量小于 1.5° ~ 2.5°

续表

类型名称		结构简图	基本额定动载荷比	极限转速比	承受轴向载荷能力	性能特点和使用要求
圆锥滚子轴承	30000 $\alpha = 10° \sim 18°$		$1.5 \sim 2.5$	中	较大	可同时承受径向载荷和单向轴向载荷。外圈可分离，安装时需调整轴承游隙。一个轴承只能承受单向轴力，应成对使用
	30000B $\alpha = 27° \sim 30°$		$1.1 \sim 2.1$	中	很大	
单向推力球轴承 51000			1	低	单向轴向载荷	只能承受轴向载荷。双向推力球轴承可承受双向轴向载荷，套圈可分离，高速时离心力大，钢球与保持架磨损发热大，故极限转速低
双向推力球轴承 52000			1	低	双向轴向载荷	
深沟球轴承 60000			1	高	较小	主要承受径向载荷，也可同时承受较小的轴向载荷。高速装置中可代替推力轴承。价格低廉，应用最广泛
角接触球轴承	70000C $\alpha = 15°$		$1.0 \sim 1.4$	高	一般	可同时承受径向和轴向载荷，也可单独承受轴向载荷。接触角 α 越大，轴向承载能力越高。性能及使用与圆锥滚子轴承相似，也应成对使用。安装时需调整轴承游隙
	70000AC $\alpha = 25°$		$1.0 \sim 1.3$	较大		
	70000B $\alpha = 40°$		$1.0 \sim 1.2$	大		
外圈无挡边的圆柱滚子轴承 N0000			高		无	能承受较大径向载荷，由于外圈（或内圈）可分离，故不能承受轴向载荷。只有 NJ 可以承受单方向少量轴向载荷。滚子由内圈（或外圈）的挡边轴向定位，工作时允许内、外圈有少量的轴向错动。内、外圈轴线允许有 $2' \sim 4'$ 的角偏移，要求轴刚度高
内圈无挡边的圆柱滚子轴承 NU0000						
内圈有单挡边的圆柱滚子轴承 NJ0000					少量	

续表

类型名称	结构简图	基本额定动载荷比	极限转速比	承受轴向载荷能力	性能特点和使用要求
针轴承 NA0000		—	低	无	承受径向载荷能力很高。径向尺寸紧凑,内、外圈可分离。可无架,摩擦系数大,要求内、外圈对中保持性好,轴刚度高
带紧定螺钉外球面球轴承 UC000		1	中	少量	外圈外表面为球面,与轴承座凹球面配合能自动调心。内圈用紧定螺钉固定在轴上,装拆方便

注:① 基本额定动载荷比是指同一尺寸系列(直径及宽度)的各种类型和结构形式的轴承基本额定动载荷与单列深沟球轴承的基本额定动载荷之比,推力轴承则为与单向推力球轴承的基本额定动载荷之比。

② 极限转速比是指同一尺寸系列 D 级公差的各类轴承脂润滑时的极限转速与单列深沟球轴承脂润滑的极限转速之比。表中高、中、低的含义分别为:高表示单列深沟球轴承极限转速的 90% ~100% ;中表示单列深沟球轴承极限转速的 60% ~90% ;低表示单列深沟球轴承极限转速的 60% 以下。

17.5.2　滚动轴承的代号

滚动轴承的类型很多,在各个类型中又有不同的结构、尺寸、精度等级和技术要求等。为了统一表征各类轴承的特点,便于组织生产和选用,GB/T 272—2017《滚动轴承　代号方法》规定了轴承代号的表示方法。

滚动轴承代号由基本代号、前置代号和后置代号构成,其表示方式见表 17.10。

表 17.10　滚动轴承代号的构成

	轴承代号												
前置代号	基本代号					后置代号							
	1	2	3	4	5	1	2	3	4	5	6	7	8	9
成套轴承分部件代号	类型代号	尺寸系列代号		内径代号		内部结构代号	密封与防尘外部形状代号	保持架及其材料代号	轴承材料代号	公差等级代号	游隙代号	配置代号	振动及噪声	其他
		宽(高)度系列	直径系列											

1. 基本代号

基本代号由轴承的类型代号、内径代号和尺寸系列代号组成。

(1) 类型代号。类型代号用数字或字母表示,见表 17.9。

(2) 内径代号。轴承内径由两位数字表示,轴承内径代号见表 17.11。内径为 22 mm、28 mm、32 mm 及 500 mm 的轴承,用内径毫米数直接表示,但与尺寸系列代号之间用"/"分开,如深沟球轴承 62/22,表示内径 $d = 22$ mm。

表 17.11　常用轴承内径代号

内径代号	00	01	02	03	04…96
轴承内径 d/mm	10	12	15	17	代号数×5

（3）尺寸系列代号。尺寸系列代号是轴承的宽度或高度系列代号和直径系列代号的组合代号。

直径系列代号标在左起第 3 位，表示结构相同、内径相同的轴承具有不同的外径和宽度。宽度系列代号为"0"时可省略，调心滚子轴承和圆锥滚子轴承不可省略。

宽（高）度系列代号标在左起第 2 位。宽度系列是指结构、内径和外径都相同的轴承在宽度（向心轴承）方面的变化系列；高度系列是指内径相同的轴向接触轴承在高度（推力轴承）方面的变化系列；直径系列是指内径相同的同类型轴承在外径和宽度方面的变化系列。

2. 前置、后置代号

前置、后置代号是轴承在结构形状、尺寸、公差、技术要求等有改变时，在基本代号左、右侧分别添加的补充代号。

（1）前置代号。前置代号用字母表示，代号及含义见表 17.12。

表 17.12　前置代号（部分）及含义

代号	含义	示例
L	可分离轴承的可分离内圈或外圈	LNU207 LN207
R	不带可分离内圈或外圈的轴承，滚针轴承仅适用于 NA 型	RNU207 RNA6904
K	滚子和保持架组件	K81107
WS	推力圆柱滚子轴承轴圈	WS81107
GS	推力圆柱滚子轴承座圈	GS81107

（2）后置代号。后置代号共有 8 组，用数字表示。

1）内部结构代号。表示同一类型轴承的不同内部结构，用字母表示。如用 C、AC、B 分别表示为 15°、25°、40°的角接触球轴承。越大的轴承，承受轴向载荷的能力也越大；B 还表示加大接触角的圆锥滚子轴承；C 还表示 C 型调心滚子轴承；D 表示剖分式轴承；E 表示加强型（改进内部结构设计，增大轴承承载能力）等。

2）公差等级代号。轴承公差等级分为 0、6、6x、5、4、2 共 6 级，分别用/P0、/P6、/P6x、/P5、/P4、/P2 表示。其中 P0 级为最低（称为普通级），P2 级为最高，P6x 级仅用于圆锥滚子轴承。P0 级常用于一般机械，在轴承代号中可省略不标；P6、P5 用于高精度机械；P4、P2 用于精密机械或精密仪器。

3）游隙代号。表示轴承径向游隙组别，分为 1、2、0、3、4、5 共 6 个组别，径向游隙依次由小到大。要求轴承有高旋转精度时，应选用小径向游隙组；工作温度高时，应选用大径向游隙组。其中 0 游隙组最为常用，故省略不标，其他组别的代号对应为/C1、/C2、/C3、/C4、/C5。

当公差等级代号与游隙代号需同时表示时，可进行简化，取公差等级代号加上游隙组别组合表示，省略游隙代号"/C"，如/P63 表示轴承公差等级为 6 级、径向游隙组别为 3。

【例题 17.2】　说明轴承代号 6212、30208/P6x、N2305E 的含义。

解：（1）6212：6 表示深沟球轴承；尺寸系列代号为 02，省略宽度系列代号 0，故 2 仅为直径系列代号；12 表示轴承内径 $d=12×5$ mm $=60$ mm；公差等级为 0 级（省略）。

（2）30208/P6x：3 表示圆锥滚子轴承；02 为尺寸系列代号，其中 0 为宽度系列代号，2 为直径系列代号；08 表示轴承内径 $d=8×5$ mm $=40$ mm；P6x 表示公差等级 6x 级。

（3）N2305E：N 表示外圈无挡边的圆柱滚子轴承，23 为尺寸系列代号，其中 2 为宽度系列代号，3 为直径系列代号；05 表示轴承内径 $d=5×5$ mm $=25$ mm；公差等级为 0 级（省略）；E 表示加强型。

17.5.3　滚动轴承的画法

滚动轴承是标准件，不需要画零件图。在装配图中采用简化画法或规定画法绘制。

1. 简化画法

滚动轴承的外轮廓形状及大小不能简化，借此能正确反映出与其相配合零件的装配关系，它的内部结构可以简化。简化画法分为通用画法和特征画法。但在同一张图样中一般只采用一种画法。

（1）通用画法。在剖视图中，当不需要确切地表示滚动轴承的外形轮廓、载荷特征、结构特征时，可采用矩形线框及位于线框中央正立的"十"字形符号表示滚动轴承。"十"字形符号矩形线框均用粗实线绘制，"十"字形符号不应与矩形线框接触，其尺寸比例如图 17.13 所示。

（2）特征画法。在剖视图中，如果需要形象地表示滚动轴承的特征，则可采用矩形线框及在线框内画出其滚动轴承结构要素符号的画法，如图 17.14 所示。

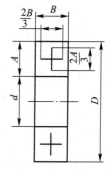

图 17.13　滚动轴承的通用画法

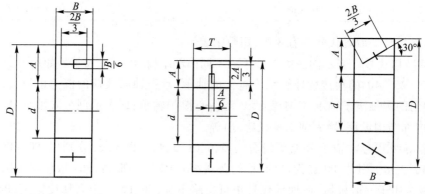

(a) 深沟球轴承(GB/T 276—2013)　(b) 推力球轴承(GB/T 301—2015)　(c) 圆锥滚子轴承(GB/T 297—2015)

图 17.14　滚动轴承的特征画法

2. 规定画法

必要时，在滚动轴承的产品图样、产品样品和产品标准中采用规定画法。在装配图中规定画法一般采用剖视图绘制在轴的一侧，另一侧按通用画法绘制，如图 17.15 所示，图中的尺寸除 A 是计算的，其余尺寸都可按所选轴承类型尺寸通过查阅国家标准确定其值。

17.5.4　滚动轴承的选择计算

1. 滚动轴承的类型选择

（1）载荷的大小、方向和性质。载荷的大小、方向和性质是选择轴承类型的主要依据。

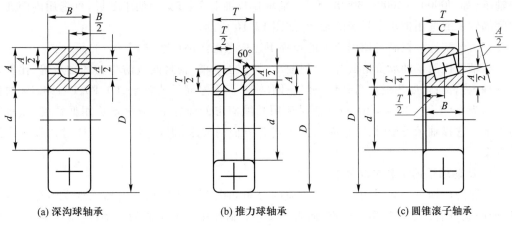

(a) 深沟球轴承　　　　　　　　　(b) 推力球轴承　　　　　　　　　(c) 圆锥滚子轴承

图 17.15　滚动轴承的规定画法

1）按载荷的大小、性质考虑：在外廓尺寸相同的条件下，滚子轴承比球轴承承载能力大，适用于载荷较大或有冲击的场合；球轴承适用于载荷较小、振动和冲击较小的场合。

2）按载荷方向考虑：当承受纯径向载荷时，通常选用深沟球轴承、圆柱滚子轴承或滚针轴承；当承受纯轴向载荷时，选用推力轴承；当承受较大径向载荷和一定轴向载荷时，可选用深沟球轴承、接触角不大的角接触球轴承或圆锥滚子轴承；当承受较大轴向载荷和一定径向载荷时，可选用接触角较大的角接触球轴承或圆锥滚子轴承，或者将向心轴承和推力轴承进行组合，分别承受径向和轴向载荷。

（2）轴承的转速。一般情况下工作转速的高低并不影响轴承的类型选择，只有在转速较高时，才会有比较显著的影响。

轴承标准中对各种类型、规格尺寸的轴承都规定了油润滑及脂润滑时的极限转速 $n_{\lim}$ 值。根据工作转速选择轴承类型时，可考虑以下几点：

1）球轴承比滚子轴承具有更高的极限转速和旋转精度，高速时应优先选用球轴承。

2）为减小离心惯性力，高速时宜选用同一直径系列中外径较小的轴承。当用一个外径较小的轴承承载能力不能满足要求时，可再装一个相同的轴承，或者考虑采用宽系列的轴承。外径较大的轴承宜用于低速重载场合。

3）推力轴承的极限转速都很低，当工作转速高、轴向载荷不十分大时，可采用角接触球轴承或深沟球轴承替代推力轴承。

4）保持架的材料和结构对轴承转速影响很大，实体保持架比冲压保持架允许有更高的转速。

（3）调心性能要求。轴承的调心性能是指轴承适应内、外圈轴心线间角度偏差的性能。

轴因受力而弯曲或倾斜，或由于制造安装误差等原因，都会引起轴承内、外圈轴心线的角度误差，这时应采用有调心性能的轴承（10000 或 20000 型）。

圆柱滚子轴承和滚针轴承对轴的偏斜最为敏感,这类轴承在偏斜状态下的承载能力可能低于球轴承。因此在轴的刚度和轴承座的支撑刚度较低时,应尽量避免使用这类轴承。

（4）轴承的安装与拆卸。便于装拆也是选择轴承类型时应考虑的一个因素。

在轴承座为非剖分式且必须沿轴向安装和拆卸轴承部件时,应优先选用内、外圈可分离的轴承(如 N0000、NA0000、30000 等)。轴承在长轴上安装时,为便于装拆,可选用内圈孔呈锥度的轴承或选用带紧定衬套的轴承,如图 17.16 所示。

（5）经济性。在满足使用要求的前提下还应考虑经济性要求。

球轴承比滚子轴承价格低;派生型轴承,如带止动槽、密封圈或防尘盖的轴承等,比其基本型轴承稍贵;精度等级提高时价格将急剧增加,同型号同尺寸轴承,P0、P6、P5、P4、P2 的价格比约为 1：1.5：2：7：10,故在满足使用功能需求的前提下,应尽量选用低精度、低价格的轴承。选择轴承类型时,要全面衡量上述各方面的要求,拟订多种方案,通过比较选出最佳方案。

2. 滚动轴承的受载情况分析

以深沟球轴承为例,其内部径向载荷的分布如图 17.17 所示。当轴承承受纯径向载荷时,径向载荷通过轴颈作用于内圈,而内圈又将载荷作用于下半圈的滚动体,其中处于 F_r 作用线上的滚动体承受载荷最大。轴承工作时,内、外圈相对转动,滚动体既有自转又随着转动圈绕轴承轴线公转,这样轴承元件(内、外圈滚道和滚动体)所受的载荷呈周期性变化,可近似看作脉动循环应力。

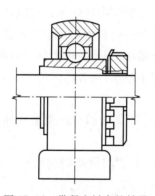

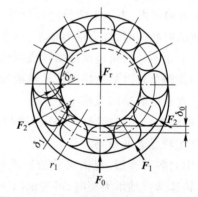

图 17.16　带紧定衬套的轴承　　图 17.17　滚动轴承内部径向载荷的分布

3. 滚动轴承的失效形式和计算准则

（1）失效形式。

1）疲劳点蚀:轴承在安装、润滑、维护良好的条件下工作时,各承载元件(包括内、外圈及滚动体)在周期性变应力的作用下,主要失效形式为接触表面材料的疲劳点蚀,疲劳点蚀后,在运转时会出现比较强烈的振动、噪声和发热现象,轴承的旋转精度将逐渐下降,直至丧失正常的工作能力。疲劳点蚀是滚动轴承最常见的失效形式。

2）塑性变形:在过大的静载荷或冲击载荷作用下,轴承承载元件间的接触应力超过了元件材料的屈服极限,接触部位发生塑性变形,形成凹坑,使轴承性能下降、摩擦阻力矩增大。这种失效多发生在转速很低的重载或往复摆动的轴承中。

3）磨粒磨损:润滑不充分、密封不好或润滑油不清洁,以及在多尘环境中工作的滚动轴承,将会发生磨粒磨损,导致轴承因内、外圈与滚动体间的间隙增大、振动加剧及旋转精度降低而报废。

4)胶合:在高速重载工作条件下的轴承,因摩擦面发热而使温度急骤升高,轴承材料回火软化,润滑失效而发生胶合。

(2)计算准则。在选择滚动轴承的类型后要确定其型号和尺寸,为此需要针对轴承的主要失效形式进行计算。其计算准则如下。

1)一般转速($n>10$ r/min)下,轴承的主要失效形式为疲劳点蚀,应进行疲劳寿命计算。

2)极慢转速($n \leqslant 10$ r/min)或低速摆动的轴承,其主要失效形式是表面塑性变形,应按静强度计算。

3)高速轴承的主要失效形式为由发热引起的烧伤和胶合,故不仅要进行疲劳寿命计算,还要校验其极限转速。

4. 滚动轴承的寿命计算

(1)基本额定寿命和基本额定动载荷。

1)寿命。轴承中任一元件首次出现疲劳点蚀前轴承所经历的总转数,或轴承在恒定转速下的总工作小时数称为轴承的寿命。

2)可靠度。在同一工作条件下运转的一组近于相同的轴承能达到或超过某一规定寿命的百分率,称为轴承寿命的可靠度,如图 17.18 所示。

3)基本额定寿命。一批同型号的轴承即使在同样的工作条件下运转,由于制造精度、材料均质程度等因素的影响各轴承的寿命也不尽相同。基本额定寿命是指一批同型号的轴承在相同条件下运转时,90%的轴承未发生疲劳点蚀前运转的总转数用 L_{10} 表示,或在恒定转速下运转的总工作小时数,用 L_{10h} 表示。按基本额定寿命计算选用轴承时,可能有 10% 以内的轴承提前失效,即可能有 90% 以上的轴承超过预期寿命。而对单个轴承而言,能达到或超过此预期寿命的可靠度为 90%。

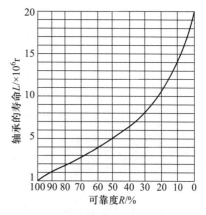

图 17.18　滚动轴承寿命的可靠度曲线

4)基本额定动载荷。轴承抵抗疲劳点蚀破坏的承载能力可由基本额定动载荷表示。基本额定寿命为 10^6 r,即 $L_{10} = 1$(单位为 10^6 r)时轴承能承受的最大载荷称为基本额定动载荷,用符号 C 表示。换而言之,即轴承在基本额定动载荷的作用下,运转 10^6 r 而不发生点蚀失效的轴承寿命可靠度为 90%。如果轴承的基本额定动载荷大,则其抗疲劳点蚀的能力强。基本额定动载荷对于向心轴承而言是指径向载荷,称为径向基本额定动载荷 C_r;对于推力轴承而言是指轴向载荷,称为轴向基本额定动载荷 C_a。各种类型、型号轴承的基本额定动载荷值可在轴承标准中查得。

(2)当量动载荷。当轴承受到径向载荷 F_r 和轴向载荷 F_a 的复合作用时,为了计算轴承寿命时能与基本额定动载荷做等价比较,需将实际工作载荷转化为等效的当量动载荷 P。轴承在当量动载荷 P 作用下的寿命与在实际工作载荷条件下的寿命相等。当量动载荷的计算公式为:

$$P = f_P(XF_r + YF_a) \tag{17.4}$$

式中 f_P——载荷系数,是考虑机器工作时振动、冲击对轴承寿命影响的系数,见表 17.13;

F_r——径向载荷;

F_a——轴向载荷;

X、Y 分别为径向载荷系数和轴向载荷系数,见表 17.14。

表 17.13 载荷系数 f_P

载荷性质	举例	f_P
平稳运转或轻微冲击	电机、风机、水泵、汽轮机	1.0 ~ 1.2
中等冲击	起重机、车辆、机床	1.2 ~ 1.8
剧烈冲击	破碎机、轧钢机、振动筛	1.8 ~ 3.0

对于只承受纯径向载荷的向心轴承,其当量动载荷为:

$$P = f_p F_r \tag{17.5}$$

对于只承受纯轴向载荷的推力轴承,其当量动载荷为:

$$P = f_p F_a \tag{17.6}$$

表 17.14 滚动轴承当量动载荷 X、Y 系数

轴承类型		F_a/C_0	e	单列轴承				双列轴承(或成对安装的单列轴承)			
				$F_a/F_r \leq e$		$F_a/F_r > e$		$F_a/F_r \leq e$		$F_a/F_r > e$	
				X	Y	X	Y	X	Y	X	Y
深沟球轴承	60000	0.014	0.19	1	0	0.56	2.30	1	0	0.56	2.30
		0.028	0.22				1.99				1.99
		0.056	0.26				1.71				1.71
		0.084	0.28				1.55				1.55
		0.11	0.30				1.45				1.45
		0.17	0.34				1.31				1.31
		0.28	0.38				1.15				1.15
		0.42	0.42				1.04				1.04
		0.56	0.44				1.00				1.00
角接触球轴承	70000C	0.015	0.38	1	0	0.44	1.47	1	1.65	0.72	2.39
		0.029	0.40				1.40		1.57		2.28
		0.058	0.43				1.30		1.46		2.11
		0.087	0.46				1.23		1.38		2.00
		0.12	0.47				1.19		1.34		1.93
		0.17	0.50				1.12		1.26		1.82
		0.29	0.55				1.02		1.14		1.66
		0.44	0.56				1.00		1.12		1.63
		0.58	0.56				1.00		1.12		1.63
	70000AC		0.68	1	0	0.41	0.87	1	0.92	0.67	1.41

轴承类型	F_a/C_0	e	单列轴承				双列轴承(或成对安装的单列轴承)			
			$F_a/F_r \leqslant e$		$F_a/F_r > e$		$F_a/F_r \leqslant e$		$F_a/F_r > e$	
			X	Y	X	Y	X	Y	X	Y
调心球轴承	10000	—	$1.5\tan\alpha$	1	0	0.4	$0.4\cot\alpha$	1	$0.42\cot\alpha$	0.65	$0.65\cot\alpha$
圆锥滚子轴承	30000	—	$1.5\tan\alpha$	1	0	0.4	$0.4\cot\alpha$	1	$0.45\cot\alpha$	0.67	$0.67\cot\alpha$
调心滚子轴承	20000	—	$1.5\tan\alpha$					1	$0.45\cot\alpha$	0.67	$0.67\cot\alpha$

注:1. C_0 是轴承基本额定静载荷。

2. 深沟球轴承的 X、Y 值仅适用于 0 组游隙的轴承,对应其他轴承组的 X、Y 可查轴承手册。

3. 对于深沟球轴承和角接触球轴承,先根据算得的相对轴向载荷的值查出对应的 e 值,然后再得出相应的 X、Y 值。表中未列出的相对轴向载荷值,可按线性插值法求出相应的 e、X、Y 值。

（3）滚动轴承的寿命计算。大量实验证明滚动轴承所承受的载荷 P 与寿命 L 的关系如图 17.19 所示,其方程为:

$$P^\varepsilon L_{10} = 常数 \qquad (17.7)$$

式中　P——当量动载荷,N;

　　L_{10}——基本额定寿命,10^6 r;

　　ε——寿命指数,对于球轴承 $\varepsilon = 3$,对于滚子轴承 $\varepsilon = 10/3$。

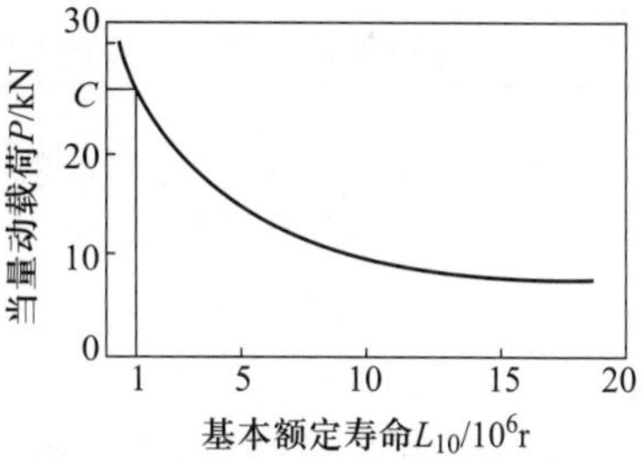

由式(17.7)及基本额定动载荷的定义可得:

$$P^\varepsilon L_{10} = C^\varepsilon \qquad (17.8)$$

因此滚动轴承的寿命计算基本公式为:

图 17.19　滚动轴承的 P-L 曲线

$$L_{10} = \left(\frac{C}{P}\right)^\varepsilon \qquad (17.9)$$

若用给定转速下的工作小时数 L_{10h} 来表示,则为:

$$L_{10h} = \frac{10^6}{60n}\left(\frac{C}{P}\right)^\varepsilon \qquad (17.10)$$

当轴承的工作温度高于 100 ℃时,其基本额定动载荷 C 的值将降低,需引入温度系数 f_T 进行修正,可得:

$$L_{10h} = \frac{10^6}{60n}\left(\frac{f_T C}{P}\right)^\varepsilon \geqslant [L_h]$$

若以基本额定动载荷 C 表示,可得:

$$C_c = \frac{P}{f_T}\sqrt[\varepsilon]{\frac{60n[L_h]}{10^6}} \leqslant C \qquad (17.11)$$

式中　C_c——计算额定动载荷;

　　n——轴承的工作转速,r/min;

f_T——温度系数,见表 17.15;

$[L_h]$——轴承的预期寿命,h,可根据机器的具体要求或参考表 17.16 确定。

表 17.15　温度系数 f_T

轴承工作温度/℃	100	125	150	175	200	225	250	300
f_T	1	0.95	0.90	0.85	0.80	0.75	0.70	0.60

表 17.16　轴承预期寿命 $[L_h]$ 的参考值

使用条件	预期寿命/h
不经常使用的仪器和设备	300 ~ 3 000
短期或间断使用的机械	3 000 ~ 8 000
间断使用,使用中不允许中断	8 000 ~ 12 000
每天 8 h 工作,经常不是满负荷	10 000 ~ 25 000
每天 8 h 工作,满负荷使用	20 000 ~ 30 000
24 h 连续工作,允许中断	40 000 ~ 50 000
24 h 连续工作,不允许中断	100 000 以上

【**例题 17.3**】　减速器选用深沟球轴承,已知轴的直径 $d = 35$ mm,转速 $n = 2\,900$ r/min,轴承所受径向载荷 $F_r = 2\,300$ N,轴向载荷 $F_a = 540$ N,工作温度正常,要求轴承预期寿命 $L_h = 5\,000$ h,试选择轴承型号。

解:(1) 初选轴承型号

初选 6307 轴承,查相关手册可知,此轴承的基本额定静载荷 $C_0 = 19.2$ kN,基本额定动载荷 $C = 33.2$ kN。

(2) 计算当量动载荷 P

$\dfrac{F_a}{C_0} = \dfrac{540}{19\,200} \approx 0.028$,查表 17.14 可得:$e = 0.22$。

$\dfrac{F_a}{F_r} = \dfrac{540}{2\,300} \approx 0.235 > e$,查表 17.14 得:$X = 0.56, Y = 1.99$。

由表 17.13 查得:$f_P = 1.0 \sim 1.2$,取 $f_P = 1.1$。

根据式(17.6)可得当量额定动载荷:

$$P = f_P(XF_r + YF_a) = 1.1 \times (0.56 \times 2\,300 + 1.99 \times 540)\ \text{N} \approx 2\,598.9\ \text{N}。$$

(3) 验算额定动载荷

查表 17.15,取 $f_T = 1$。

$$C_c = \dfrac{P}{f_T}\sqrt[\varepsilon]{\dfrac{60\,nL_h}{10^6}} = \dfrac{2\,598.9}{1} \times \sqrt[3]{\dfrac{60 \times 2\,900 \times 5\,000}{10^6}}\ \text{N} \approx 24\,810.1\ \text{N} < C$$

故初选 6307 轴承可用。

5. 向心角接触球轴承轴向载荷的计算

(1) 角接触球轴承的内部轴向力。由于结构的原因,角接触球轴承在承受径向载荷时

会产生内部轴向力 F_S。由于接触角 α 的存在,使得载荷作用线偏离轴承宽度的中点,而与轴心线交于一点,如图 17.20 所示。

当角接触球轴承承受径向载荷 F_r 时,所产生的内部轴向力 F_S 可按表 17.17 所列的近似公式计算,其方向为由外圈的宽边指向窄边。

表 17.17　角接触球轴承的内部轴向力 F_S

圆锥滚子轴承	角接触球轴承		
3000 型	7000C 型	7000AC 型	7000B 型
—	$\alpha = 15°$	$\alpha = 25°$	$\alpha = 40°$
$F_r/2y$	eF_r	$0.68F_r$	$1.14F_r$

(2) 角接触球轴承轴向载荷的计算。为了使角接触球轴承能正常工作,通常采用两个轴承成对使用、对称安装的方式。如图 17.20 所示为成对安装角接触球轴承的两种安装方式。在计算轴承所受的轴向载荷时,不但要考虑 F_S 与 F_a 的作用,还有考虑到安装方式的影响。下面以一对角接触球轴承支承的斜齿轮为例分析轴承上所受的轴向载荷,如图 17.21 所示。

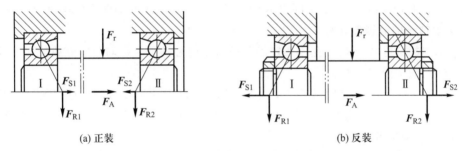

(a) 正装　　　　　　　　　　　　　　　(b) 反装

图 17.20　角接触球轴承的轴向载荷的分析

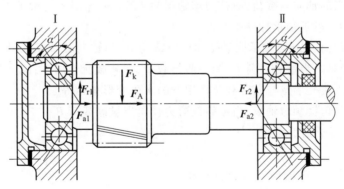

图 17.21　角接触球轴承的轴向载荷

若 $F_{S1} + F_A > F_{S2}$ 时,如图 17.22(a) 所示,轴将有向右移动的趋势,轴承 Ⅱ 被压紧,轴承 Ⅱ 上将受到平衡力 F'_{S2} 作用,而轴承 Ⅰ 被放松。轴与轴承组件处于平衡状态,即 $F_{S1} + F_A = F_{S2} + F'_{S2}$,则轴承所受的轴向载荷为:

$$F_{a2} = F_{S2} + F'_{S2} = F_{S1} + F_A$$

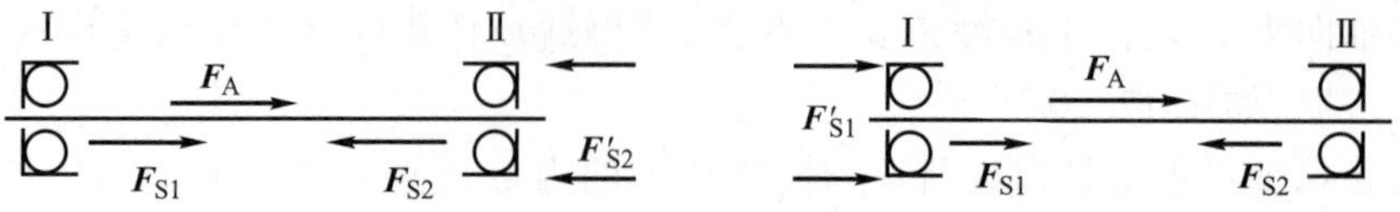

(a) $F_{S1} + F_A > F_{S2}$　　　　　　　　(b) $F_{S1} + F_A < F_{S2}$

图 17.22　轴向力示意图

轴承 I 所受的轴向载荷为：

$$F_{a1} = F_{S1}$$

若 $F_{S1} + F_A < F_{S2}$，如图 17.22（b）所示，轴将有向左移动的趋势，左端轴承 I 被压紧，而右端轴承 II 被放松。同上述分析方法，轴承 I 所受的轴向载荷为：

$$F_{a1} = F_{S1} + F'_{S1} = F_{S2} - F_A$$

轴承 II 所受的轴向载荷为：

$$F_{a2} = F_{S2}$$

因此计算两支点轴向载荷的步骤如下：

1）根据轴承和安装方式，画出内部轴向力 F_{S1} 和 F_{S2} 的方向；

2）设内部轴向力 F_{S1} 与外载荷 F_A 同向，F_{S2} 与 F_A 反向，确定轴承的压紧端与放松端；

3）压紧端的轴向载荷 F_a 等于除去本身内部轴向力外的所有轴向力的代数和。

6. 滚动轴承的静强度计算

（1）基本额定静载荷 C_0。基本额定静载荷对于向心轴承为径向额定静载荷 C_{0r}；对于推力轴承为轴向额定静载荷 C_{0a}。

径向额定静载荷 C_{0r} 是指轴承承受最大载荷的滚动体与滚道接触中心处引起的与下列计算接触应力相当的径向静载荷：对调心轴承为 4 600 MPa；对其他型号的球轴承为 4 200 MPa；对滚子轴承为 4 000 MPa。

轴向额定静载荷 C_{0a} 是指轴承承受最大载荷的滚动体与滚道接触中心处引起的与下列计算接触应力相当的轴向静载荷：对推力球轴承为 4 200 MPa；对推力滚子轴承为 4 000 MPa。

各类轴承的 C_0 可于轴承标准中查得。

（2）当量静载荷 P_0。当轴承同时受到径向载荷 F_r 和轴向载荷 F_a 的作用时，应按当量静载荷 P_0 进行计算。当量静载荷 P_0 为一假想载荷，在此载荷作用下，应力最大的滚动体与滚道接触处总的永久变形量与实际载荷作用下的永久变形量相等。

对向心轴承和角接触球轴承，当量静载荷为径向当量静载荷 P_{0r}。

$\alpha = 0°$ 的向心滚子轴承为：

$$P_{0r} = F_r \tag{17.12}$$

向心球轴承和 $\alpha \neq 0°$ 的向心滚子轴承为

$$\begin{cases} P_{0r} = X_0 F_r + Y_0 F_a \\ P_{0r} = F_r \end{cases} \tag{17.13}$$

式中　X_0、Y_0——静径向载荷系数和静轴向载荷系数，见表 17.18，取上述两式中计算值的较大值。

对推力轴承，当量静载荷为轴向当量静载荷 P_{0a}。

$\alpha = 90°$ 的推力轴承为：

$$P_{0a} = F_a \tag{17.14}$$

$\alpha \neq 0°$ 的推力轴承为：

$$P_{0a} = 2.3 F_r \tan\alpha + F_a \tag{17.15}$$

表 17.18　滚动轴承的 X_0 和 Y_0 值

轴承类型		单列		双列	
		X_0	Y_0	X_0	Y_0
深沟球轴承		0.6	0.5	0.6	0.5
角接触球轴承	$\alpha = 15°$	0.5	0.46	1	0.92
	$\alpha = 20°$		0.42		0.84
	$\alpha = 25°$		0.38		0.76
	$\alpha = 30°$		0.33		0.66
	$\alpha = 35°$		0.29		0.58
	$\alpha = 40°$		0.26		0.52
	$\alpha = 45°$		0.22		0.44
调心球轴承 $\alpha \neq 0°$		0.5	$0.22\cot\alpha$	1	$0.44\cot\alpha$
调心滚子轴承 $\alpha \neq 0°$		0.5	$0.22\cot\alpha$	1	$0.44\cot\alpha$
圆锥滚子轴承		0.5	$0.22\cot\alpha$	1	$0.44\cot\alpha$

（3）静强度计算。限制轴承产生过大塑性变形的静强度计算公式为

$$\frac{C_0}{P_0} \geqslant S_0 \tag{17.16}$$

式中　S_0——静强度安全系数，如表 17.19 所列；

C_0——基本额定静载荷，N；

P_0——当量动载荷，N。

对于有短期严重过载、转速较高的轴承，或对承受较大冲击载荷、一般转速的轴承，除进行寿命计算外，还应进行静强度校核。

表 17.19　滚动轴承的静强度安全系数 S_0

使用要求或载荷		S_0
旋转轴承	正常使用	0.8 ~ 1.2
	对旋转精度和运转平稳性要求较低，没有冲击和振动	0.5 ~ 0.8
	对旋转精度和运转平稳性要求较高	1.5 ~ 2.5
	承受较大振动和冲击	1.2 ~ 2.5
静止轴承（静止、缓慢摆动、极低速旋转）	不需经常旋转的轴承、一般载荷	0.5
	不需经常旋转的轴承、有冲击载荷或载荷分布不均，例如，水坝闸门 $S_0 \geqslant 1$，吊桥 $S_0 \geqslant 1.5$	1 ~ 1.5

17.5.5　滚动轴承的组合设计

为保证轴承正常工作,除了正确选择轴承的类型和尺寸,还应正确地解决轴承的定位、调整、配合、装拆等问题,即正确设计轴承的组合结构。

1. 滚动轴承的轴向定位与紧固

轴承的轴向定位与紧固是指轴承的内圈与轴颈、外圈与座孔间的轴向定位与紧固。轴承轴向定位与紧固的方法很多,应根据轴承所受载荷的大小、方向、性质,转速的高低,轴承的类型及轴承的轴上位置等因素,选择合适的轴向定位与紧固方法。单个支点处的轴承,其内圈在轴上和外圈在轴承座孔内的轴向定位与紧固常用方法见表 17.20。

表 17.20　轴承轴向定位与紧固常用方法

名称	图例	说明
轴肩定位	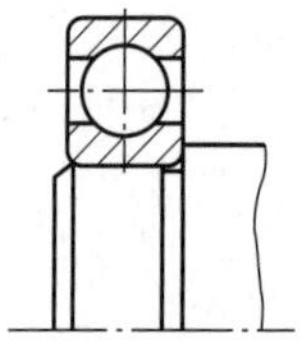	轴承内圈由轴肩实现轴向定位,是常用的定位形式
弹性挡圈与轴肩紧固	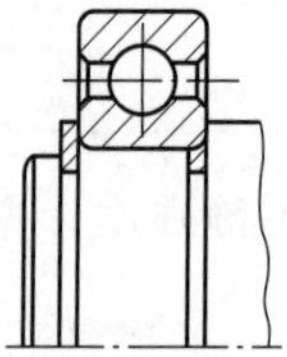	轴承内圈由轴用弹性挡圈与轴肩实现轴向紧固。可承受不大的轴向载荷,结构尺寸小,主要用于深沟球轴承和圆柱滚子轴承
轴端挡圈与轴肩紧固	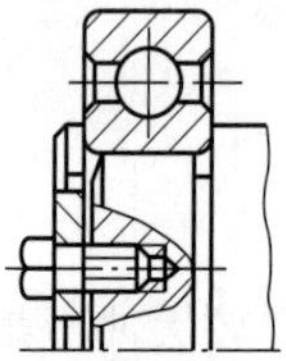	轴承内圈由轴端挡圈与轴肩实现轴向紧固,可在高转速下承受较大的轴向力,多用于轴端部切螺纹有困难的场合
圆螺母加止动垫圈与轴肩紧固	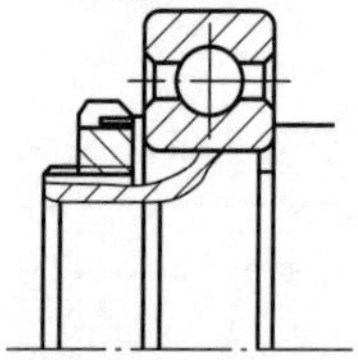	轴承内圈由圆螺母与轴肩实现轴向紧固,止动垫圈起防松的作用,适用于高速、轴向载荷大的场合
紧定套紧固	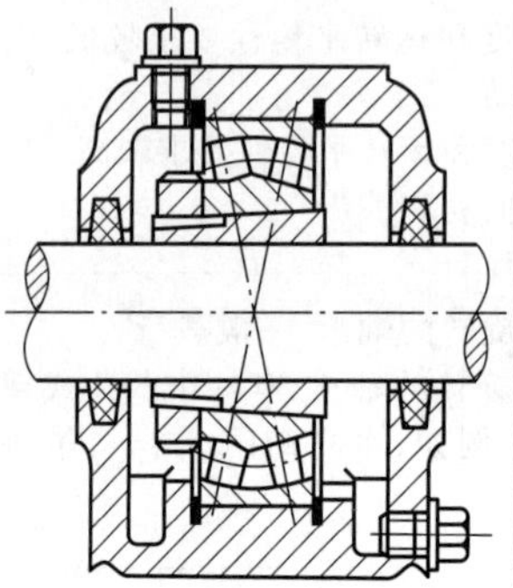	旋转螺母使紧定套与轴承内径及轴相互挤紧,实现轴承内圈的轴向紧固,用于轴向力不大、转速不高、内圈为圆锥孔的轴承在光轴上的紧固

续表

名称	图例	说明
弹性挡圈与凸肩紧固		轴承外圈由孔用弹性挡圈与座孔内凸肩实现轴向紧固,结构简单,装拆方便,轴向尺寸小,适用于转速不高、轴向力不大的场合
止动卡环紧固		轴承外圈由止动卡环实现轴向紧固,用于带有止动槽的深沟球轴承,适用于轴承座孔内不便设置凸肩且轴承座为剖分式结构的场合
轴承端盖定位与紧固		轴承外圈由轴承端盖实现轴向定位与紧固,可承受很大的轴向力,常用于角接触球轴承、圆锥滚子轴承及深沟球轴承的外圈定位与紧固
螺纹环定位与紧固		轴承外圈由螺纹环实现轴向定位与紧固,用于转速高、轴向载荷大且不便使用轴承端盖紧固的场合

2. 滚动轴承组的配置

（1）两端固定式。如图 17.23 所示,可利用轴上两端轴承各限制轴的一个方向的轴向移动。这种结构一般用于工作温度较低和支承跨距较小（跨距 $L \leqslant 350$ mm）、刚性较大的轴

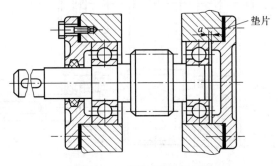

图 17.23　两端固定支承结构

的支承,轴的热伸长量可由轴承自身的游隙补偿,或者在轴承外圈与轴承盖之间留有少量间隙 a (通常间隙 a 在图中不画出),以补偿轴的热伸长量,调节调整垫片的厚度可改变间隙的大小。一般深沟球轴承 $a=0.5\sim1.0$ mm,角接触球轴承及圆锥滚子轴承 $a=0.2\sim0.4$ mm。

(2)一端固定、一端游动式。在图 17.24(a)所示的支承结构中,一个支点为双向固定(图左端),另一个支点做轴向移动(图右端),这种支承结构称为游动支承。选用深沟球轴承进行游动支承时应在轴承外圈与端盖间留适当间隙;选圆柱滚子轴承进行游动支承时[见图 17.24(b)],依靠轴承本身具有内、外圈可分离的特性达到游动目的。这种固定方式应用于工作温度较高的长轴(跨距 $L>350$ mm)。

(3)两端游动式。如图 17.25 所示人字齿轮传动,小齿轮轴两端的支承均可沿轴向移动,即为两端游动,而大齿轮轴的支承结构采用了两端固定结构。人字齿轮的加工误差会使轴转动时产生左右窜动,而小齿轮轴采用两端游动的支承结构,有助于满足运转中自由游动的需要,并可调节啮合位置。若小齿轮轴的轴向位置也固定,将会发生干涉以致出现卡死现象。

3. 轴承游隙和轴承组合结构的调整

轴承游隙的大小对轴承的寿命、效率、旋转精度、温升及噪声等都有很大的影响。需要调整游隙的主要有角接触球轴承组合结构、圆锥滚子轴承组合结构和平面推力球轴承组合结构。

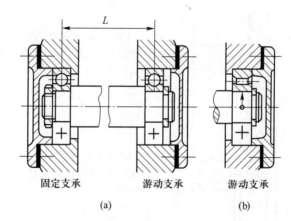

图 17.24　一端固定、一端游动的支承组合机构

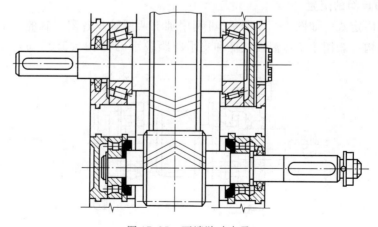

图 17.25　两端游动支承

对于"面对面"安装结构,如图 17.26(a)所示右支承上部所示的轴承组合机构,轴承的游隙是靠轴承端盖与套杯间的垫片调整的,简单方便。而对于"背靠背"安装结构,如图 17.26(b)右支承下部所示的轴承组合结构,轴承的游隙是靠轴上圆螺母调整的,操作不甚方便,且螺纹为应力集中源,会削弱轴的强度。

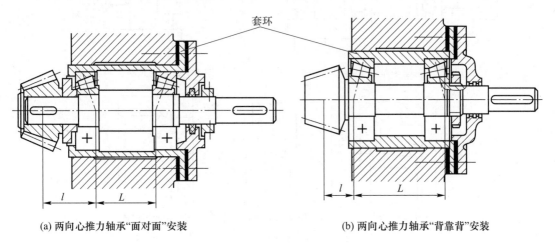

套环

(a) 两向心推力轴承"面对面"安装　　　　　　　　(b) 两向心推力轴承"背靠背"安装

图 17.26　小锥齿轮轴支撑结构

如果轴系的工作温度较高,则轴因热膨胀伸长,对于"面对面"安装结构,如图 17.26(a)所示,将会使轴承预调的游隙减小,载荷增加,寿命降低,甚至导致轴承卡死。当采用"背靠背"安装结构时,如图 17.26(b)所示,可以避免这种现象发生。

为使锥齿轮传动中的分度圆圆锥顶重合或使蜗轮蜗杆齿面获得正确的啮合位置,应对其支承轴系进行轴向位置调整。如图 17.26 所示,整个支承轴系放在一个套杯中,套杯的轴向位置,即整个轴系的轴向位置,通过改变套杯与机座端面间垫片的厚度来调节,使传动件处于最佳啮合位置。

4. 滚动轴承的配合

由于滚动轴承是标准件,为了便于互换及适应大量生产,轴承内圈孔与轴的配合采用基孔制,轴承外圈与轴承座孔的配合采用基轴制。选择配合时,应考虑载荷的方向、大小和性质,以及轴承类型、转速和使用条件等因素。当外载荷方向不变时,转动套圈应比固定套圈的配合紧一些。一般情况下,内圈随轴一起转动,外圈固定不转,故内圈与轴常取具有过盈的过渡配合,如轴的公差采用 k6、m6;外圈与座孔常取较松的过渡配合,如座孔公差采用 H7、J7 或 JS7。当轴承为游动支承时,外圈与座孔应取保证有间隙的配合,如座孔公差采用 G7。

5. 滚动轴承的装拆

滚动轴承的装拆为了不损伤轴承及轴颈部位,中小型轴承可用锤子敲击装配套筒,一般用铜套筒安装轴承,如图 17.27 所示;大型轴承或较紧的轴承可用专用的压力机装配或将轴承放在矿物油中加热到 80~100 ℃后再进行装配。

拆卸轴承一般也要用专门的拆卸工具——顶拔器(见图 17.28)。为便于拆卸轴承,应使轴承内圈及外圈分别露出足够的高度 h_1 及 h,如图 17.29(a)、(b)所示。轴承的安装尺寸见机械设计手册。对于不通孔,可在端部开设专用拆卸螺孔,如图 17.29(c)所示。

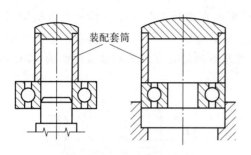

图 17.27 用锤子敲击套筒安装轴承

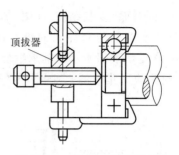

图 17.28 用顶拔器拆卸轴承

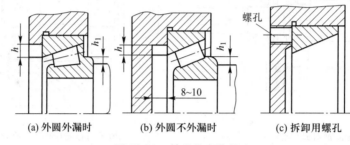

(a) 外圆外漏时　　　　(b) 外圆不外漏时　　　　(c) 拆卸用螺孔

图 17.29 轴承的安装尺寸

17.5.6 滑动轴承

1. 滑动轴承的特点、应用及分类

滑动轴承工作表面的摩擦状态有液体摩擦和非液体摩擦之分。

摩擦表面完全被润滑油隔开的轴承称为液体摩擦滑动轴承。这种轴承与轴的表面不直接接触，因此避免了磨损。液体摩擦滑动轴承制造成本高，多用于高速、精度要求较高或低速、重载的场合。

摩擦表面不能被润滑油完全隔开的轴承称为非液体摩擦滑动轴承。这种轴承的摩擦表面容易磨损，但结构简单，制造精度要求较低，用于一般转速、载荷不大或精度要求不高的场合。

根据所承受载荷的方向，滑动轴承可分为承受径向力的向心轴承、承受轴向力的推力轴承两大类。根据轴系及轴承装拆的需要，滑动轴承可分为整体式和剖分式两类。

2. 滑动轴承主要结构

（1）向心滑动轴承。向心滑动轴承的结构主要有整体式、剖分式和调心式三种。

1）整体式滑动轴承。如图 17.30 所示为整体式滑动轴承。轴承座用螺栓与机座连接，顶部装有润滑油杯，内孔中压入带有油沟的轴瓦。

这种轴承的结构简单，成本低廉，但是摩擦表面磨损后，轴径与轴瓦之间的间隙无法调整，而且拆装时轴承或轴只能轴向移动，拆装不便，所以整体式只适用于轻载、间歇工作且不重要的场合。

2）剖分式滑动轴承。如图 17.31 所示为剖分式滑动轴承。它由轴承座 1、剖分轴瓦 2、轴承盖 3、螺栓 4、润滑油杯 5 组成。为便于装配时的对中和防止轴瓦横向错动，在轴承盖与轴承座的剖分面上设有阶梯形止口，并且可放置少量垫片，以调整摩擦表面磨损后轴颈与轴瓦之间的间隙。这种轴承得到了广泛应用并且已经标准化。

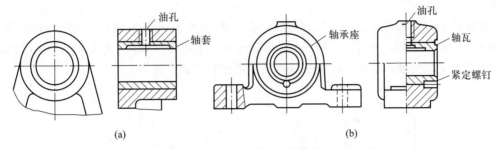

图 17.30　整体式滑动轴承

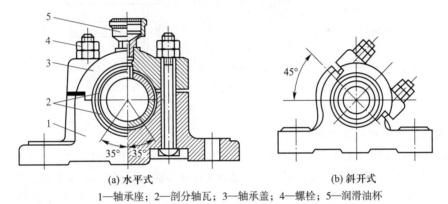

1—轴承座；2—剖分轴瓦；3—轴承盖；4—螺栓；5—润滑油杯

图 17.31　剖分式滑动轴承

剖分式轴承可分为水平式和斜开式两种,用以承受不同方向的载荷。使用时,应保证径向载荷的作用线不超过剖分面垂直中心线左右各 35°的范围。

3）调心式滑动轴承。如图 17.32(a)所示为调心式滑动轴承,把轴瓦的支承面做成球面,利用轴瓦与轴承座间的球面配合使轴瓦可在一定角度范围内摆动,以适应轴受力后产生的弯曲变形,避免出现轴与轴承两端局部接触而产生的磨损,如图 17.32(b)所示。由于球面不易加工,所以这种结构只用于轴承宽度 B 与直径 d 之比大于 $1.5 \sim 1.75$ 的场合。

（2）推力滑动轴承。常用推力滑动轴承的结构如图 17.33 所示,由轴承座 1、衬套 2、径向轴瓦 3、推力轴瓦 4 和销钉 5 组成。轴瓦的底部为球面,可以自动进行位置调整,以保证轴

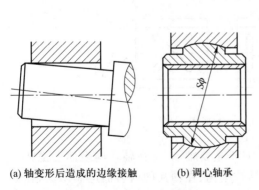

(a)轴变形后造成的边缘接触　(b)调心轴承

图 17.32　调心式滑动轴承

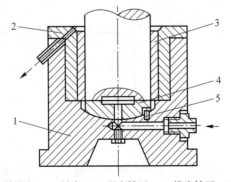

1—轴承座；2—衬套；3—径向轴瓦；4—推力轴瓦；5—销钉

图 17.33　推力滑动轴承

承摩擦表面的良好接触。销钉是用于防止推力轴瓦随轴转动的。工作时润滑油由下部注入,从上部油管导出。

常见的推力轴颈形状如图 17.34 所示,在一般机器上大多采用空心端面轴颈［见图 17.34(a)］和环状轴颈［见图 17.34(b)］,载荷较大时采用多环轴颈［见图 17.34(c)］,多环轴颈还能承受双向轴向载荷。轴颈的结构尺寸可查有关的手册。

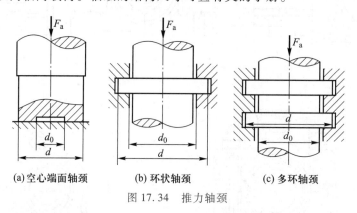

(a)空心端面轴颈　　(b)环状轴颈　　(c)多环轴颈

图 17.34 推力轴颈

3. 轴瓦的结构和轴承材料

(1)轴瓦的结构。轴瓦是轴承与轴颈直接接触的零件,如图 17.35 所示,有整体式、剖分式、分块式三种。整体式轴瓦用于整体式轴承;剖分式轴瓦用于剖分式轴承。大型滑动轴承,为了便于运输、装配,一般采用分块式轴瓦。为了把润滑油导入摩擦表面并使之均匀分布在整个轴颈上,在轴瓦的非承载区内置出油孔与油沟。油沟的长度应适宜。若油沟过长,会使润滑油从轴端部大量流失;而油沟过短,会使润滑油流不到整个接触表面。通常可取油沟的长度约为轴瓦长度的 80%。剖分式轴瓦的油沟形式如图 17.36 所示。

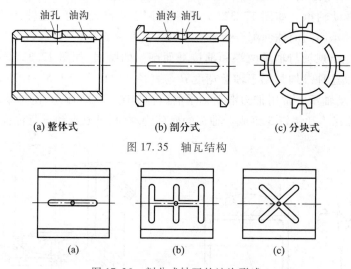

(a) 整体式　　　(b) 剖分式　　　(c) 分块式

图 17.35 轴瓦结构

(a)　　　　(b)　　　　(c)

图 17.36 剖分式轴瓦的油沟形式

为改善轴瓦表面的摩擦性能,提高承载能力,对于重要轴承,常在轴瓦内表面上浇铸一层减摩材料,称为轴承衬。为保证轴承衬与轴瓦结合牢固,在轴瓦的内表面应制出沟槽,如图 17.37 所示。

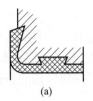

(a)　　　　　　　　　　(b)　　　　　　　　　　(c)

图 17.37　轴承衬

（2）轴承材料。轴承材料是指与轴颈直接接触的轴瓦或轴承衬的材料。由于非液体摩擦滑动轴承工作时，轴瓦与轴颈直接接触并产生相对运动，故其主要失效形式是磨损和胶合。当强度不足时也可能出现疲劳破坏，因此要求轴承材料应具有以下性能：

1）具有足够的抗冲击、抗压、抗疲劳强度。

2）具有良好的减摩性、耐磨性和磨合性。材料的摩擦阻力小，抗黏着磨损和磨粒磨损的性能好。

3）具有良好的顺应性和嵌藏性，具有补偿对中误差和其他几何误差及容纳污物和尘粒的能力。

4）具有良好的工艺性、导热性和耐腐蚀性。

但是，任何一种材料不可能同时具备上述性能，因而设计时应根据具体工作条件，按主要性能来选择轴承材料。常用的轴承材料有铸造轴承合金、铸造铜合金、铸铁等金属材料，其性能和应用见表 17.21。除此之外，还可采用非金属材料，如塑料、尼龙、橡胶以及粉末冶金等，作为轴瓦材料。

表 17.21　常用滑动轴承材料的性能与应用

材料	牌号	$[p]$/MPa	$[v]$/(m/s)	$[pv]$/ (MPa·m/s)	应用
锡锑轴承合金	ZSnSb11Cu6	平稳/25	80	20	用于高速、重载的重要轴承。变载荷下易疲劳，价格高
	ZSnSb8Cu4	冲击/20	60	15	
铅锑轴承合金	ZPbSb16Sn16Cu2	15	12	10	用于中速、中载轴承，不宜受显著冲击，可作为锡锑轴承合金的代用品
	ZCuSn5Pb5Zn5	5	6	5	
锡青铜	ZCuSn10Pb1	15	10	15	用于中速、重载及受变载荷的轴承
	ZCuSn5Pb5Zn5	8	3	15	用于中速、中载轴承
铅青铜	ZCuPb30	平稳/25 冲击/15	12 8	30 60	用于高速、重载轴承，能承受变载荷和冲击载荷
铝青铜	ZCuAl9Mn2	15	4	12	最宜于润滑充分的低速、重载轴承
黄铜	ZCuZn38Mn2Pb2	10	1	10	用于低速、中载轴承
铸铁	HT150～HT250	2～4	0.5～1	1～4	用于低速、轻载的不重要轴承，价廉

4. 滑动轴承的设计计算

（1）设计准则。如前所述,非液体摩擦滑动轴承的主要失效形式是磨损和胶合,为了防止轴承失效,应保证轴颈与轴瓦的接触面之间能保持一层润滑油膜。影响油膜存在的因素很多,目前为止还没有一种完善的计算方法,而只能采用一种简化的条件性计算方法,其计算准则是:

1）限制轴承压强 p。轴承压强 p 又称为比压,p 大时润滑油易被挤出,油膜就不易形成和保持,必须限制轴承压强的大小。

2）限制轴承的 pv 值。v 是轴径的圆周速度,即工作表面间的相对滑动速度。由于轴承的发热量与其单位面积上的摩擦功率 pfv 值成正比,摩擦系数 f 可以认为是常数,因而限制 pv 值也就限制了轴承的温升。对速度较高的轴承,必须进行 pv 值的校核计算。

3）限制滑动速度 v。对压强 p 较小的轴承,即使 p 和 pv 都在允许范围内,也可能由于滑动速度过高而加速磨损。这是因为压强是平均值,而实际上由于轴的弯曲变形或不同心等会使轴承的边缘产生很大的压强,从而使局部区域的 pv 值超过许用值。因此,对 p 值较小的轴承,还必须限制 v 值。

（2）设计步骤。设计滑动轴承的已知条件:轴径的直径 d、转速 n、载荷情况和工作条件。设计步骤为:

1）根据工作条件和工作要求,确定轴承结构类型及轴瓦材料。

2）根据轴径尺寸确定轴承宽度。一般情况下取轴承的宽径比 $B/d = 0.5 \sim 1.5$,可根据轴径尺寸计算出轴承宽度,也可查阅设计手册确定。

3）校核轴承的工作能力。

4）选择轴承的配合,见表 17.22。

表 17.22 滑动轴承的常用配合

配合符号	应用举例
H7/g6	磨床、车床及分度头主轴承
H7/f7	铣床、钻床及车床的轴承;汽车发动机曲轴的主轴承及连杆轴承;齿轮及蜗杆减速器轴承
H9/f9	电动机、离心泵、风扇及惰轮轴承;蒸汽机与内燃机曲轴的主轴承及连杆轴承
H11/d11	农业机械用轴承
H7/e8	汽轮发动机轴承、内燃机凸轮轴、高速转轴、机车多支点轴、刀架丝杆等轴承
H11/b11	农业机械用轴承

（3）向心滑动轴承的校核计算。

1）校核轴承的平均压强 p:

$$p = \frac{F_r}{Bd} \leqslant [p] \tag{17.17}$$

式中　F_r——轴承承受的径向载荷,N;

　　　B——轴承宽度,mm;

　　　d——轴颈直径,mm;

　　　$[p]$——轴承材料的许用平均压强,MPa,见表 17.23。

表 17.23 推力轴承的[p]和[pv]值

轴承材料	未淬火钢			淬火钢		
轴瓦材料	铸铁	青铜	轴承合金	青铜	轴承合金	淬火钢
[p]/MPa	2~2.5	4~5	5~6	7.5~8	8~9	12~15
[pv]/[MPa·(m/s)]	1~2.5					

注:多环推力滑动轴承许用压强[p]取表值的一半。

2）校核轴承 pv 值:

$$pv = \frac{F_r}{Bd} \cdot \frac{\pi dn}{60 \times 1\,000} \leqslant [pv] \qquad (17.18)$$

式中　v——轴颈的圆周速度,m/s;

　　　n——轴的转速,r/min;

　　$[pv]$——材料的许用 pv,MPa·m/s,见表 17.23。

3）校核速度 v:

$$v = \frac{\pi dn}{60 \times 1\,000} \leqslant [v] \qquad (17.19)$$

式中　$[v]$——许用圆周速度,m/s,其值见表 17.21。

（4）推力滑动轴承的校核计算。

1）校核轴承的压强 p。受力情况如图 17.34 所示,可得:

$$p = \frac{F_a}{\frac{\pi}{4}z(d^2 - d_0^2)K} \leqslant [p] \qquad (17.20)$$

式中　F_a——轴承承受的轴向载荷,N;

　　$d_0 、d$——轴颈内、外径,mm;

　　　z——轴环数;

　　　K——支承面积减小系数,有油沟时 $K = 0.8 \sim 0.9$,无油沟时 $K = 1.0$;

　　$[p]$——许用压强,MPa,见表 17.23。

2）校核轴承 pv_m 值:

$$pv_m \leqslant [pv] \qquad (17.21)$$

式中　v_m——轴颈平均直径处的圆周速度,m/s,$v_m = \frac{\pi n d_m}{60 \times 1\,000}$;

　　d_m——轴颈的平均直径,mm。$d_m = (d + d_0)/2$;

　　$[pv]$——许用 pv 值,MPa·m/s,见表 17.23。

17.6　联轴器的选用

联轴器是用于轴与轴之间的连接以达到传递运动和动力目的的一种机械装置。联轴器对两轴的连接是固定的,必须在停车状态下将联轴器拆卸下来才能实现两轴的分离。如图 17.38 所示的输送带传动系统中,联轴器连接减速器的输出轴和带式输送机的主动轴,同时传递扭矩,从而使减速器带动带轮旋转。

联轴器

17.6.1　联轴器的性能要求及分类

1. 联轴器的性能

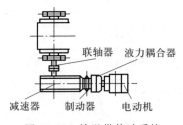

图 17.38　输送带传动系统

用联轴器连接的两轴轴线在理论上应该是严格对中的,但由于制造及安装误差、受载变化以及温度变化等的影响,往往很难保证被连接的两轴严格对中,因此就会出现两轴间的轴向位移 x[见图 17.39(a)]、径向位移 y[见图 17.39(b)],角位移 α[见图 17.39(c)]或这些位移组合的综合位移[见图 17.39(d)]。如果联轴器没有适应这种相对位移的能力,就会在联轴器、轴和轴承中产生附加载荷,甚至引起强烈振动,这就要求设计联轴器时,采用各种结构措施,使之具有适应上述相对位移的能力。

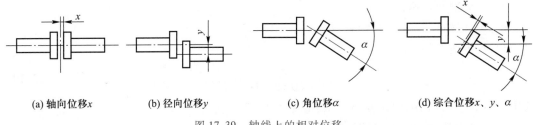

(a) 轴向位移 x　　(b) 径向位移 y　　(c) 角位移 α　　(d) 综合位移 x、y、α

图 17.39　轴线上的相对位移

2. 联轴器的分类

联轴器的类型很多,机械式联轴器按连接形式分类如图 17.40 所示。

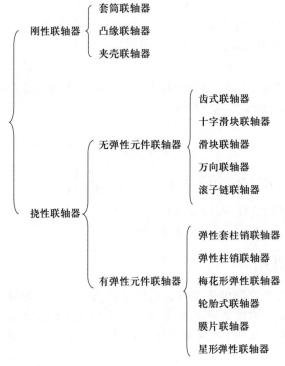

图 17.40　机械式联轴器分类

刚性联轴器:多数情况下,刚性联轴器无法补偿两轴的偏移,只能用于两轴轴线重合良好的情况。

挠性联轴器:挠性联轴器按其补偿轴线偏移的原理又可分为无弹性元件挠性联轴器(刚性可移式)和有弹性元件联轴器两类。前者内部虽然没有弹性元件,但它能依靠内部工作元件之间的动连接来实现两轴轴线偏移的补偿。

17.6.2　常用联轴器的结构及其特点

1. 刚性联轴器

常用的刚性联轴器有套筒联轴器、夹壳联轴器和凸缘联轴器等。

(1)套筒联轴器。如图17.41所示,套筒联轴器利用公用套筒与键或销等零件将两轴连接起来。这种联轴器结构简单、无缓冲和吸收振动的能力、径向尺寸小、制造成本低,但其装拆时需要轴向移动被连接件,不方便。这类联轴器适用于两轴间同轴度高、工作载荷不大且较平稳、要求径向尺寸小的场合。

(2)夹壳联轴器。夹壳联轴器由纵向剖分的两个半联轴器、螺栓和键组成,如图17.42所示。由于夹壳外形相对复杂,故仅用铸铁铸造成形。它的特点是径向尺寸小且装拆方便,克服了套筒联轴器装拆时需要轴向移动的不足。但由于其转动平衡性较差,故仅用于低速、载荷平稳的场合。

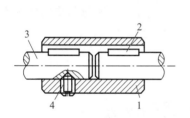 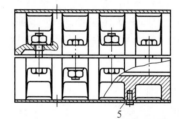 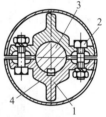

1—套筒;2—键;3—轴;4—紧定螺钉　　　　1—半联轴器;2—螺栓;3—轴;4—键;5—紧定螺钉

图17.41　套筒联轴器　　　　　　　图17.42　夹壳联轴器

(3)凸缘联轴器。这是固定式联轴器应用最广泛的一类,如图17.43所示,其结构已经标准化(GB/T 5843—2003)。

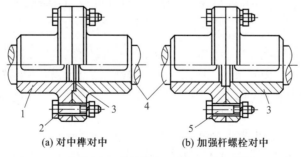

(a) 对中榫对中　　　　　　(b) 加强杆螺栓对中

1、3—凸缘盘;2—普通螺栓;4—轴;5—加强杆螺栓

图17.43　凸缘联轴器

它由两个凸缘盘组成,两凸缘盘分别用键与两轴连接,盘间用螺栓相连,以传递运动和

转矩。如图 17.43(a)所示,采用普通螺栓连接,两凸缘盘上分别制出凸肩和凹槽构成对中榫,利用其配合以保证两轴线同轴,这种联轴器靠两盘结合面间的摩擦力传递转矩。如图 17.43(b)所示,采用加强杆螺栓保证两轴心线同轴,这种联轴器靠螺栓杆受剪和受压传递转矩,传递转矩的能力较强。

凸缘盘一般采用铸铁制造,重载高速时可采用铸钢或锻钢制造。凸缘联轴器具有结构简单、使用方便、能传递重载的优点,不具有缓冲吸振作用,安装时应严格对中。凸缘联轴器多用于被连接件刚性大,振动冲击小或低速、重载的场合。

2. 挠性联轴器

挠性联轴器有位移补偿能力,允许两轴线在安装及运转时有一定限度的轴向、径向、角度或综合位移,其中有弹性元件的挠性联轴器还有缓冲吸振能力。弹性元件储存能量越多,则联轴器的缓冲能力越好;弹性元件的弹性滞后性能越好,则联轴器的减振能力越强。非金属材料(如橡胶、塑料)弹性元件质量轻、价格低、缓冲减振能力强;金属弹簧做弹性元件则强度大、尺寸小且寿命长。

(1)无弹性元件挠性联轴器。常用的无弹性元件挠性联轴器有十字滑块联轴器、万向联轴器、齿式联轴器。

1)十字滑块联轴器。如图 17.44 所示,十字滑块联轴器由两个端面带凹槽的半联轴器 1 和 3 及一个两端面具有互相垂直的带凸榫的中间圆盘 2 组成。两个半联轴器分别固定在主动轴和从动轴上,中间圆盘式的凸榫则与半联轴器上的凹槽相嵌合而构成动连接,两轴线有偏心或有偏斜时,圆盘将在两槽内滑动,以补偿轴线的偏移。由于凸榫与凹槽间的相对滑动会产生摩擦和磨损,因此应在中间盘上设置油孔以便注油润滑。

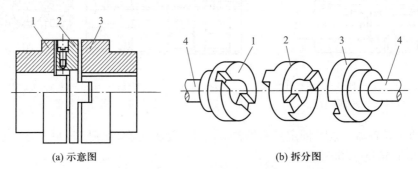

(a) 示意图　　　　　　　　　　　　　　　(b) 拆分图

1、3—带凹槽的半联轴器;2—带凸榫的中间圆盘;4—轴

图 17.44　十字滑块联轴器

十字滑块联轴器允许的径向位移 $y_p < 0.04d$(d 为轴的直径),允许的角位移 $\alpha_p < 30'$,这种联轴器结构简单,径向尺寸小,但高速时中间圆盘的偏心将产生较大的离心力而加剧磨损,并有一定的功率损耗,因此十字滑块联轴器宜用于低速,其轴的转速一般不超过250 r/min。

2)万向联轴器。万向联轴器有多种结构形式,如十字轴式、球笼式、球叉式、球铰式等,其中十字轴式最为常用。十字轴式万向联轴器由两个叉形零件 1、2 和一个十字形零件 3 以及轴承组成,如图 17.45(a)所示。叉形零件与十字形零件间构成动连接,允许连接的两轴间有较大角偏移,最大可达 45°。其最大缺点是当两轴间有一定角偏移时,主、从动轴的瞬时传动比是变化的。为使主、从动轴角速度时时相等,通常须采用双万向联轴器,如图 17.45(b)

所示,应保证中间轴 C 上的两个叉形零件位于同一平面内,主、从动轴与中间轴的夹角 α_1、α_2 相等。需注意,中间轴的角速度仍是不均匀的,但因其惯性较小,由其产生的动载荷一般不大。

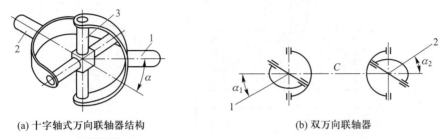

(a) 十字轴式万向联轴器结构   (b) 双万向联轴器

图 17.45 十字轴式万向联轴器

十字轴式万向联轴器结构紧凑,维护方便,广泛应用于汽车、拖拉机、轧钢机、机床、轻工等机械的传动系统中。十字轴式万向联轴器有多种结构形式,见机械行业标准 JB/T 5513—2006、JB/T 3241—2005、JB/T 5901—2017 等,设计时可按标准选用。

球笼式同步万向联轴器则是通过装有若干钢球的球笼和星形轮传递运动,如图 17.46 所示。这种特殊的结构使传力点始终保持在主、从动轴夹角的平分线上,从而使主、从动轴的转速保持同步,其动力学性能优于十字轴式万向联轴器,因而在轿车中应用较多。球笼式万向联轴器的结构复杂,制造和安装精度要求高,基本参数和主要尺寸见 GB/T 7549—2008(最大角位移 $\alpha \leqslant 14° \sim 18°$ 及机械行业标准 JB/T 6140—1992(最大角位移 $\alpha \leqslant 25°$)。

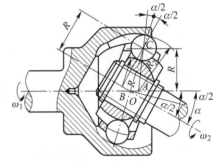

图 17.46 球笼式同步万向联轴器

3) 齿式联轴器

齿式联轴器由两个具有外齿的半联轴器和用螺栓连接起来的具有内齿的外壳组成,如图 17.47 所示。两个半联轴器分别固定在主动轴和从动轴上。两个外壳的凸缘用螺栓连为一体,半联轴器的外齿与外壳的内齿(齿数相同)相啮合,以传递转矩。由于外齿轮的齿顶制成球面(球面中心位于轴线上),齿侧又制成鼓形,且齿侧间隙较大,所以允许两轴有综合位移。一般允许的径向位移 $y_p = (0.3 \sim 0.4) m$(齿轮模数),允许轴向位移 $x_p = 4 \sim 20$ mm。允许角位移 α_p 因工作时齿面间产生相对滑动,为减少摩擦和磨损,外壳内储有润滑油以润滑轮齿,同时,用唇形密封圈密封。

齿式联轴器因有较多的齿工作,故能传递较大的转矩,外廓尺寸紧凑,而且工作可靠,但结构复杂,鼓形齿制造工艺较复杂或需专用设备,制造成本较高。齿式联轴器在重型机械中应用较广,其基本参数和主要尺寸见机械行业标准 JB/T 8854—2001。

(2)非金属弹性元件挠性联轴器。常用非金属弹性元件挠性联轴器有弹性套柱销联轴器、弹性柱销联轴器、轮胎式联轴器。

1)弹性套柱销联轴器。这种联轴器在结构上和刚性凸缘联轴器很相似,只是两个半联轴器的连接不用螺栓而用带橡胶套的柱销,如图 17.48 所示。

弹性套柱销联轴器结构简单、制造容易、装拆方便、成本较低。但弹性套的弹性变形有限,位移补偿量不大,缓冲和减振性能不高,轴向尺寸较大,橡胶套寿命较低。适用于两轴对中精度较高、冲击载荷不大、减振要求不高的中小功率传动,其基本参数和主要尺寸见 GB/T 4323—2017。

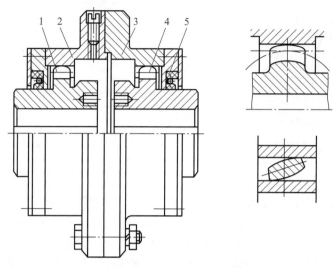

1、4—半联轴器；2、3—外壳；5—密封圈

图 17.47　齿式联轴器

2）弹性柱销联轴器。这种联轴器在结构上和刚性凸缘联轴器也很相似,它用尼龙柱销代替连接螺栓,如图 17.49 所示。为防止柱销滑出,在半联轴器两端设有挡圈。这种联轴器靠尼龙柱销传递力并靠其弹性变形补偿径向位移和角位移,靠安装时留有的间隙补偿轴向位移。

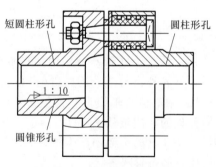

图 17.48　弹性套柱销联轴器

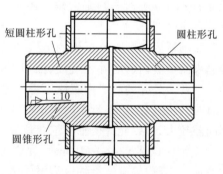

图 17.49　弹性柱销联轴器

弹性柱销联轴器结构简单、制造方便、成本低。适用于转矩小、转速高、正反向变化多、起动频繁的高速轴。其缺点是耐冲击能力较低,易老化,且尼龙对温度较敏感,不宜在高温下工作,其工作温度范围为 20~70℃。其基本参数和主要尺寸见 GB/T 5014—2017。

3）轮胎式联轴器。轮胎式联轴器如图 17.50 所示。两个半联轴器 4 分别用键与轴相连,1 为橡胶制成的特性轮胎,用压板 2 及螺钉 3 把轮胎 1 紧压在左、右两半联轴器上,通过轮胎传递转矩。为了便于安装,在轮胎上开有切口。

由于橡胶轮胎易变形,因此,允许的相对位移较大,角位移可达 5°~12°,轴向位移可达 0.02D,径向位移可达 0.01D,其中 D 为联轴器的外径。

轮胎式联轴器的结构简单,使用可靠,弹性大、寿命长,不需要润滑,但径向尺寸大。这种联轴器可用于潮湿多尘、起动频繁的地方,其主要参数和尺寸见 GB/T 5844—2002。

非金属弹性元件挠性联轴器还有梅花形弹性联轴器(GB/T 5272—2017)、弹性环联轴器(GB/T 2496—2008)、弹性块联轴器(JB/T 9148—2017)等多种形式。

(3)金属弹性元件挠性联轴器。常用金属弹性元件挠性联轴器有膜片联轴器、蛇形弹簧联轴器、弹性阻尼簧片联轴器等。

1)膜片联轴器。膜片联轴器如图17.51所示,由几组膜片(不锈钢薄板)用螺栓交错地与两个半联轴器相连而成,每组均有数片膜片,工作时靠膜片的弹性变形补偿两轴的相对位移。

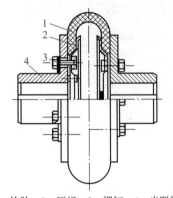

1—轮胎;2—压板;3—螺钉;4—半联轴器

图 17.50 轮胎式联轴器

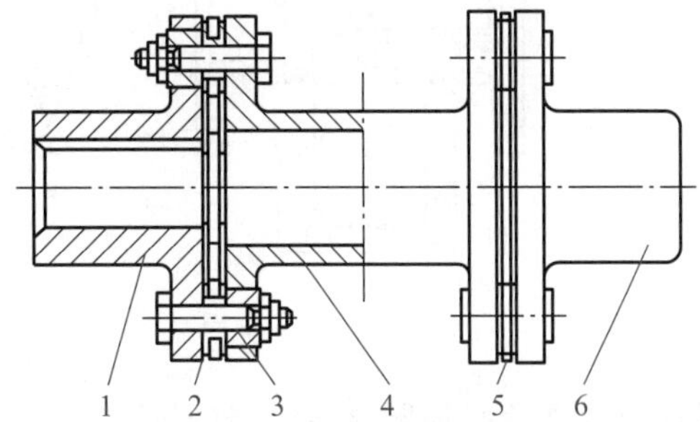

1、6—半联轴器;2—衬套;3—垫圈;4—中间轴;5—膜片组

图 17.51 膜片联轴器

这种联轴器不用润滑、结构紧凑、强度高、使用寿命长、基本不用维修,是一种高性能的挠性联轴器,可部分代替齿式联轴器。但因扭转弹性较低,缓冲减振性能差,主要适于在载荷比较平稳的高速、高温、有腐蚀介质的环境下工作,在各种机械中获得广泛应用,其基本参数和尺寸见机械行业标准 JB/T 9147—1999。

2)蛇形弹簧联轴器。蛇形弹簧联轴器如图17.52所示,是由一组或几组蛇形弹簧嵌在两半联轴器的齿间,转矩通过弹簧和齿进行传递。为防止蛇形弹簧在离心力作用下甩出,在联轴器上装有外罩,并可在外罩内注入润滑油以减小摩擦。这种联轴器适用于转矩变化不大的场合,多用于有严重冲击载荷的机械,其基本参数和尺寸见机械行业标准JB/T 8869—2000。

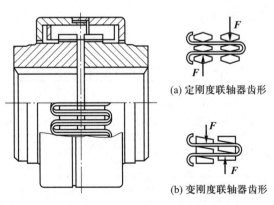

(a) 定刚度联轴器齿形

(b) 变刚度联轴器齿形

图 17.52 蛇形弹簧联轴器

3）弹性阻尼簧片联轴器。如图 17.53 所示为簧片联轴器,由径向安置的若干组簧片将两个半联轴器连接而成。簧片的一端固定在一侧半联轴器的轴上;另一侧为自由端,嵌在另一半联轴器的轴上;楔形槽内构成动连接,槽内空隙中注满润滑油。当传递转矩时,簧片发生变形,同时借助簧片间隙及空隙中润滑油流动的阻尼作用,对变载荷或冲击载荷具有良好的缓冲减振性能。

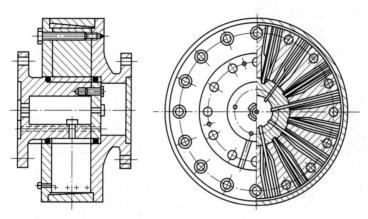

图 17.53 弹性阻尼簧片联轴器

弹性阻尼簧片联轴器弹性大、阻尼性能好、结构紧凑、安全可靠,但价格较高。适用于载荷变化较大、有扭转振动的轴系,其基本参数和尺寸见 GB/T 12922—2008。

3. 安全联轴器

安全联轴器有安全保护作用,当传递的转矩超过限定值时,联轴器中的元件折断或分离或打滑,使传动中断,以保护传动系统重要零部件不致损坏。常用的联轴器有销钉式、摩擦式、钢球式、液压式及磁粉式等。

17.6.3 联轴器的选择

联轴器的类型很多,常用联轴器大多已经标准化。在选择时,先根据工作条件和要求选择合适的类型,然后按轴的直径 d、转速 n 和计算转矩 T_{ca},从标准中选择所需要的型号和尺寸。必要时对少数关键零件进行校核计算。计算转矩为:

$$T_{ca} = KT \tag{17.22}$$

式中　T——轴的名义转矩,N·m;

　　　K——载荷系数,见表 17.24。

表 17.24 载荷系数 K

动力机类型	工作机载荷特性			
	载荷均匀或载荷变化较小	载荷变化并有中等冲击载荷	载荷变化并有严重冲击载荷	载荷变化并有特严重冲击载荷
电动机、汽轮机	1.3	1.7	2.3	3.1
四缸及四缸以上内燃机	1.5	1.9	2.5	3.3

续表

动力机类型	工作机载荷特性			
	载荷均匀或载荷变化较小	载荷变化并有中等冲击载荷	载荷变化并有严重冲击载荷	载荷变化并有特严重冲击载荷
双缸内燃机	1.8	2.2	2.8	3.6
单缸内燃机	2.2	2.6	3.2	4.0

注:刚性联轴器取较大值,挠性联轴器取较小值,摩擦离合器取中间值。

联轴器选择要点:

(1)根据被连接轴对联轴器的工作要求,包括对中性精度,位移性质和大小,载荷性质和大小,有无缓冲吸振要求,对联轴器可靠性要求,工作环境,安装、制造、维护及成本等,选择合适的类型。

(2)按式(17.22)所得计算转矩,考虑适当的安全裕度,从相应标准系列中选择合适的规格型号。

(3)校核被连接轴的转速不超过所选联轴器允许的最高转速。

(4)多数联轴器标准给出的轴孔直径系列均有一个范围,且两个半联轴器轴孔直径范围、轴孔长度及形状(是圆柱孔还是圆锥孔)是可以不同的(见 GB/T 3852—2017),需要根据被连接两轴的具体情况合理确定。

17.7 离合器选择

17.7.1 离合器的分类及特点

离合器是机械传动系统中重要的传动装置,其主要功能是在同轴线两轴间传递运动和动力时实现结合或分离。

离合器

离合器按工作原理可分为啮合式离合器和摩擦式离合器两大类。前者利用接合元件的啮合传递转矩,而后者则依靠接合面间的摩擦力传递转矩。

(1)啮合式离合器。主要优点是结构简单,外廓尺寸小,传递的转矩大。由于是刚性啮合,齿面间无相对滑动,可以实现准确的运动传递,但在运转中接合时有冲击,故只能在低速和静止状态下接合,否则容易打坏轮齿。

(2)摩擦式离合器。主要优点是接合平稳,可在较高的转速差下接合,操纵方便,有过载保护作用,因此有些安全离合器是采用摩擦式的。但接合中摩擦面间必将发生相对滑动,这种滑动要消耗一部分能量,并引起摩擦面的发热和磨损。因而不适于在低速重载场合使用。

离合器种类很多,按照操纵方式分,离合器有机械操纵式、电磁操纵式、液压操纵式和气压操纵式等,统称为操纵式离合器。能够自动进行接合和分离,而且不需要人工操纵的称为自动离合器,例如,离心离合器,当转速达到一定值时,两轴能自动接合或分离;安全离合器,当转矩超过其限定值时,两轴即自动分离;定向离合器只允许单向传递运动,反转时则自动分离。

17.7.2　离合器的结构与选择

1. 牙嵌离合器

牙嵌离合器主要由端面带牙的两个半离合器组成,如图 17.54 所示,通过端面上的凸牙传递转矩。半离合器 1 固定在主动轴上,可动的半离合器 2 装在从动轴上,操纵滑环 4 可使它沿着导向平键 3 移动,以实现离合器的接合与分离。在固定的半离合器中装有对中环 5,以保持两轴对中,从动轴端可在对中环中自由转动。

凸牙牙型有多种形式,如图 17.55 所示,其中:梯形牙[见图 17.55(b)],强度较高,能传递较大的转矩,接合也比较方便,并能补偿凸牙磨损后产生的间隙;锯齿形牙[见图 17.55(c)],强度最高,但仅能传递单方向的转矩,因另一牙面有较大倾斜角,工作时产生较大轴向力会迫使离合器分离;三角形牙[见图 17.55(a)],只适用于传递中、小转矩。

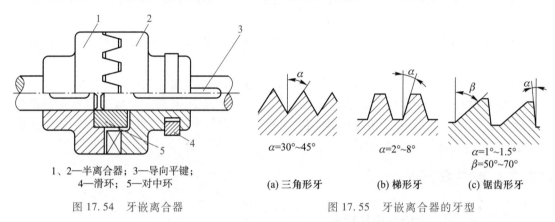

1、2—半离合器;3—导向平键;
4—滑环;5—对中环

图 17.54　牙嵌离合器

α=30°~45°　　α=2°~8°　　α=1°~1.5°
　　　　　　　　　　　　　　　β=50°~70°

(a) 三角形牙　　(b) 梯形牙　　(c) 锯齿形牙

图 17.55　牙嵌离合器的牙型

离合器牙数一般取 3~60 个。要求传递转矩大时,应取较少牙数;要求接合时间短时,应取较多牙数。但牙数越多,载荷分布越不均匀。

为提高牙面耐磨性,牙嵌离合器的牙面应具有较高的硬度。牙嵌离合器的材料通常用低碳钢(经渗碳淬火处理,硬度为 56~62HRC),或中碳钢(经表面淬火处理,硬度为 48~54HRC)。对不重要的和静止时离合的牙嵌离合器也可采用铸铁(如 HT200)制造。

牙嵌离合器的承载能力主要取决于齿根弯曲强度。对于频繁离合的牙嵌离合器,易产生面磨损,因此,常通过限制牙面压强控制磨损。

2. 摩擦离合器

摩擦离合器有圆盘式、多片式和圆锥式等多种。如图 17.56 所示单圆盘摩擦离合器是最简单的摩擦离合器,其中圆盘 3 固定在主动轴 1 上,操纵滑环 5 可使圆盘 4 沿导向平键 2 在从动轴上移动,从而实现两盘的接合与分离。接合时,施加轴向压力使两圆盘的接合面间产生足够的摩擦力以传递转矩。

如图 17.57 所示为多盘摩擦离合器。这种离合器有内、外两组摩擦盘,如图 17.57(b)、(c)所示。外摩擦盘 4 上的外齿与半离合器 2 上的

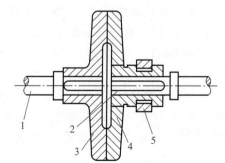

1—主动轴;2—导向平键;3、4—圆盘;5—滑环

图 17.56　单圆盘摩擦离合器

纵向槽形成类似导向花键的连接。操纵滑环 7 向左移时,杠杆 8 将内、外摩擦盘相互压紧,使离合器接合;操纵滑环 7 向右移时,杠杆 8 在弹簧的作用下将内、外摩擦盘松开,使离合器分离。螺母 6 可调整摩擦盘间的压力。

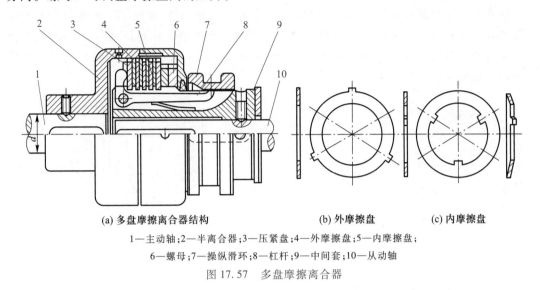

(a) 多盘摩擦离合器结构　　　　　　(b) 外摩擦盘　　　(c) 内摩擦盘

1—主动轴;2—半离合器;3—压紧盘;4—外摩擦盘;5—内摩擦盘;
6—螺母;7—操纵滑环;8—杠杆;9—中间套;10—从动轴

图 17.57　多盘摩擦离合器

17.8　制动器选择

17.8.1　制动器的分类及性能要求

制动器是机械传动系统中十分重要的装置,在各类机械中广泛应用。常用制动器已经标准化、系列化,多数已制定了行业标准。制动器的种类很多,按制动零件的结构特征可分为块式、带式、盘式制动器,以及磁涡流制动器、磁粉制动器等。按工作状态可分为常闭式和常开式制动器。常闭式制动器经常处于紧闸状态,施加外力时才能解除制动(如起重机用制动器)。常开式制动器经常处于松开状态,施加外力时才能制动(如车辆用制动器)。制动过程是消耗能量的过程。为了减小制动力矩和减小制动器尺寸,常将制动器装在高速轴上。对于大型设备和重要的安全制动器则通常安装在低速轴上,虽然制动力矩大,制动器尺寸大,但因靠近工作机可提高传动系统的安全性。

对制动器的基本要求如下:

(1) 能够产生足够的制动力矩,并有足够的制动力矩储备。

(2) 松闸和合闸迅速准确,制动平稳。

(3) 制动零件有足够的强度和刚度,有较高的耐磨性和耐热性。

(4) 制造简单,结构紧凑,调整和维修方便。

17.8.2　制动器的结构与选择

1. 带式制动器

带式制动器是利用制动带与制动轮之间的摩擦力实现制动的,如图 17.58 所示,当施加外力 F_Q 于制动杠杆上时,利用杠杆作用使制动带抱住制动轮产生摩擦力达到制动的目的。

带式制动器制造简单、结构紧凑、包角大(可超过 2r)、制动力矩大。但制动轮轴受较大的弯曲作用力,制动带表面的压力分布和磨损不均匀。适用于大型及要求紧凑的制动场合。

2. 块式制动器

块式制动器是靠制动块与制动轮之间的摩擦力实现制动的,如图 17.59 所示为电磁块式制动器。当通电时,电磁线圈 5 吸住衔铁 4,再通过一套杠杆的作用使制动块 2 松开,机械能正常运转。当需要制动时,断开电路,电磁线圈释放衔铁 4,在弹簧 3 作用下,通过杠杆使制动块 2 抱紧制动轮 1 实现制动。

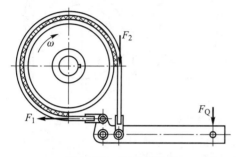

图 17.58　带式制动器

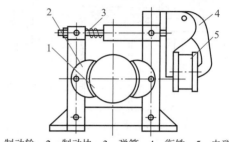

1—制动轮；2—制动块；3—弹簧；4—衔铁；5—电磁线圈

图 17.59　电磁块式制动器

电磁块式制动器制动和开启迅速,尺寸小、质量轻,易于调整瓦块间距,更换瓦块、电磁铁也方便,但制动时冲击大,电能消耗也大,不宜用于制动力矩大和需要频繁制动的场合。

3. 内涨蹄式制动器

如图 17.60 所示为内涨蹄式制动器工作简图。左、右两个制动蹄 1 分别通过两个销轴 5 与机架相连,制动器表面装有摩擦衬垫 2,制动轮 6 与需要制动的轴固定连接。制动器工作时,推动器 3(液压缸或气缸)克服拉簧 4 的作用使左右制动蹄 1 分别与制动轮 6 相互压紧,即产生制动作用。推动器卸压后,拉簧 4 使两制动蹄与制动轮分离松闸。这种制动器结构紧凑,广泛应用于各种车辆及结构尺寸受到限制的机器中。

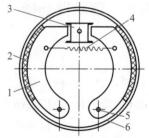

1—制动蹄；2—摩擦衬垫；
3—推动器；4—拉簧；
5—销轴；6—制动轮

图 17.60　内涨蹄式制动器

任务下达

17.9　减速器输出轴的设计及轴承选用

1. 输出轴的设计任务

设计带式输送机所用单级斜齿圆柱齿轮减速器,输出轴所传递的功率为 $P = 5$ kW,转速 $n = 140$ r/min,轴上齿轮的参数为 $z = 60$, $m_n = 3.5$ mm, $\beta = 12°$, $\alpha = 20°$,齿轮宽 $B = 70$ mm,载荷平稳,轴向单向运转,试设计减速器的输出轴。

2. 输出轴轴承的选用与寿命校核任务

根据设计任务中输出轴的参数,选择该输出轴的轴承类型,并进行寿命校核。

3. 任务实施参考

输出轴的设计步骤参考例题 17.1。

轴承的选用与校核参考例题17.3。

任务评价

减速器输出轴的设计及轴承选用任务评价表

评价内容	参与者	反馈信息
1. 输出轴的材料选择是否合理	小组成员	
2. 输出轴设计计算过程是否正确	小组成员	
3. 输出轴的结构设计是否合理	小组成员	
4. 轴承的类型及型号选用是否合适	小组成员	
5. 轴承的寿命校核是否合适	小组成员	
6. 在任务实施中是否有团队合作精神	小组成员	
7. 小组互评指出别组任务实施中的优缺点	全体成员	
8. 指导教师的总结和反馈	指导教师	

任务 18
电动机的选择

任务导入

　　减速器安装在电动机(或其他原动机)与工作机之间,其主要功能是降低转速和相应地增大转矩。在选择减速器时,应考虑与之配合的电动机性能,正确认识并了解电动机及其相关参数和选择依据,这对正确设计减速器产品有着非常重要的意义。

　　电动机是机械系统的动力来源,就像人的心脏,为机械系统的工作提供能量,电动机的运动形式、速度、驱动转矩等因素不同,会直接影响传动机构的形式。因此,在机械传动总体设计中,正确选择电动机显得十分重要。

知识储备

18.1　常用电动机的类型和主要特点

　　机械系统中常用电动机主要包括三相异步电动机、直流电动机和直线电动机,其主要特点见表18.1。

表 18.1　常用电动机类型及其主要特点

电动机类型	主要特点
三相异步电动机	结构简单,价格便宜,坚固耐用,运行可靠,使用维护方便,能保持恒速运行并能经受较频繁的起动、反转及制动,但起动转矩较小,调速困难。广泛应用于一般机械传动中

续表

电动机类型	主要特点
直流电动机	能在恒功率下调速,调速性能好,起动转矩大,但机械特性较差,价格较贵,且需有直流电源
直线电动机	能直接产生往复直线运动,但一般输出功率不大,效率较低

18.2 电动机的型号选择

由表 18.1 可知,电动机中以三相异步电动机应用最为广泛。由于电动机已经标准化,因此选择电动机主要包括电动机类型和结构形式的选择、容量的计算以及转速的确定。

电动机的型号选择

(1)电动机类型和结构形式的选择。电动机类型的选择,主要根据机械系统的工作环境(温度、湿度、粉尘及酸碱度等)、工作特点(起动频繁程度、起动的载荷大小等),并考虑各种电动机的特点及供应情况等选型。在生产中,对于一些不经常起动和无特殊要求的传动系统,应尽量采用三相鼠笼式异步电动机,其中 Y 系列电动机为我国推广采用的产品,适用于不易燃、不易爆、无腐蚀性气体的场合,以及要求具有较好起动性能的机械传动中。在经常起动、制动和反转的场合(如起重、提升设备),要求电动机转动惯量小和过载能力大,应选用起重及冶金设备用的三相异步电动机。

电动机的结构有开启式、防护式、封闭式和防爆式等,可根据防护要求选择。同一类型的电动机又具有几种安装形式,应根据安装条件确定。电动机的额定电压一般为 380 V。

(2)电动机的容量选择。标准电动机的容量用额定功率表示。电动机的容量选得合适与否,对电动机的工作和经济性都有影响:容量低于工作要求,就不能保证工作机的正常工作,使电动机长期处于过载状态,因发热过大而提前损坏;容量过大则电动机价格高,能量又不能充分利用,由于经常在不满载状态下运行,功率和功率因数都较低,造成很大浪费。电动机的容量主要根据电动机运行时发热条件决定。变载下长期运行的电动机、短时运行的电动机(工作时间短、停歇时间较长)和重复短时运行的电动机(工作时间和停歇时间都不长),其容量选择要按等效功率法计算并校验过载能力和起动力矩。在不变或变化很小的载荷下长期连续运行的机械,只要其电动机的负荷不超过额定值,电动机便不会过热,通常不必校核发热和起动力矩。所需电动机的功率为:

$$P_D = P_w / \eta \tag{18.1}$$

式中　P_D——工作机实际需要电动机输出的功率,kW;

$\quad P_w$——工作机所需输入的功率,kW;

$\quad \eta$——电动机至工作机之间传动装置的总效率。

工作机所需功率 P_w,应由机器工作阻力和运动参数求得。

$$P_w = Fv / 1\,000\eta \tag{18.2}$$

或　$$P_w = Tn_w / 9\,550\,000\eta \tag{18.3}$$

式中　F——工作机的阻力,N;

$\quad v$——工作机的线速度,m/s;

$\quad T$——工作机的阻力矩,N·mm;

n_w——工作机的转速, r/min。

总效率 η 的计算公式为:

$$\eta = \eta_1 \cdot \eta_2 \cdot \eta_3 \cdots \cdot \eta_n \tag{18.4}$$

式中 η_1、η_2、η_3 分别为传动装置中每一运动副(齿轮、蜗杆、带或链等)、每对轴承或每个联轴器的效率,其值可按表 18.2 中选取。选用此表数值时,一般取中间值,如工作条件差、润滑维护不良时应取低值;反之取高值。

表 18.2　常用运动副机械效率

类型	开式	闭式
圆柱齿轮传动	0.94 ~ 0.96	0.96 ~ 0.99
圆锥齿轮传动	0.92 ~ 0.95	0.94 ~ 0.98
自锁蜗杆	0.30	0.40
单头蜗杆	0.50 ~ 0.60	0.70 ~ 0.75
双头蜗杆	0.60 ~ 0.70	0.75 ~ 0.82
三头或四头蜗杆	—	0.82 ~ 0.92
链传动	0.90 ~ 0.93	0.95 ~ 0.97
平带传动	0.97 ~ 0.98	—
V 带传动	0.94 ~ 0.97	—
滚动轴承(每对)	0.98 ~ 0.995	
滑动轴承(每对)	0.97 ~ 0.99	
万向联轴器	0.97 ~ 0.98	
齿轮联轴器	0.99	
弹性联轴器	0.99 ~ 0.995	

18.3　确定电动机的转速

容量相同的同类型电动机,可以有不同的转速以供选择。当工作机构的转速或移动速度较高时,可选用高转速的电动机。因为这样不但可以减小电动机的尺寸和质量、降低电动机的价格,还能缩短运动链和提高传动系统的机械效率。当工作机构的转速或移动速度很低时,就不应再选高速电动机;否则传动链过长,零件增多,机械效率降低,反而不经济。因此确定电动机的转速时,应综合考虑电动机和机械系统的质量、尺寸、价格以及机械效率等各方面的因素。

Y 系列电动机中通常多选用同步转速为 1 500 r/min 和 1 000 r/min 的电动机,如无特殊需要,不选用低于 750 r/min 的电动机。

确定电动机的型号根据选择电动机的类型、结构、容量和转速,可由电动机的标准中查出电动机的型号,并将其型号、性能参数和主要尺寸记下备用。传动装置的设计功率通常按实际需要的电动机功率 P_D 计算,而转速按电动机额定功率时的转速 ω 计算。

18.4　确定传动系统的总传动比和分配各级传动比

由选定的电动机满载转速 n_m 和工作机转速 n_w,可得传动装置总传动比为:

$$i = n_m / n_w \tag{18.5}$$

总传动比为各级传动比的连乘积,即:

$$i = i_1 \cdot i_2 \cdot i_3 \cdot \cdots \cdot i_n \tag{18.6}$$

合理分配各级传动比,可使传动装置得到较小的外廓尺寸或较轻的质量,以达到降低成本和结构紧凑的目的,也可以使传动零件获得较低的圆周速度以减小齿轮传动载荷和降低传递精度等级,还可以得到较好的齿轮润滑条件。但这几方面的要求不可能同时满足,因此在分配传动比时,应根据设计要求考虑不同的分配方式。

具体分配传动比时,主要考虑如下几点。

(1) 各级传动比都在各自的合理范围内,以保证符合各种传动形式的工作特点和结构紧凑。

(2) 分配各传动形式的传动比时,应注意使各传动尺寸协调,结构匀称合理。例如,带传动和单级齿轮减速器组成的传动系统,一般应使带传动的传动比小于齿轮的传动比,以免大带轮半径大于减速器输入轴中心高度而与机架相碰。

(3) 要考虑传动零件结构上不会造成相互干涉碰撞。

(4) 应使传动装置的总体尺寸紧凑,质量最小。

(5) 为使各级大齿轮浸油深度合理(低速级大齿轮浸油稍深),减速器内各级大齿轮直径应相近,以便各级齿轮得到充分浸油润滑,避免某级大齿轮浸油过深而增加搅油损失。

根据以上情况,对各类减速器给出了一些传动比分配的参考数据。

(1) 对于展开式二级圆柱齿轮减速器,考虑到润滑条件,应使两个大齿轮直径相近、低速级大齿轮略大些,推荐高速级传动比 $i_1 \approx (1.3 \sim 1.4) i_2$;对同轴线式则取 $i_1 \approx i_2$(i 为减速器总传动比)。这些关系只适用于二级齿轮的配对材料相同、齿宽系数选取同样数值的情况。当要求获得最小外形尺寸或最小质量时,可参看有关资料中传动比分配的计算公式。

(2) 对于圆锥—圆柱齿轮减速器,可取圆锥齿轮传动比 $i_1 \approx 0.25i$,并应使 $i \leqslant 3$。

(3) 蜗杆—齿轮减速器,可取齿轮传动比 $i_2 \approx (0.03 \sim 0.06) i$。

(4) 齿轮—蜗杆减速器,可取齿轮传动比 $i_1 = 2 \sim 2.5$,以使结构紧凑。

(5) 二级蜗杆减速器,可取 $i_1 = \sqrt{(1.3 \sim 1.4) i}$。

18.5　计算传动装置的运动和动力参数

为进行传动件的设计计算,应将工作要求的功率或转矩推算到各轴上,并分别求出各轴的转速和转矩。如将各轴(电动机轴除外)由高速至低速依次定义为Ⅰ轴、Ⅱ轴、…,定义 i_0、i_1、…为相邻两轴间的传动比;η_{01}、η_{12}、η_{23} 为相邻两轴间的传动效率;P_1、P_2、… 为各轴的输入功率(kW);T_1、T_2、… 为各轴的输入转矩(N·m);则可由电动机至工作机方向进行推算,求出各轴的运动和动力参数。具体如下。

(1) 各轴转速:

$$n_1 = n_m / i_0 \tag{18.7}$$

式中　n_m——电动机满载转速;

　　　i_0——电动机轴至轴Ⅰ的传动比。

$$n_3 = n_2 / i_2 = n_m / i_0 i_1 i_2 \tag{18.8}$$

其余类推。

（2）各轴功率：

$$P_1 = P_d \eta_{01} \tag{18.9}$$

$$P_2 = P_1 \eta_{12} = P_D \eta_{01} \eta_{12} \tag{18.10}$$

$$P_3 = P_2 \eta_{23} = P_D \eta_{12} \eta_{23} \tag{18.11}$$

（3）各轴转矩：

$$T_1 = T_d I_0 \eta_{01} T_1 = T_D i_0 \eta_{01} \tag{18.12}$$

其中电动机轴输入转矩为：

$$T_D = 9\,550 P_D / n_m \tag{18.13}$$

所以：

$$T_1 = 9\,550 P_0 i_0 \eta_{01} / n_m \tag{18.14}$$

$$T_2 = T_1 i_1 \eta_{12} \tag{18.15}$$

依次类推，以上计算结果可以作为减速器内零部件设计的主要参数，可以整理并列表备用。

任务下达

18.6　电动机选用

为带式输送机选择电动机，已知：

（1）输送带的工作牵引力 $F = 4\,000$ N；

（2）输送带的工作速度 $v = 2$ m/s（允许带速误差 5%）；

（3）滚筒直径 $D = 400$ mm；

（4）滚筒效率为 0.96（包括滚筒与轴承的功率损失）；

（5）工作情况为两班制，连续单向运转，载荷较平稳；

（6）使用折旧期 8 年；

（7）工作环境为室内，灰尘较大，最高温度为 28 ℃。

（8）动力来源为电力，三相交流，电压为 380 V/220 V。

（9）检修间隔期为四年一次大修，二年一次中修，半年一次小修。

（10）制造条件及生产批量为一般小型机械厂制造，小批量生产。

电动机选用步骤见表 18.3。

表 18.3　电动机选用步骤

设计内容	计算及说明	结果
1. 选择电动机类型	该传动在常温下工作，机器载荷平稳，工作环境有灰尘，故选用_____。	
2. 选择电动机的容量	（1）电动机所需功率：	
	（2）计算传动系统的总效率；	

续表

设计内容	计算及说明	结果
3. 选择电动机同步转速	因工作机速度不高,选择电动机同步转速为＿＿＿＿＿＿。	
4. 选择电动机型号	根据功率和转速,选择电动机型号为＿＿＿＿＿＿。	

任务评价

电动机选用任务评价表

评价内容	参与者	反馈信息
1. 公式的使用是否正确	小组成员	
2. 计算的顺序是否正确	小组成员	
3. 对电动机原理是否了解和认识	小组成员	
4. 对任务中遇到的问题是否能积极解决	小组成员	
5. 在任务实施中是否有团队合作精神	小组成员	
6. 小组互评指出别组任务实施中的优缺点	全体成员	
7. 指导教师的总结和反馈	指导教师	

任务 19
密封与润滑方法的选用

任务导入

在减速器运转过程中,齿轮机构需要不断地进行啮合,其间受到交变应力的作用很容易出现磨损而导致齿轮传动的失效,为了延长齿轮机构的使用寿命,延长减速器产品的使用年限,需要在减速器内增加密封与润滑装置。

知识储备

19.1　润滑

摩擦可以分为滑动摩擦和滚动摩擦两种。滑动摩擦是指两个物体的表面相互接触并相对滑动时产生的摩擦。滑动摩擦是面接触,例如发动机活塞与气缸壁的摩擦。滚动摩擦是指球形或圆形物体沿另一物体表面滚动时所产生的摩擦。滚动摩擦是点接触或线接触,例如滚珠轴承和滚柱轴承的摩擦。

润滑指的是向承受载荷的两个摩擦表面引入润滑剂,是减少摩擦力及磨损等表面破坏的有效措施之一。润滑的主要作用有:① 降低摩擦功耗、节约能源;② 减少或防止机器摩擦副零件的磨损;③ 防锈;④ 缓冲、吸振;⑤ 清洗摩擦表面,密封和防尘;⑥ 降低工作温度等。

根据润滑的情况,机械系统的润滑状态可以有:无润滑状态、边界润滑状态、液体润滑状态和混合润滑状态等。

19.2　润滑剂

常用的润滑剂分为润滑油、润滑脂和固体润滑剂。

常见的润滑油包括动植物油、矿物油、合成油。

黏度是评价润滑油流动性的指标,有动力黏度、运动黏度和条件黏度。工程中常用运动黏度,单位为 St(斯托克斯)或 cSt(厘斯),量纲为 m^2/s;

润滑油的牌号与运动黏度有一定的对应关系,如牌号为 L-AN10 的油在 40 ℃ 时的运动黏度大约为 10 cSt。

润滑脂一般是加了稠化剂的润滑油,润滑脂的主要质量指标是:锥入度,反映其稠度大小;滴点,决定工作温度。

此外还有固体润滑剂,石墨、二硫化钼、聚四氟乙烯等都是常见的固体润滑剂。

在润滑性能上润滑油一般比润滑脂好,应用最广。但润滑脂具有不易流失等优点,也是常用的润滑剂。固体润滑剂过去一般在特殊场合下使用,目前正在逐步扩大使用范围。下面简单介绍选用润滑剂时要考虑的几个主要因素:

(1)运动速度。运动速度越快,齿轮间挤进润滑剂的时间就越少,同时在高速作业下润滑剂更易出现结块变厚。因此,低速用高黏度润滑剂,高速用低黏度润滑剂。

(2)载荷大小。高黏度润滑剂可以更好地抵抗重载和冲击载荷。在载荷较大时,可在润滑剂中加入极压添加剂。

(3)工作环境温度。润滑剂的黏度随着温度的变化而变化,温度降低,黏度增大,因此低温下选用低黏度润滑剂,高温下选用高黏度润滑剂。

(4)摩擦副表面。对于表面粗糙度较大或存在磨损的摩擦副表面,应选用高黏度润滑剂。

(5)周围环境。在选择润滑剂时要考虑周围环境的影响,如潮湿、尘土多或有强烈化学物质的环境下,都要选择对应的润滑剂。

润滑油润滑在工程中的应用最普遍,常用的供油方式有:滴油润滑、浸油润滑、飞溅润滑、喷油润滑、油雾润滑等,如图 19.1 所示。

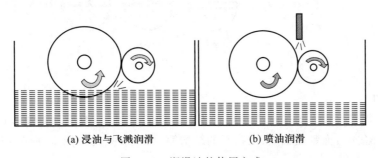

(a) 浸油与飞溅润滑　　　　　　　(b) 喷油润滑

图 19.1　润滑油的使用方式

油脂润滑常用于运转速度较低的场合,将润滑脂涂抹于需润滑的零件上。润滑脂还可以用于简单的密封。

齿轮传动润滑油黏度推荐值见表 19.1。

表 19.1 齿轮传动润滑油黏度推荐值

齿轮材料	抗拉强度 R_m/MPa	圆周速度 v/(m/s)						
		<0.5	0.5~1	1~2.5	2.5~5	5~12.5	12.5~25	>25
		运动黏度(40 ℃) v/(10^{-6} m²/s)						
塑料、青铜、铸铁	—	350	220	150	100	80	55	—
铜	450~1 000	500	350	220	150	100	80	55
	1 000~1 250	500	500	350	220	150	100	80
渗碳或表面淬火钢	1 250~1 580	900	500	500	350	220	150	100

19.3 机械系统密封装置

密封装置的主要功能是阻止液体、气体工作介质或润滑剂泄漏,防止灰尘、水分进入润滑部位。

在选择密封装置时,应根据压力、速度、工作温度等工作条件,选择经济、合理的密封类型和结构。密封件大部分都有相应的标准和规格,应尽量选用标准件。根据被密封表面是否有相对运动,密封分为静密封和动密封。

1. 静密封

静密封是指密封表面与接合零件间没有相对运动的密封,接合面平整、光洁,在螺栓固紧压力下贴紧而密封。通常,接合面的间隙小于 5 μm,且需研磨加工,如图 19.2 所示。

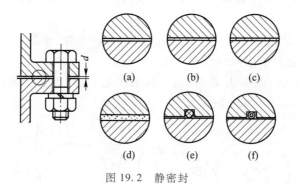

图 19.2 静密封

2. 动密封

动密封是指密封表面与接合零件间有相对运动的密封,一般原理是通过压盖的轴向压紧让填料产生径向力抱紧在轴上,动密封的结构简单,一般只用于低速($v<4~5$ m/s)脂润滑处,主要起防尘作用。

除此之外,机械系统的密封装置还包括密封圈密封、机械密封、迷宫密封和间隙密封等。在减速器的设计中,需要对轴承部分设计密封装置,常见的密封装置见表 19.2。

表 19.2 轴承常用密封装置

密封形式			简图	特点	应用范围
非接触式	间隙式	缝隙式	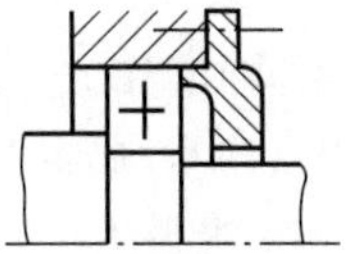	一般间隙为 0.1 ~ 0.3 mm，间隙越小、间隙宽度越长，密封效果越好	适用于环境比较干净的脂润滑
		油沟式	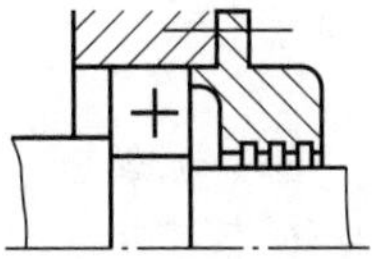	在端盖配合面上开 3 个以上宽 3 ~ 4 mm、深 4 ~ 5 mm 的沟槽，并在其中填充脂	适用于脂润滑，速度不限
		W 形间隙	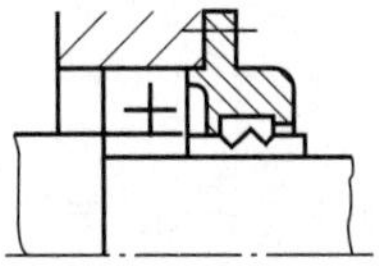	在轴或轴套上开有 W 形槽用来甩回渗漏的油，并在端盖上开回油孔（槽）	适用于油润滑，速度不限
接触式	皮碗密封	密封唇向外	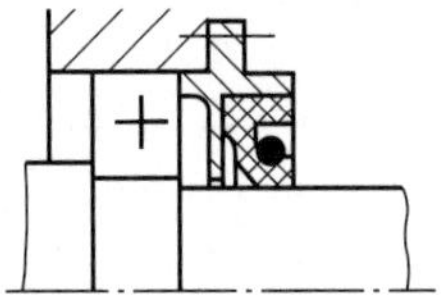	密封唇背向轴承，以防止外界灰尘、杂物侵入，也可防止油外泄	同密封唇向里的结构
		双唇式	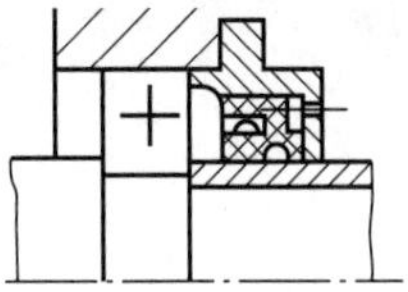	采用双唇皮碗，既可防油外泄，又可防灰尘、杂物侵入	同密封唇向里的结构
	毛毡密封	单毡圈	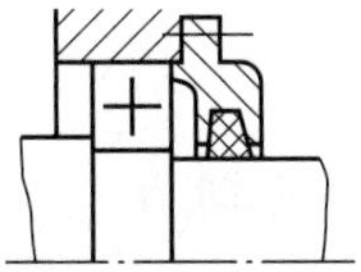	用羊毛毡填充槽中，使毡圈与轴表面经常摩擦以实现密封	适用于干净、干燥环境的脂密封，一般接触处的圆周速度不大于 4 ~ 5 m/s，抛光轴可达 7 ~ 8 m/s
		双毡圈	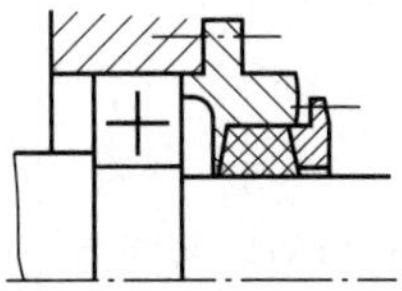	毛毡圈可间歇调紧，密封效果更好，而且拆换毛毡方便	同单毡圈密封的应用情况
非接触式	迷宫式	轴向迷宫式	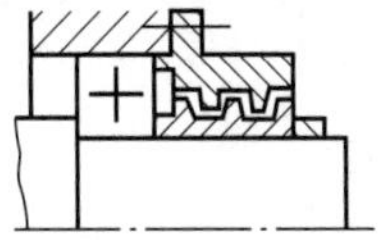	轴向迷宫曲路由轴套和端盖的轴向间隙组成。端盖剖分。曲路沿轴向展开，径向尺寸紧凑	适用于比较脏的工作环境，如金属切削机床的工作端
		径向迷宫式	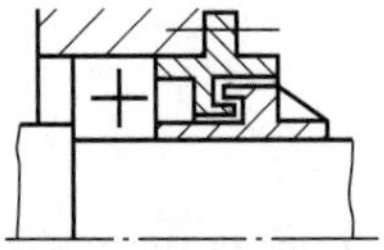	径向迷宫曲路由轴套和端盖的径向间隙组成。曲路沿径向展开，装拆方便	与轴向迷宫应用相同，但较轴向迷宫用得更广

密封形式		简图	特点	应用范围
非接触式	迷宫式 · 组合迷宫式		组合迷宫曲路由两组"Г"形垫圈组成,占用空间小,成本低,级数越多密封效果越好	适用于成批生产的条件,可用于油或脂密封
	挡油盘		挡油盘随轴一起转动,转速越高密封效果越好	适用于防止轴承中的油泄出,又可防止外部油流冲击或杂质侵入
	挡油环		挡油环随轴一起转动。转速越高密封效果越好	适用于脂密封,也可防止油侵入
组合式	迷宫与毛毡组合		迷宫与毛毡密封组合,密封效果好	适用于油或脂润滑的密封,接触处圆周速度不大于 7 m/s
	挡油环与皮碗组合		挡油环与皮碗密封组合	适用于油或脂润滑的密封,接触处圆周速度可大于 7 ~ 15 m/s
	甩油环与 W 形间隙密封组合		甩油环与 W 形间隙密封组合,无摩擦阻力损失,密封效果可靠	适用于油、脂润滑的密封,不受圆周速度限制,圆周速度越大效果越好

任务下达

19.4　密封与润滑的设计

针对任务 17 中的单级斜齿圆柱齿轮减速器,设计一套密封和润滑方法。

任务评价

密封与润滑的设计任务评价表

评价内容	参与者	反馈信息
1. 对润滑的理解是否正确	小组成员	
2. 润滑油的选择是否正确	小组成员	
3. 对常用的密封装置是否了解和认识	小组成员	
4. 对任务中遇到的问题是否能积极解决	小组成员	
5. 在任务实施中是否有团队合作精神	小组成员	
6. 小组互评指出别组任务实施中的优缺点	全体成员	
7. 指导教师的总结和反馈	指导教师	

项目5自测

一、判断题

1. 为保证普通圆柱蜗杆传动良好的磨合(跑合)和耐磨性,通常采用钢制蜗杆与铜合金蜗轮。（   ）

2. 齿式联轴器是一种无弹性元件的挠性联轴器,它对轴的安装精度要求不高,允许有一定的位移量。（   ）

3. 渐开线齿廓上各点的压力角不等。（   ）

4. 用简易计算确定的轴径是阶梯轴的最大轴径。（   ）

5. 一般轴承端盖与箱体轴承座孔壁间装有垫片,作用是防止轴承端盖处漏油。（   ）

6. 起轴向定位作用的轴肩的高度 h 应小于齿轮或带轮的倒角 c 或倒圆半径 R。（   ）

二、选择题

1. （   ）用于传递相交轴运动。
   A. 圆柱齿轮传动　　B. 齿轮齿条传动　　C. 锥齿轮传动　　D. 蜗杆蜗轮传动

2. 蜗杆传动的优点不包括（   ）。
   A. 效率较高　　B. 传动平稳　　C. 传动比大　　D. 可具有自锁性

3. 传递平行轴运动的轮系,若外啮合齿轮为偶数对时,首末两轮转向（   ）。
   A. 相同　　B. 相反　　C. 不能确定　　D. 不同

4. 对于闭式齿轮传动,（   ）是主要的失效形式。
   A. 齿面胶合　　B. 齿面点蚀　　C. 齿面塑性变形　　D. 轮齿折断

5. 渐开线齿轮连续传动条件为:重合度（   ）。
   A. $\varepsilon<0$　　B. $\varepsilon>0$　　C. $\varepsilon\leq1$　　D. $\varepsilon\geq1$

6. 用强度计算或经验估算可确定阶梯轴的(　　)直径。

    A. 平均　　　　　　　B. 重要　　　　　　　C. 最小　　　　　　　D. 最大

7. 滚动轴承都有不同的直径系列(如轻、中、重等)。当两向心轴承代号中仅直径系列不同时,这两轴承的区别在于(　　)。

    A. 内、外径都相同,滚动体数目不同　　　　B. 内径相同,外径和宽度不同

    C. 内、外径都相同,滚动体大小不同　　　　D. 外径相同,内径和宽度不同

8. 用强度计算或经验估算可确定阶梯轴的(　　)直径。

    A. 平均　　　　　　　B. 重要　　　　　　　C. 最小　　　　　　　D. 最大

9. 为使零件轴向定位可靠,轴上的倒角或倒圆半径须(　　)轮毂孔的倒角或倒圆半径。

    A. <　　　　　　　　B. =　　　　　　　　C. >　　　　　　　　D. ≥

10. (　　)离合器可在任意转速下平稳、方便地接合与分离两轴运动。

    A. 安全式　　　　　　B. 摩擦式　　　　　　C. 牙嵌式　　　　　　D. 超越式

三、填空题

1. 当一直线沿一固定圆做纯滚动时,直线上任一点的轨迹称为该圆的_____,这个圆称为_____。

2. 渐开线圆柱齿轮的齿面接触应力在齿廓各处是不同的,在_____处的接触应力最大,但一般的计算以_____处的接触应力作为计算应力。

3. 对于闭式软齿面齿轮传动,在传动尺寸不变并满足弯曲疲劳强度要求的前提下,齿数宜适当取多些。其目的是_____。

4. 在进行直齿锥齿轮传动的强度计算时,是按锥齿轮_____处的_____来建立该锥齿轮强度计算模型的。

5. 一对外啮合斜齿轮正确啮合,则两齿轮螺旋角大小_____,方向_____。

6. 在转轴的结构设计中,轴点最小直径 d_{min} 是按_____初步确定。

7. 滑块联轴器属于_____联轴器。

8. 相同系列和尺寸的球轴承与滚子轴承相比较,_____轴承的承载能力高,_____轴承的极限转速高。

9. 滚动轴承的基本额定动载荷 C,是指在该载荷作用下,轴承的_____寿命恰好为_____。

10. 滚动轴承按所能承受载荷的方向或公称接触角 α 的不同可分为向心轴承和_____轴承。

四、简答与计算题

1. 什么是齿轮的标准安装和标准中心距?

2. 直齿圆柱齿轮正确啮合的条件是什么?齿轮连续传动的条件是什么?齿轮无侧隙啮合的条件是什么?

3. 按照摩擦面间的润滑状态不同,滑动摩擦可分为哪几种?

4. 某生产装置需要配一对标准直齿圆柱齿轮,已知齿轮标准安装时中心距 $a = 200$ mm,现有一个正常齿制的齿轮,齿数 $z_1 = 68$,$\alpha = 20°$,$d_{a1} = 280$ mm,请问:所需配置的齿轮的模数 m、齿数 z_2、齿全高 h、分度圆直径 d 和基圆半径 r_b 各是多少?

5. 生产急需一对传动比为 $i = 3$ 的直齿圆柱齿轮。现在仓库里找到两个正常齿制的齿轮,其

参数如下：$z_1 = 24$，$z_2 = 72$，$d_{a1} = 65$ mm；$d_{a2} = 222$ mm，两轮压力角均为20°。如果它们的强度都足够，问这对齿轮是否可以使用？

6. 题图1所示为圆锥—圆柱齿轮传动装置。轮1为主动轮，转向如图所示，轮3、4为斜齿圆柱齿轮。

   （1）轮3、4的螺旋方向应如何选择，才能使轴Ⅱ上两齿轮的轴向力相反？

   （2）画出齿轮2、3所受各分力的方向。

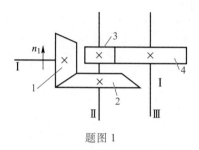

题图1

7. 试指出题图2所示轴系中的错误结构并改正。

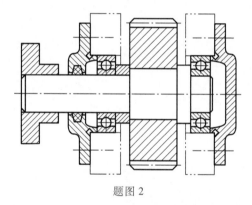

题图2

8. 一根轴用两个角接触球轴承支承，如题图3所示。$L_1 = 40$ mm，$L_2 = 200$ mm，轴端作用有轴向力 $F_{ae} = 820$ N，径向力 $F_{re} = 1640$ N。试分别求出两轴承所受的径向载荷 F_{r1}、F_{r2} 和轴向载荷 F_{a1}、F_{a2}（注：轴承派生轴向力 $F_d = 0.68F_r$）。

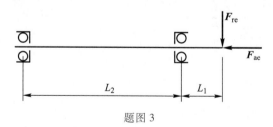

题图3

9. 两级展开式齿轮减速器如题图4所示。已知主动轮1为左旋，转速 n_1 的方向如图示，为使中间轴上两齿轮所受的轴向力相互抵消一部分，试在图中标出各齿轮的螺旋线方向，并在各齿轮分离体的啮合点处标出齿轮的轴向力 F_a、径向力 F_r 和圆周力 F_t 的方向（圆周力的方向分别用符号⊗或⊙表示向内或向外）。

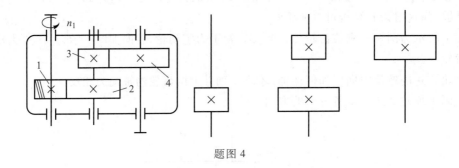

题图 4

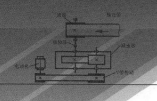

项目 **6**

机械传动系统的设计

 能力目标

1. 能够综合运用已学基本知识,进行简单机械传动方案设计的能力。
2. 能够进行通用零件正确设计的能力。
3. 能够独立查阅资料进行设计的能力。
4. 能够正确绘制零件图和装配图的能力。
5. 能够具有团队协助的工作能力。

知识目标

1. 掌握常用机械传动方案的选用原则。
2. 掌握常用零件的设计知识。
3. 掌握零件图和装配图的绘制。
4. 掌握编写机械产品说明书的相关知识。

任务 **20**

输送机传动系统的设计

任务导入

中国古代的高转筒车和提水的翻车,是现代斗式提升机和刮板输送机的雏形;17世纪中叶,开始应用架空索道输送散装物料;19世纪中叶,各种现代结构的输送机相继出现,有带式输送机、螺旋输送机、钢带式输送机、惯性输送机等。此后,输送机受到机械制造、电机、化工和冶金工业技术进步的影响,不断完善,逐步由完成车间内部的输送,发展到完成在企业内部、企业之间甚至城市之间的物料搬运,成为物料搬运系统机械化和自动化不可缺少的组成部分。

带式输送机是一种依靠摩擦驱动以连续方式运输物料的机械。主要由机架、输送带、托辊、滚筒、张紧装置、传动装置等组成。它可以在最初的供料点到最终的卸料点间形成一种物料输送流程。它既可以进行散装物料的输送,也可以进行成件物品的输送。除进行纯粹的物料输送外,它还可以与生产流程中的工艺要求相配合,形成有节奏的流水作业运输线。

知识储备

20.1　机械传动系统设计的基本要求

机械产品设计中,除了要满足实现预定的功能、可靠性及经济性要求外,还应使设计的产品物美价廉,并考虑到"人—机—环境"的协调与和谐。机械传动系统设计是机械系统设计的重要组成部分,机械传动系统设计的好坏直接影响到机器的质量和经济效益。

在设计机械传动系统时,由于各种机械传动的工作性质不同,因此具体要求也各不相同,但是在拟订机械系统传动方案时,其基本要求还是一致的,主要有以下几点。

(1)应使机械传动系统有较高的机械效率。机械传动系统的传动效率越高,功率损失就越小。对于传递较大的功率时,更能突显它的重要性,同时还能减少能源的浪费,所以在机械传动系统设计时要优先考虑机械效率这个指标。如设计卷扬机的机构时,通常减速器采用二级齿轮传动,在高速级采用斜齿圆柱齿轮传动、低速级采用直齿圆柱齿轮传动,这样既可满足工作可靠性和工作平稳性的要求,又能提高减速器的效率。对于轴的支承均采用滚动轴承,这样能使系统的传动效率达到90%以上。

(2)合理安排机械系统内各传动装置的顺序。一般来说,凸轮机构、平面连杆机构等变换运动形式的机构通常安排在运动链的末端,即靠近机器的工作部分。这样安排,运动链最为简单。而对于变换速度的传动装置,一般都安排在靠近运动链的始端,即靠近机器的动力部分,这些部分转速高、传递转矩小,可以减小传动装置和整个机械系统的空间尺寸。

(3)简化和缩短运动链。在保证机械系统预期功能的前提下,应尽量缩短和简化运动链。运动链越简单、越短,机械系统中的零部件就越少,制造成本就越低,同时也可降低能量消耗,提高传动效率。此外,运动链越短,运动链的累计误差就越小,可以提高机械系统的传动精度。

(4)合理分配传动机构的传动比。传动系统中总的传动比应合理分配。分配传动比时应注意单级传动比不应越出传动机构的规定范围。当单级传动比较大时,可采用多级传动,以利于减小传动装置的尺寸和改善传动性能。

20.2　机械传动系统的设计方法

常用的机械传动系统的设计方法有理论设计、经验设计和模型实验设计三种。这三种设计方法中,理论设计是其他两种设计的基础。

(1)理论设计。理论设计是根据一定的科学理论及实验结论进行设计。理论设计可分为设计计算与校核计算两部分。设计计算是根据机械零件的运动要求、受力情况、材料性能及失效形式等,用理论公式计算出零件的危险截面尺寸,然后根据结构要求,同时考虑工艺等方面的要求,设计零件。校核计算则是参照已有零件的形状和尺寸,通过理论公式校核其强度是否满足使用要求。理论设计可以得到较高的设计精度。齿轮设计大多采用理论设计。

(2)经验设计。经验设计是根据现有的机械传动系统在使用中总结出来的经验数据或公式进行设计,或与同类机械传动系统相类比进行设计。如单级齿轮减速器中的高速轴和低速轴的直径尺寸可以和与其相连接的电动机轴进行类比设计。经验设计简便、可靠,避免了烦琐的计算过程,可以降低设计成本。

(3)模型实验设计。对于一些庞大的、结构复杂的重要机械传动系统,由于往往难以进行可靠的理论设计,可采用模型实验设计。通过模型实验,测定其主要零部件的实际应力分布情况和极限承载能力,并根据实验结果修改初步设计的模型,这样可弥补理论设计和经验设计的不足。

20.3　机械传动系统的设计步骤

机械传动系统的设计是一项复杂细致的工作,为了满足设计要求、完成设计工作,必须要有一套科学的工作程序,遵循一定的设计步骤。

(1)设计准备。根据设计任务书明确设计要求,认真分析多套传动方案,从中优选出较好的设计方案。准备好设计需要的手册、参考资料和用具,拟订切实可行的设计计划。

(2)总体设计。根据各种机械传动的应用特点,选用适合该机械系统的传动方案;计算电动机功率,确定电动机转速,选定电动机型号;计算传动装置的运动和动力参数(确定总传动比和分配各级传动比、计算各轴转速和扭矩等)。

(3)装配图设计。计算和选择传动参数;绘制装配图草图;设计轴并计算轴毂连接强度;选用轴承和进行支承结构的设计。

(4)零件工作图设计,制订技术要求。

(5)整理和编写设计计算说明书。

20.4　机械传动系统方案的基本类型

前面我们学过了多种机械传动原理,在进行机械传动系统的设计时,传动方案的选择是十分重要的。根据不同的传动原理,机械传动可分为摩擦传动和啮合传动两大类,啮合传动的应用最为广泛。

机械传动系统的分析

根据传动比能否改变,机械传动可分为固定传动比传动、可调传动比传动和变传动比传动三大类。可调传动比传动又分为有级变速和无级变速两种。固定传动比传动和有级变速传动主要由齿轮传动、蜗杆传动、带传动和链传动等组成;无级变速传动通常做成各种形式的无级变速器;变传动比传动主要由非圆齿轮传动、连杆机构等组成。几种常用的机械传动及其特性见表 20.1。

表 20.1　常用的机械传动及其特性

传动形式		传递功率/kW	传动效率	圆周速度/(m/s)	单级传动比	外廓尺寸	主要特点
带传动	V带、平带	≤100	0.92~0.96	5~25	≤5(平带) ≤7(V带)	大	传动比不准确,易过载打滑,传动平衡,能缓冲吸振,噪声小,远距离传动,成本低
	同步带	≤200	0.96~0.98	一般: 0.1~50 最大:80	一般:5~8 最大:30	中	除具有V带传动的优点外,还能保证固定的平均传动比,成本低

续表

传动形式		传递功率/kW	传动效率	圆周速度/(m/s)	单级传动比	外廓尺寸	主要特点
链传动	滚子链、齿形链	≤200	开式：0.90～0.93 闭式：0.95～0.99	5～25	≤6～10	大	平均传动比准确,中心距变化范围广,比带传动承载能力大,工作环境温度可高些,但瞬时传动比变化,高速时有严重冲击,寿命低,成本适中
圆柱和锥齿轮传动	开式	圆柱齿轮：≤3 000 直齿锥齿轮：≤1 000 曲齿锥齿轮：≤1 500	0.92～0.96	≤5	≤3～5	大、小	适用速度和功率范围广,传动比准确,承载能力强,寿命长,效率高,结构紧凑。但要求制造精度高,不能缓冲,噪声大,成本适中
	闭式		0.96～0.99	≤200	≤7～10		
蜗杆传动	自锁	≤700	0.4～0.45	≤15～50	10～100（常用范围在10～70）	小	传动比大且准确,传动平稳,可实现自锁,尺寸小,但效率低,制造精度要求高,发热大,不适于长期运转,成本高
	不自锁		0.70～0.90				
圆弧齿轮传动		传递功率可以为大、中、小范围	0.98～0.99	4～50（最高可达100）	≤3～5	大、小	承载能力强,但制造安装精度要求高,刀具复杂,成本适中
交错轴斜齿圆柱齿轮传动		传递功率为小范围	0.94～0.96		≤3	中	相对滑动较大,不适于重载,成本适中
渐开线行星齿轮传动		传递功率为中、小范围	一般：≥0.80 最高：0.97～0.99		3～83	小	传动比大,结构紧凑,但安装较复杂,不同类型的传动比与效率相差大,大传动比效率低,成本高
摆线针轮行星传动		传递功率为中、小范围	0.90～0.97		9～87	小	传动比大,体积小,质量轻,寿命长,制造精度要求高,高速轴转速有限制,成本高
谐波齿轮传动		传递功率为小范围	0.90		260左右	小	传动比大,结构紧凑,对材料热处理要求高,成本高

20.5　机械传动系统方案的选择

机械传动类型的选择会影响到整个机械系统的传动设计和工作性能参数。合理地选择机械传动的类型,需要经过多种方案的分析与比较。

1. 机械传动类型的选择依据

（1）工作机构的性能参数和工作情况；

（2）原动机的机械特性和调速性能；

（3）对机械传动系统的性能、尺寸、质量和安装布置上的要求；

（4）工作环境上的要求（温度、湿度、粉尘、腐蚀、易燃、防爆等）；

（5）制造工艺和经济性的要求。

2. 机械传动类型的选择原则

（1）功率范围：当传递功率小于100 kW时，各传动类型都可以采用。但功率较大时，宜采用齿轮传动，以减小传动功率的损耗。传递中、小功率时宜采用结构简单、可靠的传动类型，以降低成本（如带传动）。此时，传递效率是次要的。

（2）传动效率：对于大功率传动，传动效率很重要。传递功率越大，越要采用效率高的传动类型。

（3）传动比范围：不同类型的传动装置，其最大单级传动比差别较大。当采用多级传动时，应合理安排传动的次序。

（4）布局与结构尺寸：对于平行轴之间的传动，宜采用圆柱齿轮传动、带传动、链传动；对于相交轴之间的传动，可采用锥齿轮或圆锥摩擦轮传动；对于交错轴之间的传动，可采用蜗杆传动或交错轴斜齿轮传动。两轴相距较远时可采用带传动、链传动；反之，可采用齿轮传动。

（5）工作环境情况：工作环境恶劣、粉尘较多时，尽量采用闭式传动，以延长传动零件寿命。工作环境温度较高或易燃易爆场合，不宜采用带传动。

（6）生产批量的大小：生产批量较大时，在初选传动系统方案后要对尺寸、质量、工艺性、经济性、可靠性及维护性能等方面作对比，以选择满意的方案。单件生产的中小功率传动，为减少设计工作量及缩短制造周期，应尽量采用标准的传动装置。

除上述定传动比的类型选择原则外，还有有级变速传动的类型选择原则和无级变速传动的类型选择原则，这些不再一一讨论。读者可根据上述选择原则，拟出多种设计方案进行分析、比较，选择出最佳方案进行设计。

任务下达

该任务以课程设计的形式进行，输送机传动系统的设计目的在于进一步巩固和加深所学基本知识，使学生能综合运用已学知识进行合理设计。通过输送机传动系统的设计，培养学生独立设计能力，掌握基本的设计方法，学会查阅技术资料，树立正确的设计思想和严谨的工作作风。

以小组为单位进行任务实施。时间为两周，任务内容见"输送机传动系统的设计"任务书。

"输送机传动系统的设计"任务书

如图20.1所示为带式输送机的传动装置（电动机→V带传动→减速器→联轴器→传送带），其工作要求为：载荷平稳，有轻微振动，单向运转，两班制工作，使用期限六年（每年按300天算），减速比允差±3%，小批量生产。

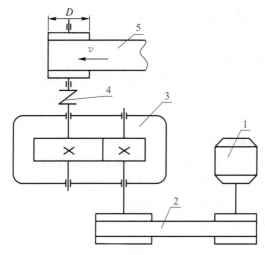

1—电动机;2—V带传动;3—减速器;4—联轴器;5—传送带

图 20.1　带式输送机的传动装置

1. 输送机传动参数(见表20.2)

(1) 输送带的张力 $F =$ _____ kN;

(2) 输送带的速度 $v =$ _____ m/s;

(3) 轮鼓的直径 $D =$ _____ mm。

表 20.2　输送机传动参数

组别	1	2	3	4	5	6	7	8	9	10
F/kN	3.5	4.5	4.0	4.2	4.0	4.0	3.7	3.0	4.2	3.8
$v/(\text{m/s})$	2.2	2.0	2.2	1.8	1.8	2.0	2.1	2.4	2.0	2.2
D/mm	245	265	265	275	270	255	250	240	260	250

2. 输送机传动方案的设计内容

(1) 设计计算内容:① 选择电动机型号;② 确定传动比;③ 总体运动参数和动力参数计算;④ V带传动设计计算;⑤ 齿轮传动设计计算;⑥ 轴的结构设计与强度校核计算;⑦ 联轴器的选用与校核;⑧ 键连接的选择及强度校核计算;⑨ 滚动轴承校核计算;⑩ 减速器附件设计;⑪ 箱体结构设计;⑫ 减速器的润滑与密封。

(2) 作图内容:① 绘出齿轮减速器装配草图一张(用 A0 或 A1 方格纸绘制,边计算边绘图边修改,草图中应标出主要尺寸);② 绘出齿轮减速器装配图一张(用 A0 或 A1 图纸绘制);③ 绘出零件图两张(从动齿轮一张,主动轴或从动轴一张)。

(3) 编写设计说明书:按设计计算内容编写说明书,并要求附有电动机外形尺寸图、齿轮轴系装配图、轴的校核计算图等,设计说明书不得少于 35 页。

3. 课程设计步骤及时间安排

(1) 设计准备(0.5天)。认真研究设计任务,明确设计要求,熟悉带式输送机的传动装置和减速器结构,准备好设计资料。

(2) 传动装置的总体设计(0.5天)。① 电动机型号选择;② 分配传动比,计算各轴的功率、转速和转矩。

（3）传动零件计算（1 天）。V 带传动和齿轮传动的设计计算。

（4）绘制装配草图（2.5 天）。① 装配草图第一阶段设计，此过程包括确定箱体内、外零部件的外形尺寸和相互位置关系；轴的结构设计和强度校核；联轴器的选择；滚动轴承的选择及校核计算；键的选择及强度校核。② 装配草图第二阶段设计，此过程包括轴承部件的设计、减速器箱体结构设计及箱体上附件的选择等。③ 装配草图的检查与修改，完成装配草图（**注意：此过程必须边设计、边计算、边画图、边修改**）。

（5）绘制装配图（3 天）。根据草图按制图要求绘制装配图。

（6）绘制零件图（0.5 天）。按照制图要求，从装配图中拆画零件图，并正确标注尺寸及技术要求。

（7）编写设计说明书，并装订成册（1 天）。按规定要求及格式，将计算草稿进行整理，编写设计说明书。

（8）答辩及批改（1 天）。

任务评价

输送机传动系统的设计任务评价表

评价内容	参与者	反馈信息
1. 输送机传动方案的设计是否合理	小组成员	
2. 电动机的选用是否正确	小组成员	
3. 传动比分配是否合理	小组成员	
4. 零件的设计是否正确	小组成员	
5. 装配图和零件图的绘制是否正确	小组成员	
6. 说明书编写是否完整和严谨	小组成员	
7. 整个设计过程的自我评价	小组成员	
8. 小组互评在任务实施中的优缺点	全体成员	
9. 指导教师的总结和反馈	指导教师	

项目 6 自测

简答题

1. 同一轴上的功率 P、转矩 T、转速 n 之间有何关系？设计减速器时，各轴上的功率、转矩、转速是如何确定的？

2. 电动机的额定功率与输出功率有何不同？传动件按哪种功率设计？为什么？

3. 总传动比是怎么确定的？在传动比分配时如何考虑分配的合理性？

4. V 带的型号是根据什么来选定的？你在设计中选用的是什么型号？大、小带轮的基准直径是如何定的？

5. 当 V 带传动中带的根数过多时,应该怎样使带的根数减少?

6. 装配图的作用是什么? 装配图应包括哪些方面的内容?

7. 装配图上应标注哪些尺寸? 举例说明。

8. 起盖螺钉的作用是什么? 如何确定其位置?

9. 设计传动件时,哪些参数是标准的? 哪些参数应该圆整? 哪些参数不应该圆整?

10. 传动件的浸油深度如何确定? 如何测量?

11. 为了保证轴承的润滑与密封,减速器结构设计中应采取哪些措施?

12. 你设计的减速器有哪些附件? 它们各自的功用是什么?

13. 通气螺塞的作用是什么? 应安装在哪个部位? 你选择的通气螺塞有何特点?

14. 观察孔盖有何作用? 观察孔盖的大小及位置应该如何确定?

15. 说明油标的用途、种类及安装位置的确定。

16. 放油螺塞的作用是什么? 放油孔应开在哪个部位?

17. 在箱体上为什么要做出沉头座孔? 沉头座孔如何加工?

18. 轴承端盖起什么作用? 有哪些形式? 各部分尺寸如何确定?

19. 轴承端盖与箱体之间所加垫圈的作用是什么?

20. 如何确定箱体的中心高? 如何确定剖分面凸缘和底座凸缘的宽度和厚度?

21. 箱体的轴承孔为什么要设计成一样大小?

22. 为什么箱体底面不能设计成平面?

23. 你所设计的减速器中各轴分别属于哪类轴(按承载情况分)?

24. 以减速器的输出轴为例,说明轴上零件的定位与固定方法?

25. 轴上键槽的位置与长度如何确定? 你所设计的键槽是如何加工的?

26. 轴的强度在校核时若不能满足工作要求,应该采取哪些措施?

27. 在设计中,当初选定的轴承不能满足使用要求时,该采用何种措施?

28. 当键的强度校核不满足要求时,应该采取哪些措施?

29. 设计轴时,对轴肩(或轴环)的高度及圆角半径有什么要求?

30. 试述你所设计的轴所选择的几何公差。

31. 说明你所选择的轴承类型、型号及选择原则。

32. 试述你所设计的齿轮传动的主要失效形式及设计原则。

33. 你所设计的齿轮的模数 m 和齿数 z 是如何确定的?

34. 在进行齿轮传动设计时,如何选择齿宽系数 ψ_b? 如何确定齿轮的宽度 b_1 和 b_2? 为什么通常大、小齿轮的宽度不同,且 $b_1>b_2$?

35. 大、小齿轮的硬度为什么有差别? 哪个齿轮的硬度高?

36. 在螺钉连接时,对同一用途的螺钉为什么要尽量采用相同的尺寸?

37. 为什么要在箱盖上直接铸出吊耳,箱座两端铸出吊钩?

38. 在整体设计过程中,参数尺寸是怎么确定的? 试举例说明。

39. 轴承的润滑方式有哪些? 在设计中你采用了何种润滑方式?

40. 小齿轮的顶部与箱体的内壁距离是怎么确定的?

41. 装配图中都应该有哪些尺寸? 试根据你的装配图举例说明。

42. 轴承端盖有哪些种类? 各有何优、缺点? 你采用了哪种端盖形式?

43. 定位销的作用是什么？应该如何分布？

44. 如何增强减速箱体的刚度,在设计时你采取了哪些措施？

45. 你是如何考虑保证轴承座孔的同轴度的？

46. 在轴的零件图中,你考虑了哪些几何误差？是怎么定的？

47. 齿轮零件图中,齿顶线、分度线、齿根线、齿顶圆、分度圆和齿根圆应该如何绘制？

48. 设计中,还有哪些你认为不合理的内容？

49. 你在设计过程中学到了哪些知识？

50. 在设计过程中,你感受最深的是什么？

参考文献

[1] 陈立德,罗卫平.机械设计基础[M].5 版.北京:高等教育出版社,2019.

[2] 陈霖,甘露萍.机械设计基础[M].3 版.北京:人民邮电出版社,2017.

[3] 曾宗福.机械设计基础[M].北京:化学工业出版社,2008.

[4] 鲍光明.机械拆装实训指导[M].合肥:安徽科学技术出版社,2007.

[5] 赵松年,李恩光.现代机械创新产品设计与分析[M].北京:机械工业出版社,2003.

[6] 王良斌,王保华.机械设计基础[M].北京:北京邮电大学出版社,2012.

[7] 温兆麟.创新思维与机械创新设计[M].北京:机械工业出版社,2012.

[8] 黄瑷昶,刘慧.机械设计基础[M].天津:天津大学出版社,2009.

[9] 何克祥,张景学.机械设计基础与实训[M].北京:电子工业出版社,2009.

[10] 韩树明,机械工程基础[M].北京:冶金工业出版社,2012.

[11] 徐钢涛.机械设计基础课程设计[M].北京:高等教育出版社,2012.

读者意见反馈

为收集对教材的意见建议,进一步完善教材编写并做好服务工作,读者可将对本教材的意见建议通过如下渠道反馈至我社。

咨询电话 400-810-0598
反馈邮箱 gjdzfwb@pub.hep.cn
通信地址 北京市朝阳区惠新东街 4 号富盛大厦 1 座
高等教育出版社总编辑办公室
邮政编码 100029

● 体系化设计　● 模块化课程
● 项目化资源

高等职业教育
智能制造专业群
新专业教学标准课程体系

机械设计
方向专业

机械设计与制造 / 机械制造及
自动化 / 数字化设计与制造技
术 / 增材制造技术

自动化
方向专业

机电一体化技术 / 电气自动
化技术 / 智能机电技术

机械制造工艺　　　　增材制造技术
机械 CAD/CAM 应用　产品逆向设计与仿真
工装夹具选型与设计　增材制造设备及应用
生产线数字化仿真技术　增材制造工艺制订与实施
产品数字化设计与仿真

机械产品数字化设计　机电设备装配与调试
可编程控制器技术　　运动控制技术
机电设备故障诊断与维修　自动化生产线安装与调试
电机与电气控制　　　工厂供配电技术
自动控制原理　　　　工业网络与组态技术

专业群平台课

机械制图与计算机绘图　　电工电子技术
机械设计基础　　　　　　电气制图及 CAD
公差配合与测量技术　　　智能制造概论
液压与气压传动　　　　　工业机器人技术基础
工程力学　　　　　　　　传感器与检测技术
工程材料及热成形工艺　　金工实习

机器人
方向专业

工业机器人技术
智能机器人技术

数控模具
方向专业

数控技术
模具设计与制造

工业机器人现场编程　　工业机器人离线编程与仿真
智能视觉技术应用　　　数字孪生与虚拟调试技术应用
工业机器人应用系统集成　工业机器人系统智能运维
协作机器人技术应用

数控机床故障诊断与维修　冲压工艺与模具设计
数控加工工艺与编程　　　注塑成型工艺与模具设计
多轴加工技术　　　　　　注塑模具数字化设计与智能制造
智能制造单元生产与管理

工业网络
方向专业

工业互联网应用
智能控制技术

制造执行系统应用（MES）　工业互联网基础
工业网络技术　　　　　　工业互联网标识解析技术应用
工业数据采集与可视化　　工业 App 开发
工业互联网平台应用